Leitfäden der angewandten Informatik

Puchan/Stucky/Wolff von Gudenberg
Programmieren mit Modula-2

Leitfäden der angewandten Informatik

Herausgegeben von

Prof. Dr. Hans-Jürgen Appelrath, Oldenburg
Prof. Dr. Lutz Richter, Zürich
Prof. Dr. Wolffried Stucky, Karlsruhe

Die Bände dieser Reihe sind allen Methoden und Ergebnissen der Informatik gewidmet, die für die praktische Anwendung von Bedeutung sind. Besonderer Wert wird dabei auf die Darstellung dieser Methoden und Ergebnisse in einer allgemein verständlichen, dennoch exakten und präzisen Form gelegt. Die Reihe soll einerseits dem Fachmann eines anderen Gebietes, der sich mit Problemen der Datenverarbeitung beschäftigen muß, selbst aber keine Fachinformatik-Ausbildung besitzt, das für seine Praxis relevante Informatikwissen vermitteln; andererseits soll dem Informatiker, der auf einem dieser Anwendungsgebiete tätig werden will, ein Überblick über die Anwendungen der Informatikmethoden in diesem Gebiet gegeben werden. Für Praktiker, wie Programmierer, Systemanalytiker, Organisatoren und andere, stellen die Bände Hilfsmittel zur Lösung von Problemen der täglichen Praxis bereit; darüber hinaus sind die Veröffentlichungen zur Weiterbildung gedacht.

W. Stucky (Hrsg.)

Grundkurs Angewandte Informatik I

Programmieren mit Modula-2

Von Dipl.-Wi.-Ing. Jörg Puchan
Prof. Dr. rer. nat. Wolffried Stucky
Universität Karlsruhe
und Prof. Dr. rer. nat. Jürgen Frhr. Wolff von Gudenberg
Universität Würzburg

Springer
Fachmedien Wiesbaden GmbH 1991

Dipl.-Wirtschaftsing. Jörg Puchan

1963 geboren in Lauf a. d. Pegnitz. 1983 bis 1988 Studium des Wirtschaftsingenieurwesens, Fachrichtung Informatik/Operations Research an der Fakultät für Wirtschaftswissenschaften der Universität Fridericiana Karlsruhe (TH). 1988 Diplom-Wirtschaftsingenieur. Seit 1988 wissenschaftlicher Mitarbeiter am Institut für Angewandte Informatik und Formale Beschreibungsverfahren der Universität Fridericiana Karlsruhe (TH).

Prof. Dr. rer. nat. Wolffried Stucky

1939 geboren in Bad Kreuznach. 1959 bis 1965 Studium der Mathematik an der Universität des Saarlandes. 1965 Diplom in Mathematik. 1965 bis 1970 wissenschaftlicher Mitarbeiter und Assistent am Institut für Angewandte Mathematik der Universität des Saarlandes. 1970 Promotion bei G. Hotz. 1970 bis 1975 wissenschaftlicher Mitarbeiter in der pharmazeutischen Industrie. 1971 bis 1975 Inhaber des Stiftungslehrstuhls für Organisationstheorie und Datenverarbeitung (Mittlere Datentechnik) der Universität Karlsruhe. Seit 1976 ordentlicher Professor für Angewandte Informatik an der Fakultät für Wirtschaftswissenschaften der Universität Fridericiana Karlsruhe (TH).

Prof. Dr. rer. nat. Jürgen Frhr. Wolff von Gudenberg

1952 geboren. Studium der Mathematik in Clausthal und Karlsruhe. 1976 Diplom in Mathematik, 1980 Promotion, 1988 Habilitation. 1977–1990 wissenschaftlicher Mitarbeiter, Hochschulassistent bzw. Lehrstuhlvertreter an der Universität Fridericiana Karlsruhe (TH) (Fakultät für Mathematik bzw. Wirtschaftswissenschaften). Seit 1990 Universitätsprofessor für Informatik an der Universität Würzburg.

Die Deutsche Bibliothek – CIP-Einheitsaufnahme

Grundkurs angewandte Informatik / W. Stucky (Hrsg.). – Stuttgart : Teubner.
   (Leitfäden der angewandten Informatik)
NE: Stucky, Wolffried [Hrsg.]

1. Puchan, Jörg: Programmieren mit Modula-2. – 1991

Puchan, Jörg:
Programmieren mit Modula-2 / von Jörg Puchan, Wolffried Stucky und Jürgen Frhr. Wolff von Gudenberg. – Stuttgart : Teubner, 1991
   (Grundkurs angewandte Informatik ; 1)
   (Leitfäden der angewandten Informatik)
   ISBN 978-3-519-02934-2   ISBN 978-3-663-11204-4 (eBook)
   DOI 10.1007/978-3-663-11204-4

NE: Stucky, Wolffried:; Wolff von Gudenberg, Jürgen Frhr.:

Einband P.P.K,S-Konzepte Tabea Koch, Ostfildern/Stgt.

Vorwort zum gesamten Werk

Ziel dieses vierbändigen *Grundkurses Angewandte Informatik* ist die Vermittlung eines umfassenden und fundierten Grundwissens der Informatik. Bei der Abfassung der Bände wurde besonderer Wert auf eine verständliche und anwendungsorientierte, aber dennoch präzise Darstellung gelegt; die präsentierten Methoden und Verfahren werden durch konkrete Problemstellungen motiviert und anhand zahlreicher Beispiele veranschaulicht. Das Werk richtet sich somit sowohl an Studierende aller Fachrichtungen als auch an Praktiker, die an den methodischen Grundlagen der Informatik interessiert sind. Nach dem Durcharbeiten der vier Bände soll der Leser in der Lage sein, auch weiterführende Bücher über spezielle Teilgebiete der Informatik und ihrer Anwendungen ohne Schwierigkeiten lesen zu können und insbesondere Hintergründe besser zu verstehen.

Zum Inhalt des *Grundkurses Angewandte Informatik*: Im ersten Band *Programmieren mit Modula-2* wird der Leser gezielt an die Entwicklung von Programmen mit der Programmiersprache Modula-2 herangeführt; neben dem „Wirthschen" Standard wird dabei auch der zur Normung vorliegende neue Standard von Modula-2 (gemäß dem ISO-Working-Draft von 1990) behandelt. Im zweiten Band *Problem – Algorithmus – Programm* werden – ausgehend von konkreten Problemstellungen – die allgemeinen Konzepte und Prinzipien zur Entwicklung von Algorithmen vorgestellt; neben der Spezifikation von Problemen wird dabei insbesondere auf Eigenschaften und auf die Darstellung von Algorithmen eingegangen. Der dritte Band *Der Rechner als System – Organisation, Daten, Programme* beschreibt den Aufbau von Rechnern, die systemnahe Programmierung und die Verarbeitung von Programmen auf den verschiedenen Sprachebenen; ferner wird die Verwaltung und Darstellung von Daten im Rechner behandelt. Der vierte Band *Automaten, Sprachen, Berechenbarkeit* schließlich beinhaltet die grundlegenden Konzepte der Automaten und formalen Sprachen; daneben werden innerhalb der Berechenbarkeitstheorie die prinzipiellen Möglichkeiten und Grenzen der Informationsverarbeitung aufgezeigt.

Der *Grundkurs Angewandte Informatik* basiert auf einem viersemestrigen Vorlesungszyklus, der seit vielen Jahren – unter ständiger Anpassung an neue Entwicklungen und Konzepte – an der Universität Karlsruhe als Informatik-Grundausbildung für Wirtschaftsingenieure und Wirtschaftsmathematiker gehalten wird. Insoweit haben auch ehemalige Kollegen in Karlsruhe, die an der Durchführung dieser Lehrveranstaltungen ebenfalls beteiligt waren, zu der inhaltlichen Ausgestaltung dieses Werkes beigetragen, auch wenn sie jetzt nicht als Koautoren erscheinen. Insbesondere möchte ich hier Hans Kleine Büning (jetzt Universität Duisburg), Thomas Ottmann und Peter Widmayer (beide jetzt Universität Freiburg) erwähnen. Für positive Anregungen sei allen dreien an dieser Stelle herzlich gedankt. Kritik an dem Werk sollte sich aber lediglich an die jeweiligen Autoren alleine richten.

In der Grundausbildung Informatik verfolgen wir zuallererst das Ziel, die Studenten mit einem Rechner vertraut zu machen. Dies soll so geschehen, daß die Studenten – etwa unter Anleitung durch Band I dieses Grundkurses – mit einer höheren Programmiersprache an den Rechner herangeführt werden, in der die wesentlichen Konzepte der modernen Informatik realisiert sind. Diese Konzepte sowie die allgemeine Vorgehensweise zur Erstellung von Programmen sollen dabei exemplarisch durch „gutes Vorbild" geübt werden; die Konzepte selbst werden dann in den nachfolgenden Bänden jeweils ausführlich erläutert.

Karlsruhe, im September 1991

Wolffried Stucky (für die Autoren des Gesamtwerkes)

Vorwort zum Band I

In diesem ersten Band des *Grundkurses Angewandte Informatik* wird
eine Einführung in das *Programmieren mit Modula-2* gegeben. Nach
einem allgemein gehaltenen Überblick über die systematische Entwicklung von Algorithmen wird ein relativ umfassendes Beispiel vorgestellt, dessen Verwirklichung in Modula-2 sich wie ein roter Faden
durch das ganze Buch zieht. Die einzelnen Sprachkonstrukte werden als
brauchbare Hilfsmittel zur Programmierung dargestellt. So wird das
Erlernen der Programmiersprache nicht als Selbstzweck, sondern als
Werkzeug zur Problemlösung betrachtet. Entsprechend dieser Maxime
werden die jeweiligen neuen Konzepte – wie z.B. strukturierte Datentypen, Prozeduren und Module – zunächst durch Beispiele motiviert
und erläutert. Danach erfolgen die genaue Definition in Form von
Syntaxdiagrammen sowie die Beschreibung der Semantik.

Das Buch ist so gegliedert, daß mit einfachen Sprachelementen begon-
nen wird und umfassendere Konzepte erst später folgen; dabei wurde
besonderer Wert darauf gelegt, daß bereits in einem frühen Stadium
vollständige Programme formuliert werden können. Es ist aus einer
Vorlesung entstanden, die von den Verfassern mehrfach an der Universität Karlsruhe gehalten wurde. Es eignet sich daher gut zum Erlernen
der Programmierung mit Modula-2. Vorkenntnisse in anderen Programmiersprachen oder anderen Gebieten der Informatik oder Mathematik sind nicht nötig.

Für die Mitarbeit bei der Erstellung des Buches bedanken sich die Au-
toren bei Dietmar Ferring, Johannes Kühl, Heike Puchan und Gabi
Scherrer, die die Manuskripte in „elektronische Form" gebracht haben.
Heike Puchan übernahm darüberhinaus die Schlußkorrektur.

Karlsruhe, im September 1991

Jörg Puchan   Wolffried Stucky   Jürgen Wolff von Gudenberg

1 Darstellung und Entwurf von Algorithmen[1]

1.1 Programmierzyklus

Von N. Wirth, dem Autor von Modula-2, stammt der Ausspruch:

Programm = Algorithmus + Datenstruktur

„Programmieren" im Sinne von Wirth bedeutet also das Entwickeln von Algorithmen und geeigneten Datenstrukturen. Dabei ist – kurz ausgedrückt – ein Algorithmus ein systematisches Problemlösungsverfahren. Der Weg vom Problem zum Algorithmus und zum Programm ist ein Spezialfall einer generellen Aufgabenstellung der Informatik (und nicht nur dieser):

Finde zu gegebenen Problemen eine Lösung.
Allgemeiner: *Gib zu einer Problemklasse einen Lösungsweg an.*

Eine typische Vorgehensweise zur Findung dieses Lösungswegs ist die Zerlegung in mehrere Schritte, die wir im folgenden kurz skizzieren. Der Ausgangspunkt ist das gegebene Problem.

Schritt 1: Analyse des Problems, ggf. genauere Darstellung („Spezifikation")

Daraus erhält man die (exakte) Problemspezifikation.

---

[1] Der Inhalt dieses Kapitels wird im Grundkurs Angewandte Informatik Band II [RSS92a] vertieft. Die hier gewählte Darstellung stimmt in Teilen mit der dortigen Darstellung überein.

Schritt 2:   Herausfinden eines Lösungswegs,
Entwicklung eines Algorithmus'

Das Ergebnis dieses Schritts ist ein Algorithmus in (halb-)formaler Darstellung.

Schritt 3:   Übersetzung des Algorithmus' in eine
computerverständliche Sprache

Erst jetzt liegt ein Programm in einer geeigneten Programmiersprache vor.

Schritt 4:   Einsatz des Computers zur Erstellung der Lösung

Wenn schließlich ein lauffähiges Programm vorliegt, kann mit konkreten Eingabedaten ein spezielles Problem gelöst werden.

Schritt 1: Die Aufgabenstellung, d.h. die Spezifikation des Problems sollte vollständig und klar verständlich sein. Sie umfaßt die Beschreibung von:

- Eingabedaten
- Ausgabedaten
- Normalfällen, Sonderfällen
- Transformationsvorschriften (Aktionen),
  also die zur Verfügung stehenden Grundoperationen
- Rahmenbedingungen

Sie entspricht dem Pflichtenheft eines Ingenieurs.

Schritt 2: Anschließend wird ein Lösungsverfahren (Algorithmus) entwickelt. Diese beiden Schritte erfordern das Verständnis des Problems und eine geschulte, systematische Vorgehensweise.

Die Entwicklung von Algorithmen ist ein kreativer Prozeß, trotzdem gibt es allgemeingültige Prinzipien und Konzepte für den Algorithmenentwurf. Diese unterstützen eine ingenieursmäßige Erstellung von „guter" Software („gut" = lesbar, wartungsfreundlich, ...).

Definition „Algorithmus":

> Ein Algorithmus ist ein mit endlich langem Text beschriebenes Problemlösungsverfahren. Es enthält Objekte und Aktionen, wobei jede Aktion eindeutig ausführbar und die Reihenfolge der Aktionen eindeutig festgelegt ist. Aktionen sind Steuerungsaktionen oder Zuweisungsaktionen, die eine Zustandsänderung der Objekte bewirken.   ♦

Schritt 3: Die Entwicklung des Algorithmus' wird üblicherweise in mehreren Schritten vollzogen. Der Algorithmus muß die Rahmenbedingungen einhalten und darf nur bekannte Elementaroperationen (Anweisungen) benutzen. Die Rahmenbedingungen und verwendbaren Aktionen können von Schritt zu Schritt ebenfalls verfeinert werden. Am Ende des Verfeinerungsprozesses wird der Algorithmus als Modula-2-Programm vorliegen.

Schritt 4: Das in einer höheren Programmiersprache vorliegende Programm kann nach dem Eintippen (Editieren) nicht sofort ausgeführt werden, sondern muß zuerst in Maschinensprache übersetzt werden (Compilieren). Es ist unwahrscheinlich, daß ein Programm auf Anhieb läuft. Deshalb sind umfangreiche Tests nötig. Diese Tests können Fehler in allen Entwicklungsschritten aufdecken.

Der Weg **Problem** → **Algorithmus** → **Programm** wird deshalb üblicherweise ein Zyklus sein (s. Abbildung 1-1).

Beachte:

Ein Test kann nie die Korrektheit eines Programms beweisen, sondern nur Fehler finden.

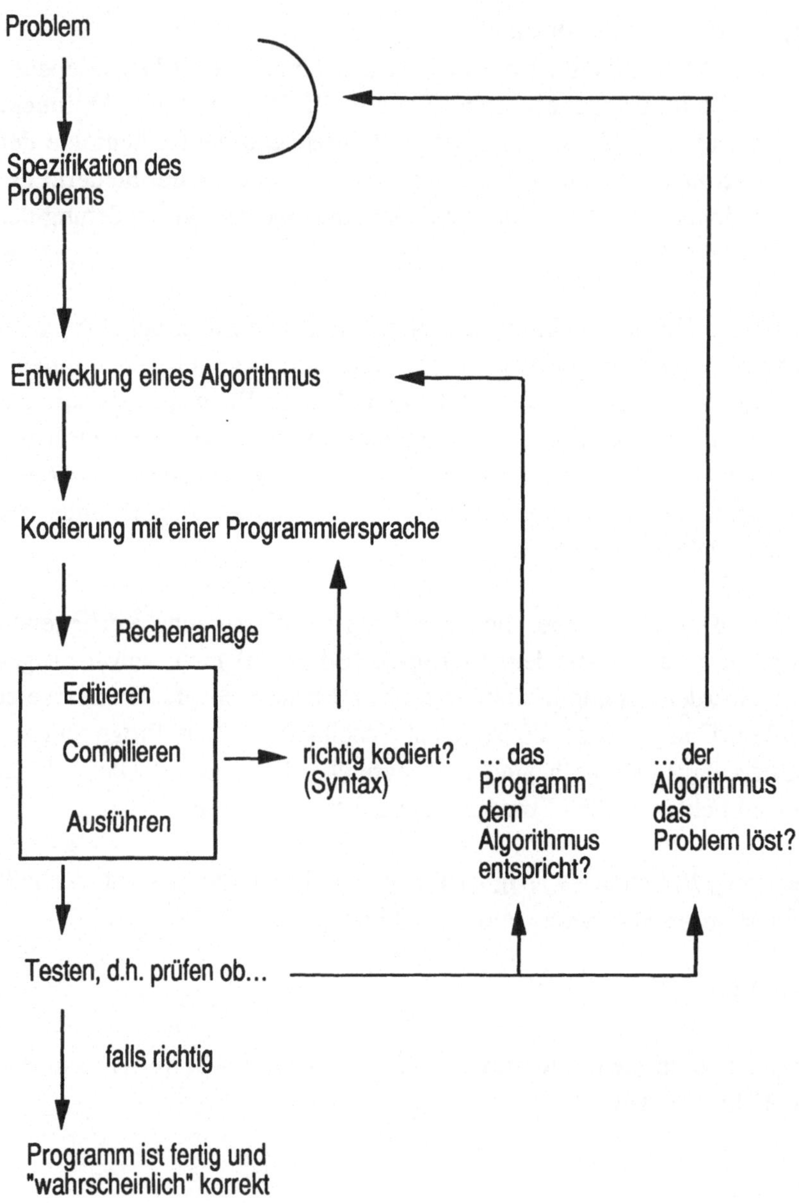

Abbildung 1-1:   Programmierzyklus

1.2 Entwurfsprinzipien für Algorithmen

Wir wollen die für Modula-2 wichtigsten drei Konzepte für den Algorithmenentwurf hier kurz skizzieren. Diese Konzepte sind:

- schrittweise Verfeinerung
- Modularisierung
- Strukturierung

Diese Prinzipien schließen sich nicht gegenseitig aus, sondern wirken im Gegenteil teilweise überlappend bzw. ineinandergreifend.

Im weiteren Verlauf werden sie unser Vorgehen insofern beeinflussen, als wir sie nicht nur in Beispielen beherzigen, sondern auch versuchen, neue Sprachelemente nach diesen Prinzipien vorzustellen.

1.2.1 Schrittweise Verfeinerung (Top-Down-Entwurf)

Unter Verfeinerung verstehen wir die Konkretisierung bzw. genauere Beschreibung der Aktionen und den Übergang zu immer elementareren Strukturen und Operationen.

Beispiel 1-1:   Schrittweise Verfeinerung:
            Beschreibung eines Fahrrads

In einem ersten Schritt wird beschrieben, aus welchen Komponenten (grob) sich ein Fahrrad zusammensetzt:

Ein **Fahrrad** besteht aus zwei **Laufrädern**, dem **Rahmen**, den **Bremsen** und dem **Antrieb**.

In einem zweiten Schritt werden die bisher erarbeiteten Komponenten weiter untersucht. Wir betrachten als Beispiel den Antrieb:

Der *Antrieb* besteht aus einem **vorderen Teil**, einem **hinteren Teil** und einer **Kette**, die den vorderen und hinteren Teil miteinander verbindet.

Dasselbe macht man mit den Laufrädern, dem Rahmen etc.

Im nächsten Schritt werden die Komponenten, die noch nicht genau beschrieben sind, weiter detailliert. Man erhält so z.B.:

Der *vordere Teil* besteht aus den **Pedalen, 2–3 Kettenblättern** (Zahnrädern), dem **Tretlager** und dem **Umwerfer** als vorderem Teil der Schaltung.

Eine geeignete Zusammenfassung aller Komponenten und der Zusammenhänge zwischen diesen zeigt dann die folgende Abbildung:

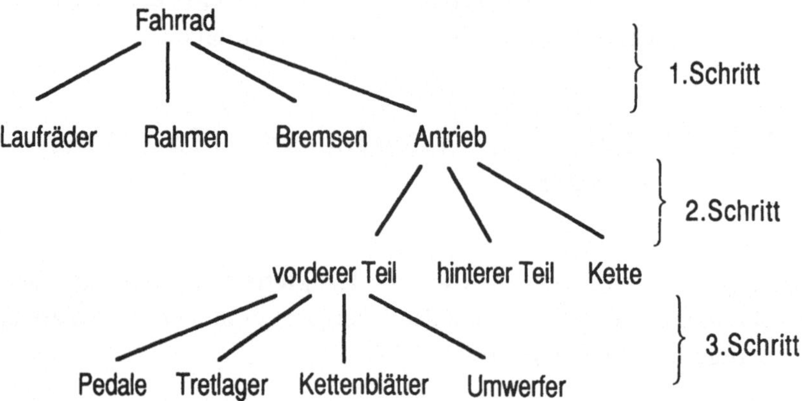

Wenden wir nun das Prinzip der schrittweisen Verfeinerung auf den Algorithmenentwurf an, so führen wir neben der Konkretisierung der Daten auch eine Verfeinerung der funktionalen Beschreibung eines Problems durch, bis alle Funktionen elementar, d.h. durch die Elementaroperationen (gemäß der vorgegebenen Rahmenbedingungen) realisierbar sind. Damit erhält man eine baumartige Hierarchie; Blätter dieses Baumes sind Elementaroperationen.

Beispiel 1-2:   Sortieren durch direktes Einfügen

Eine Folge von n natürlichen Zahlen k_1, ..., k_n soll aufsteigend sortiert werden. Die erste Version wiederholt nochmals die Problemstellung.

Version 1: `Sortiere (`k_1`, .., `k_n`);`

Nun überlegen wir uns einen Algorithmus, der diese Aufgabe löst. Es ist klar, daß jede einelementige Folge sortiert ist. Ferner erhält man aus einer sortierten Folge mit i-1 Elementen eine solche mit i Elementen, falls das i-te Element an die passende Stelle einsortiert wird.

Version 2: `Für i von 2 bis n führe aus`
`        "füge i-te Zahl `k_i` in (`k_1`, .., `k_{i-1}`)`
`        an der richtigen Stelle ein".`
`        Numeriere die sortierte Folge neu, so`
`        daß die neue Folge (`k_1`, ..., `k_i`) heißt.`

Die Wiederholung einer festen Anzahl gleicher Aktionen wird hier als eine elementare Operation angesehen. Das Einfügen an der passenden Stelle soll hingegen weiter verfeinert werden.

Da die Folge (k_1, .., k_{i-1}) sortiert ist, läßt sich die passende Stelle für k_i durch sukzessiven Vergleich mit k_j (j= i-1, i-2, ...) ermitteln. Der Vergleich wird solange durchgeführt, bis k_i größer als k_j ist; k_i muß dann an die (j+1)-te Stelle eingefügt werden. Ist k_i kleiner als k_1, so wird der Vergleich auch abgebrochen und k_i an erster Stelle eingefügt. Durch Abfrage ob j gleich 0 ist, läßt sich dieser Sonderfall abfangen.

Version 3: `Für i von 2 bis n führe aus`
`        j := i - 1;`
`        solange wie `k_i` < `k_j` und j > 0`
`        wiederhole:`
`            j := j - 1;`
`        "füge `k_i` an (j+1)-ter Stelle ein";`

Das Einfügen an der (j+1)-ten Stelle läßt sich in der gleichen Wiederholungsschleife wie der Vergleich vornehmen, wenn wir uns folgendes vergegenwärtigen: Die resultierende Folge hat i Elemente. Ist das zu prüfende Element $p := k_i$ kleiner als das (i-1)-te Element, so steht dieses nachher an i-ter Stelle. Dadurch wird der (i-1)-te Platz frei; auf diesen rückt k_{i-2}, falls der nächste Vergleich zeigt, daß $p < k_{i-2}$ ist usw. Alle Elemente, die größer als das einzufügende sind, können also direkt nach dem Vergleich auf ihren Platz in der sortierten Folge gesetzt werden. Der letzte freigewordene Platz hat den Index j+1 und wird anschließend von p eingenommen.

Version 4:
```
Für i von 2 bis n führe aus
    j := i - 1;
    p := k_i;
    solange wie p < k_j und j > 0;
    wiederhole:
        k_{j+1} := k_j;
        j := j - 1;
    k_{j+1} := p;
```

Wir erhalten folgende Teilalgorithmen:

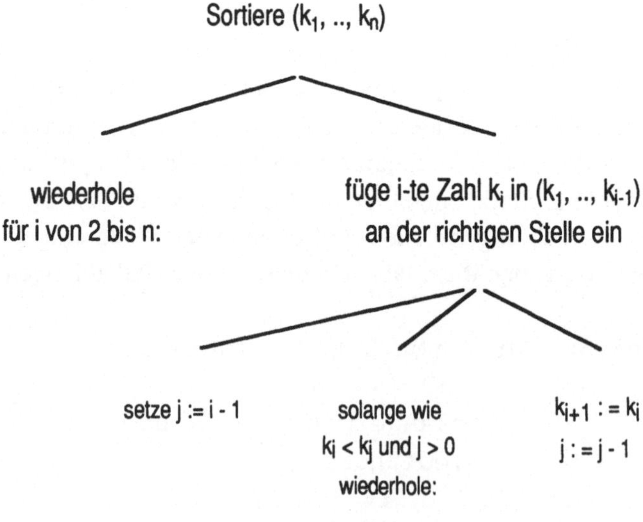

Um zu einem fertigen Programm zu kommen, müssen auch geeignete Datenstrukturen eingeführt werden. Dies kann ebenfalls durch schrittweises Verfeinern unterstützt werden. Das Top-Down-Vorgehen erfordert gleichzeitige **Verfeinerung** und Konkretisierung **von Operationen, Kontrollflüssen** und **Daten(typen)** auf möglichst gleichem Niveau. Durch diese Vorgehensweise wird der strukturierte Programmentwurf unterstützt.

Eine Alternative bildet der **Bottom-Up-Entwurf,** bei dem zuerst abgeschlossene Teilaufgaben gelöst und dann zu einer größeren Lösung zusammengefügt werden. Diese Vorgehensweise bietet sich etwa im Rahmen von mathematischen Aufgabenstellungen an, bei denen zuerst einfache arithmetische Operationen, z.B. für Matrizenrechnung, bereitgestellt werden, die dann zusammen ein umfassenderes Programm bilden.

1.2.2   Modularisierung

In der Praxis treten meist komplexe Probleme auf, deren Bewältigung als Ganzes unübersehbar, wenn nicht unmöglich ist. Naheliegend ist deshalb die Forderung:

Zerlege das Problem in Teilprobleme, die
- klar abgegrenzt sind,
- getrennt bearbeitet werden können,
- weitgehend unabhängig voneinander sind und
- damit Teamarbeit ermöglichen sowie
- Lösungen aufweisen, die nebenwirkungsfrei austauschbar sind (keine Seiteneffekte).

Der Prozeß des Zerlegens der Gesamtlösung heißt **Modularisierung,** einzelne Lösungsbausteine heißen **Module.**

Beispiel 1-3:   Modulstruktur eines Programms zur Telegramm-
abrechnung

Problem: Nach dem Einlesen eines Telegramms soll das Tripel (Identifikations-Code, Wortzahl, Preis) berechnet und in eine Abrechnungstabelle eingetragen werden. Ferner sollen die Größen „Gesamtwortzahl" und „Gesamtpreis" berechnet werden. Schließlich soll die Ausgabe der aktualisierten Tabelle erfolgen.

Wir analysieren das Problem genauer und legen die wichtigsten Bestandteile für Telegramm, Preis und Abrechnungstabelle fest.

- Telegramm:
  — sechsstelliger Identifikations-Code
  — Menge von Wörtern (durch Leerzeichen getrennt)

- Preis:
  — pro angefangene zwölf Zeichen eines Wortes: -,60 DM
  — Mindestpreis 4,20 DM

- Erstellung einer Abrechnungstabelle. Diese enthält:
  — Für jedes einzelne Telegramm: Ident.-Code, Wortzahl, Preis
  — insgesamt: Gesamtwortzahl, Gesamtpreis

Lösung:

Zerlegung in Module
(orientiert sich an zeitlicher Verarbeitungsfolge)

- Modul **Eingabe:**
  — Einlesen des Telegramms

- Modul **Auswertung:**
  — Wortzahl z feststellen
  — Preis p berechnen
  — Bereitstellung des Tripels (Ident.-Code, z, p)

- Modul **Tabelleneintrag:**
  - Eintragung des Tripels in eine geordnete Tabelle
  - Aktualisierung von Gesamtwortzahl und -preis

- Modul **Ausgabe:**
  - Ausgabe Tabelle

- Modul **Ablaufkontrolle:**
  - Aufruf der einzelnen Module in der richtigen Reihenfolge
  - Fehlerbehandlung

Ablauf: Ablaufkontrolle

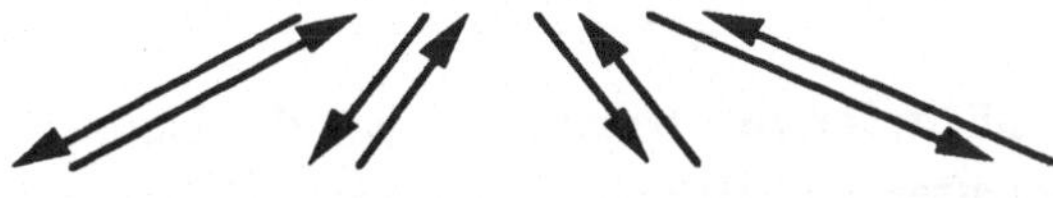

$\underset{1}{\Rightarrow}$ Eingabe $\underset{2}{\Rightarrow}$ Auswertung $\underset{3}{\Rightarrow}$ Tabelleneintrag $\underset{4}{\Rightarrow}$ Ausgabe $\underset{5}{\Rightarrow}$

Dabei bezeichnen einfache Pfeile ($\rightarrow$) den Wechsel der Ausführung und doppelte Pfeile ($\Rightarrow$) den Datenfluß, wobei von einem Modul zum anderen folgende Daten transportiert werden:

1: Telegramm in externer Darstellung
2: Telegramm in interner Darstellung
3: Abrechnungstripel
4: Tabelle in interner Darstellung
5: Tabelle in externer Darstellung

Die einzelnen Module können jetzt schrittweise verfeinert werden.   ♦

1.2.3 Strukturierung

Man unterscheidet zwischen der algorithmischen Struktur und der Datenstruktur.

Unter der **algorithmischen Strukturierung** verstehen wir die strukturierte Darstellung des logischen Ablaufs durch:
- Sequenzen, d.h. die lineare Abfolge einzelner Anweisungen
- Verzweigungen, d.h. Unterscheidung des Anweisungsablaufs aufgrund von Bedingungen
- Wiederholungen von gleichen Anweisungsfolgen

Als **Datenstrukturierung** bezeichnen wir die Darstellung der logischen Eigenschaften und Beziehungen zwischen den zu bearbeitenden Objekten durch:
- einfache bzw. zusammengesetzte Datentypen
- statische bzw. dynamische Datentypen

1.3   Beispiel: Telefonverzeichnis

Wir wollen nun anhand eines ausführlichen Beispiels die Anwendung der Entwurfsprinzipien zeigen. Das fertige Programm wird nahezu alle Sprachelemente von Modula-2 enthalten, es ist am Schluß des Buches in Abschnitt 7.5.4 vollständig aufgelistet. Einzelne Teile werden an den entsprechenden Stellen im Buch näher erläutert werden.

Beispiel 1-4 a[2]: Telefonverzeichnis

Problem:
Es soll ein Verzeichnis von Namen und zugehörigen Telefonnummern aufgebaut werden. Um dabei später nicht zu lange suchen zu müssen, ist für jeden Ort eine eigene Liste anzulegen. Diese Listen sind alpha-

---

[2] Dieses Beispiel werden wir an vielen Stellen des Buches wieder verwenden und jeweils interessierende Aspekte beleuchten. Die Nummer wird stets 1-4 sein, gefolgt von einem Buchstaben.

betisch zu sortieren. Die Eingabe soll interaktiv erfolgen. Menügesteuert soll ein Eintrag in eine Ortsliste vorgenommen, eine bereits einge-
tragene Nummer anhand des Namens gefunden oder eine vollständige
Ortsliste ausgedruckt werden.

Eingabedaten: Datensätze der Form *Ort, Name, Nummer*

Ausgabedaten: Datensatz für einen Teilnehmer oder alle Teilnehmer eines Orts

Nebenbedingungen:
* Es kommen nur die Orte Karlsruhe, Worms, Würzburg vor.
* Die Anzahl der Namen ist nicht beschränkt.
* Die Steuerung des Ablaufs soll über ein Eingabemenü erfolgen.
* Die einzelnen Eingaben sind vom Benutzer zu bestätigen, um
  Fehleingaben zu verhindern.

Folgender **Algorithmus** löst dieses Problem:
(I)   Initialisiere Verzeichnis.
(II) Bearbeite Verzeichnis menügesteuert.

Die Verfeinerung von (II) lautet:
(i)   Zeige Menü an.
(ii) Lies Kennbuchstaben für auszuführende Aktion.
(iii) Führe entsprechende Anweisung aus.
(iv) Falls Anweisung in (iii) nicht „Beende Programm",
      wiederhole (i) - (iv).

Die eigentlichen Aktionen finden in (iii) statt:
(1)   Falls Kennbuchstabe = z: Zeige Liste.
(2)   Falls Kennbuchstabe = h: Füge Eintrag hinzu.
(3)   Falls Kennbuchstabe = f: Finde Nummer.
(4)   Falls Kennbuchstabe = b: Beende Programm.

Eine erste Verfeinerung von (2) ist:
(2a)   Lies Stadt.
(2b)   Lies Name.
(2c)   Lies Telefonnummer.
(2d)   Füge Eintrag in Liste ein.

Schauen wir uns nun die benötigten Datenstrukturen an:

Ein Eintrag ist ein Datensatz, der die Bestandteile *Name* und *Nummer* hat. Diese Datensätze werden für jeden Ort in einer eigenen dynamischen Liste gesammelt, d.h. einer Struktur, für die die Gesamtanzahl ihrer Elemente erst während des Programmlaufs bestimmt wird. Alle Elemente sind vom selben Typ. Das gewünschte Telefonverzeichnis entsteht durch Zusammenfassen der Ortslisten. Da laut Aufgabenstellung nur 3 Orte zu berücksichtigen sind, kann eine Datenstruktur mit fester Elementanzahl gewählt werden, auch wenn die einzelnen Elemente dynamische Listen sind.

Die benötigte Datenstruktur für den Namen ist offensichtlich eine Aneinanderreihung von Buchstaben („Zeichenkette" / „string" (engl.)) und für die Telefonnummer eine ganze Zahl. Auch für die Stadt könnten wir ein Textfeld wählen, da wir aber nur drei Städte betrachten wollen, werden wir einen eigenen Typ vereinbaren.

(2b) und (2c) können direkt in Modula-2-Anweisungen umgesetzt werden. Für (2a) müssen wir eine eigene Prozedur schreiben, da wir einen eigenen Typ verwenden wollen. Die Operationen zum Aufbau der Datenstruktur *dynamische Liste* sind keine Standardoperationen. Sie beschreiben jedoch eine logisch zusammenhängende, abgeschlossene Programmeinheit. Wir lagern sie deshalb in ein Modul aus. Die Schnittstelle dieses Moduls stellt die Datentypen `Liste`, `Textfeld` und `Elementtyp` zur Verfügung sowie die Operationen `FindeNummer`, `FuegeElementEin` und `ZeigeElemente`.

In Modula-2 sieht das so aus:

```
DEFINITION MODULE Listen;
TYPE
  Liste;
  Elementtyp = … (* Datentyp für Listenelement *);
  Textfeld = ARRAY [0..19] OF CHAR;
          (*Aneinanderreihung von 20 Buchstaben*)

PROCEDURE FindeNummer
  (l:Liste; gesName: ARRAY OF CHAR): CARDINAL;
                          (*natürliche Zahl*)
```

```
PROCEDURE FuegeElementEin(l:Liste; x:Elementtyp);

PROCEDURE ZeigeElemente (l:Liste);
...

END Listen.
```

Wir wollen dieses Modul hier nicht weiter verfeinern und verschieben die Einzelheiten auf später.

Das Hauptprogramm kann nun die von diesem Modul bereitgestellten Prozeduren und Typen „importieren" und verwenden.

Diese Programmstruktur - ein Hauptprogramm, welches von mehreren Modulen Datentypen und Operationen importiert - ist typisch für Modula-2. Das geht sogar so weit, daß die gesamte Ein-/Ausgabe nicht im eigentlichen Sprachkern, sondern in Form von vordefinierten Standardmodulen (z.B. InOut) bereitgestellt wird (siehe Abbildung 1-2).

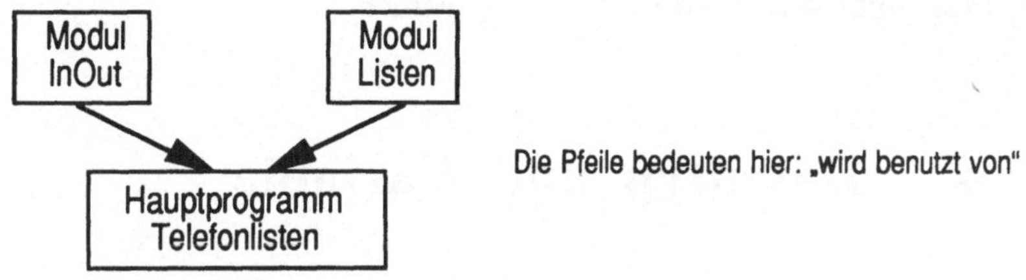

Abbildung 1-2:   Programmstruktur Beispiel 1-4

Als erstes vollständiges Programmbeispiel formulieren wir Teil (2b) unseres Algorithmus' als Modula-2 Programm:

```
MODULE EinAusgabe;

FROM InOut IMPORT
   ReadString, Read, WriteString, WriteLn;

TYPE Textfeld = ARRAY[0..19] OF CHAR;

VAR  Text: Textfeld;
```

```
BEGIN
  WriteString ("Eingabe (nur die ersten zwanzig
               Buchstaben werden akzeptiert):");
  WriteLn;
  ReadString (Text);
  WriteLn;
  WriteString ("Die Eingabe lautet: ");
  WriteString (Text);
  WriteLn
END EinAusgabe.
```

◆

Dieses Programm erfüllt allerdings noch nicht die Nebenbedingung, daß die Eingaben vom Benutzer auf Korrektheit überprüft werden können.

Wir sehen an diesem ersten Beispiel, daß alle verwendeten Namen bekannt sein müssen, entweder weil sie Standardnamen (z.B. CHAR) sind oder indem sie aus Modulen importiert (z.B. ReadString) oder im Programm vereinbart (z.B. Text) werden.

1.4   Datentyp und Variable

Die im Rechner durch Folgen von 0 und 1 dargestellte Information kann durchaus unterschiedlicher Natur sein, z.B. können sie als ganze Zahlen, Zeichenketten oder Wahrheitswerte (*wahr* oder *falsch*) interpretiert werden. Die Art der Interpretation wird durch Angabe eines **Datentyps** festgelegt, dadurch wird ein Wertebereich für mögliche Daten dieses Typs bestimmt. Eine **Variable** dieses Datentyps enthält zu jedem Zeitpunkt einen Wert des Wertebereichs, oder sie ist undefiniert.

Am Anfang des Programms müssen die neuen Datentypen und alle Variablen vereinbart werden. Dabei können sowohl vorgegebene Standarddatentypen wie z.B. INTEGER für einen Teilbereich der ganzen Zahlen oder BOOLEAN für die Wahrheitswerte (TRUE oder FALSE) als auch neudefinierte Datentypen verwendet werden.

Der Wert einer Variablen ändert sich durch Eingabe oder Zuweisung eines Werts. Dabei geht der alte Wert verloren, deshalb sind auch Zuweisungen wie x := x + 1 sinnvoll. Für den Tausch von 2 Werten wird eine Hilfsvariable benötigt:

Beispiel 1-5:   Algorithmus Tausch (x, y)

```
(1) hilf   := x;
(2) x      := y;
(3) y      := hilf;
```
◆

1.5   Darstellung von Algorithmen

In diesem Abschnitt wollen wir einige Darstellungsarten für Algorithmen vorstellen. Diese dienen vor allem der klaren und unmißverständlichen Beschreibung. Graphische Darstellungsformen sind deshalb sehr hilfreich. Allen Arten ist gemeinsam, daß

1.   jeder Algorithmus einen Namen hat,
2.   alle Eingabedaten (Form etc.) beschrieben werden müssen und ebenso
3.   die gewünschten Ausgabedaten in ihrer (etwa funktionalen) Abhängigkeit von den Eingabedaten beschrieben werden müssen.

Die verwendeten Elementaroperationen werden im allgemeinen nicht beschrieben, sondern als bekannt vorausgesetzt.

1.5.1   Verbale Darstellung von Algorithmen

Der Ablauf der einzelnen Aktionen kann verbal beschrieben werden, wobei die Reihenfolge der Anweisungen durch Numerierung deutlich gemacht werden kann. Wiederholungen von Anweisungen werden explizit angegeben, ebenso werden Auswahlmöglichkeiten oder alternative Abläufe durch Konditionalsätze beschrieben. Eine verbale Darstellung eignet sich für grobstrukturierte Algorithmen. Üblicherweise werden auszuwertende Formeln nicht verfeinert. Mit zunehmender Routine werden die Sätze stichwortartig abgekürzt und verkümmern zu Fragmenten wie „(3) Wenn x > 0 mache weiter bei (7)".

1.5.2   Pseudocode

Auf diese Weise wird der Übergang zu *Pseudocode* durchgeführt. Wir vereinbaren zur Darstellung von Pseudocode folgende Regeln:

- Die Numerierung der Anweisungen entfällt. Die Reihenfolge der Ausführung entspricht der des Aufschriebs (das sollte auch bei numerierten Anweisungen der Fall sein!).
- Anweisungen werden durch BEGIN ... END zusammengefaßt.
- Verzweigungen werden durch „IF-Bedingungen" und nachfolgenden „THEN-Anweisungen" bzw. „ELSE-Anweisungen" oder durch „CASE-Konstrukte" ausgedrückt.
- Bedingte Wiederholungen werden durch WHILE-/REPEAT-Schleifen formuliert.
- Für Wiederholungen fester Anzahl werden FOR-Schleifen verwendet.
- Zuweisungen haben dieselbe Semantik wie in Modula-2.

Wir führen also hier schon Modula-2-Ablaufsteuerungskonstrukte ein. Geschicktes Einrücken von Anweisungen erhöht die Übersichtlichkeit. Die Operationen sind noch nicht stark verfeinert und benutzen noch Formeln und Teilalgorithmen. Eine Algorithmusbeschreibung im Pseudocode eignet sich daher gut als Kommentar für das fertige Programm und kann deshalb bereits am Rechner erstellt werden.

Beispiel 1-6:   Bestimmung des ggT zweier Zahlen mit dem euklidischen Algorithmus

- *verbale Formulierung*
  Algorithmus ggT: Eingabe $m, n \in \mathbb{N}$ – Ausgabe ggT (m, n)
     1. falls $m < n$, so tausche m und n
     2. $r := m \bmod n$

3. Wiederhole 3a, 3b solange (noch) $r \neq 0$ (sonst gehe zu 4.)
    (a) m := n, n := r
    (b) r := m mod n
4. ggT := n

* *Pseudocode*

```
IF  m < n THEN  tausche (m,n)
r : = m mod n
WHILE r ≠ 0 DO
    m : = n, n : = r,
    r : = m mod n
END WHILE
ggT : = n
```

1.5.3   Struktogramm, Programmablaufplan

Insbesondere bei Algorithmen mit vielen Verzweigungen erhöhen graphische Darstellungen die Übersichtlichkeit. Struktogramm bzw. Programmablaufplan sind grafische Beschreibungen von Algorithmen, die genormte Symbole für Anweisungen, Verzweigungen und Wiederholungen verwenden, um den Kontrollfluß zu verdeutlichen. Wir gehen auf diese Darstellungen nicht näher ein. Sie sind z.B. im Band II dieser Reihe Grundkurs Angewandte Informatik näher beschrieben.

1.6   Eigenschaften von Algorithmen

Eine halbformale Beschreibung von Algorithmen erleichtert nicht nur die Lesbarkeit, sondern unterstützt auch den Nachweis der **Korrektheit.** Ein Algorithmus ist dann korrekt, wenn er die Spezifikation erfüllt. Dazu gehört i.a., daß er in endlicher Zeit terminiert. Hat man die Korrektheit eines Algorithmus' bewiesen, so ist eine der Hauptfehlerquellen beseitigt; denn vom Algorithmus zum Programm ist es oft nur ein kleiner überschaubarer Schritt.

Korrektheitsbeweise sind jedoch in der Regel alles andere als einfach, und man begnügt sich oft mit Plausibilitätsbetrachtungen und testet die Algorithmen, d.h. die Programme, mit unterschiedlichen Daten. Diese Testdaten sind so zu wählen, daß sie alle Verzweigungen des Algorithmus' durchlaufen und daß alle Grenz- und Sonderfälle abgedeckt werden. Ein Test kann aber natürlich nicht die Korrektheit eines Algorithmus' beweisen, er kann nur Fehler aufdecken, bzw. – wenn keine Fehler mehr gefunden werden – den Algorithmus als „plausibel" oder „wahrscheinlich korrekt" einstufen.

In unserem einfachen Beispiel 1-6 folgt die Korrektheit aus dem Satz:

Falls $a \geq b$, so gilt:

$$\mathrm{ggT}\,(a,b) = \begin{cases} b & \text{falls } a \bmod b = 0 \\ \mathrm{ggT}\,(b,\, a \bmod b) & \text{sonst} \end{cases}$$

Dieser gilt für *a mod b = 0* (d.h. „b teilt a") offensichtlich und für *a mod b ≠ 0*, weil wegen *a = b * (a div b) + (a mod b)* für jede ganze Zahl c gilt:

c teilt a *und* c teilt b

gdw.   c teilt b *und* c teilt (a mod b).

Die Aussage des Satzes ist also, daß man keinen gemeinsamen Teiler von a und b übersieht, wenn man gemeinsame Teiler von b und (a mod b) bestimmt.

Die Terminierung des Algorithmus' ist ebenfalls klar, da m in jedem Schleifendurchlauf kleiner wird und nach unten durch 1 beschränkt ist.

Neben der Korrektheit eines Algorithmus' ist die **Robustheit** zu nennen. Ein Algorithmus heißt *robust*, wenn er unzulässige Eingaben abfängt, für alle zulässigen Eingaben korrekte Ergebnisse bringt und ansonsten klare Fehlermeldungen produziert.

Zum Vergleich von Algorithmen wird oft die **Effizienz**, d.h. die Laufzeit oder sparsame Verwendung von Betriebsmitteln herangezogen.

Zur Berechnung des ggT von a und b hätten wir auch folgenden Algorithmus verwenden können.

(1) Falls a < b, so tausche a und b
(2) Setze c := b
(3) Wiederhole (3a), bis a mod c = 0 und b mod c = 0
     (3a) c := c-1
(4) ggT := c

Hier ist nicht nur ein Schleifendurchlauf langsamer als im euklidischen Algorithmus, da jedesmal zwei Restbildungen vorgenommen werden, die Schleife wird auch viel häufiger durchlaufen, da sehr viele unnötige Versuche durchgeführt werden.

Wir wollen die Behandlung von Algorithmen hier nicht weiter vertiefen (näheres hierzu findet man z.B. im Band II dieser Reihe Grundkurs Angewandte Informatik) und fassen die wichtigsten Eigenschaften noch einmal zusammen:

Eigenschaften von Algorithmen:

- korrekt
  Algorithmus soll Problem lösen

- endlich
    — Beschreibung endlich
    — Ausführung jeder Elementaroperation endlich
    — Datendarstellung endlich
    — Ausführung endlich, d.h Terminierung wichtig

- deterministisch
  auszuführende Operation liegt zu jedem Zeitpunkt fest

- robust
    — Abfangen unzulässiger Eingaben,
    — zuverlässige, zutreffende, verständliche Fehlermeldungen

- effizient

2 Einfache Programme in Modula-2

2.1 Beschreibung durch Syntaxdiagramme

2.1.1 Die Grobstruktur eines Programms

Die Beschreibung einer Programmiersprache geschieht auf der Basis eines Alphabets (Zeichenvorrat) durch die Syntax und die Semantik. Als Alphabet werden die üblichen Zeichen (Buchstaben ohne Umlaute, Ziffern, Satzzeichen, Leerzeichen, ...) verwendet.

Die *Syntax* beschreibt die Regeln, nach denen aus diesen Zeichen ein gültiges Programm geformt wird. Wir beschreiben die Syntax von Modula-2-Programmen durch *Syntaxdiagramme*. Eine andere gebräuchliche Form der Beschreibung ist die erweiterte *Backus-Naur-Form*.

Jedem gültigen Programmkonstrukt wird durch die *Semantik* eine Bedeutung zugeordnet. Wir geben für die Semantik keine formale Beschreibung, sondern Regeln in umgangssprachlicher Form an.

Für jedes Programmkonstrukt gibt es ein eigenes Syntaxdiagramm. Diese Diagramme werden ineinander eingesetzt, um so ein komplettes Programm zu beschreiben.

Ein Programm – in Modula-2 als *Programmodul* bezeichnet – wird durch das Wort MODULE (als erstes Wort) als solches gekennzeichnet. Es hat einen *Namen* und besteht im wesentlichen aus einem *Block*, der nach dem Namen – von diesem durch Semikolon (;) getrennt – folgt. Das Programm wird durch seinen Namen gefolgt von einem Punkt (.) abgeschlossen. Vor dem Block können (bzw. müssen) in einem oder mehreren *Import*-Teilen die aus anderen Modulen importierten Objekte angegeben werden. Nach dem Modulnamen, vor dem ersten Semikolon, kann eine Priorität – durch eine ganze Zahl, die wir als *Konst A* bezeichnen wollen und die in eckige Klammern ([bzw.]) eingeschlossen ist – angegeben werden; diese Priorität kennzeichnet die Stellung dieses Moduls innerhalb der Aufrufhierarchie aller Programme des Computers, wir werden sie aber in diesem Buch im weiteren Verlauf nicht mehr benutzen.

Der Block seinerseits besteht aus einem *Vereinbarungsteil* und einem *Anweisungsteil*. Der Anweisungsteil enthält die einzelnen konkreten *Anweisungen* (durch Semikolon (;) voneinander getrennt), die durch das Programm ausgeführt werden sollen; diese Anweisungen werden durch die Worte BEGIN am Anfang und END am Schluß eingeschlossen. Der Vereinbarungsteil enthält die Definitionen von Konstanten und Typen, die Vereinbarung der benötigten Variablen sowie die Vereinbarung (bzw. Deklaration) der für dieses Programm (lokal) definierten Prozeduren und internen Module. Der Vereinbarungsteil kann entfallen, er wird aber im allgemeinen wenigstens eine Variablenvereinbarung enthalten. – All das, was eben wortreich geschildert wurde, läßt sich durch die beiden folgenden Syntaxdiagramme *2 Programmodul* und *4 Block* kürzer und präziser darstellen:

2 Programmodul

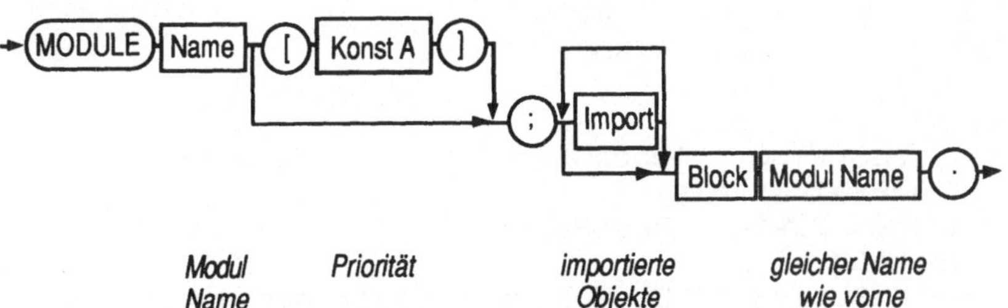

Ein nach diesem Diagramm durch Einsetzen und Verfeinern aller nach einem Durchlauf passierten Konstrukte, wie z.B. *Block*, entwickeltes Programm kann übersetzt und anschließend ausgeführt werden.

4 Block

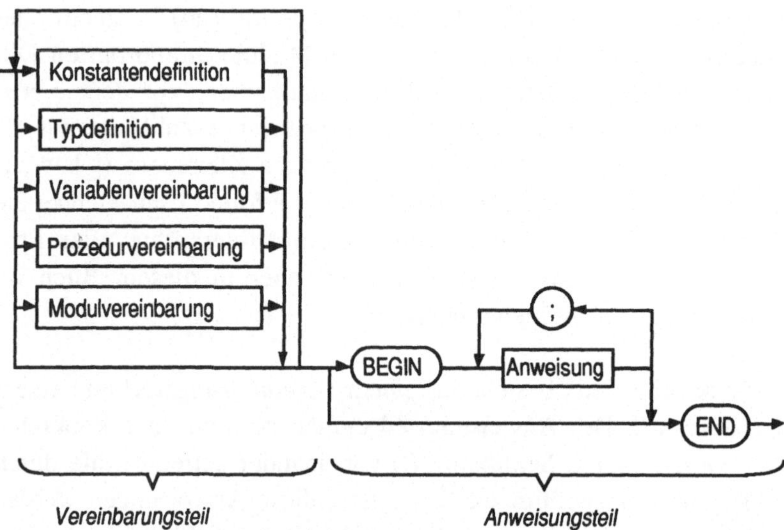

Es folgt nun ein komplettes Modula-2-Programm, welches die eben erwähnte Struktur im wesentlichen vollständig aufzeigt:

Beispiel 2-1:   Modula-2-Programm: Berechnung der Mehrwertsteuer

```
MODULE Mehrwertsteuer;
FROM RealInOut IMPORT ReadReal, WriteReal;
FROM InOut IMPORT WriteString, WriteLn;

CONST MWStSatz = 0.14;
VAR Preis, MWSt: REAL;

BEGIN
  WriteString ("Geben Sie den Preis ein");
  ReadReal (Preis);
  MWSt:= Preis * MWStSatz;
  WriteLn;
  WriteString ("Die Mehrwertsteuer beträgt:");
  WriteReal (MWSt,9)
END Mehrwertsteuer.
```

Bemerkung:

In diesem Beispiel wird die Mehrwertsteuer nicht auf zwei Stellen nach
dem Dezimalpunkt gerundet.

Wir sehen hier den IMPORT von Ein-/Ausgabeprozeduren aus zwei
Standardmodulen. Der Mehrwertsteuersatz (MWStSatz) ist für dieses
Programm eine Konstante, d.h. der Wert ändert sich nicht. Preis und
Mehrwertsteuer (MWSt) hingegen sind Variable. Der Datentyp für alle
drei Größen ist der Typ REAL, eine Teilmenge der reellen Zahlen.
Dieser Typ ist als Standardtyp bekannt.

2.1.2   Aufbau und Handhabung der Syntaxdiagramme

Wir wollen jetzt die Syntaxbeschreibung fortsetzen und erläutern dazu
den Aufbau und die Handhabung der Syntaxdiagramme ausführlicher:

- Jedes Diagramm besitzt eine Nummer und einen (grammatikali-
  schen) Bezeichner, der links über das betreffende Diagramm gesetzt ist. Die Bezeichner benennen das durch das Diagramm dargestellte Sprachelement.
- Ein Diagramm ist aufgebaut aus Bezeichnern von Diagrammen,
  Symbolen des Alphabets und durchgezogenen, mit Pfeilen verse-
  henen Linien.
- Ein Symbol des Alphabets ist in einen Kreis, Folgen von Symbolen - also z.B. vordefinierte Namen - sind in ein Oval, Bezeichner
  von anderen Diagrammen sind in Rechtecke eingeschlossen.
- Die Verbindung von Bezeichnern und Symbolen bzw. Symbol-
  folgen des Alphabets geschieht durch durchgezogene Linien,
  wobei die Pfeile die Durchlaufrichtung angeben.
- Beim Durchlaufen einer Linie können in der Regel beliebig viele
  Trennzeichen (Leerzeichen, Kommentar, Zeilenwechsel) eingefügt
  werden. Ausgenommen hiervon sind fett gekennzeichnete Linien,
  bei deren Durchlauf kein Trennzeichen erzeugt werden darf.

- Im Programm bezeichnen Namen Größen unterschiedlicher Kategorien, z.B. Variablen und Typen. Alle Namen werden durch ein- und dasselbe Diagramm 45 beschrieben.
- Am Definitionspunkt eines Namens steht in den Diagrammen nur *Name*, sonst wird in der Regel die bezeichnete Kategorie vorangestellt (z.B. *Modul Name*) (siehe Diagramm 2).
- In den Diagrammen ist die statische Semantik insofern eingearbeitet, als abkürzende Typbezeichnungen (z.B. B für BOOLEAN, A für ARRAY) den syntaktischen Konstrukten Ausdruck, Variable, Konstante, ... vorangestellt sind (siehe z.B. Diagramm 22).
- Für jeden Typ existiert ein eigenes Ausdrucksdiagramm. In diesem sind auch die konstanten Ausdrücke beschrieben.
- Das wird dadurch ausgedrückt, daß in der Überschrift das Wort KONST in eckige Klammern gesetzt wird und im Diagramm alle Zweige, die für einen konstanten Ausdruck nicht durchlaufen werden dürfen, mit eckigen Klammern (][) blockiert sind (siehe z.B. Diagramm 23).
- Standardfunktionsaufrufe werden nicht durch ein Diagramm, sondern durch eine Tabelle beschrieben (siehe Tabelle 2-1).
- Die Diagramme sind mit erläuternden Kommentaren versehen. Sie sollen das semantische Erfassen des betreffenden Sprachelements erleichtern.

Die Bezeichner von Syntaxdiagrammen nennen wir auch *Syntaxvariable*, weil sie, wie wir nachfolgend sehen werden, wie Variable zur Programmkonstruktion verwendet werden:

- Der Durchlauf durch ein Diagramm beginnt am linken oberen Eingang.
- Die Durchlaufrichtung wird durch Pfeile angegeben.
- Der Durchlauf durch ein Diagramm ist beendet, wenn das Diagramm am rechten unteren Ende verlassen wird.
- Treten beim Durchlaufen eines Diagramms Symbole des Alphabets auf, so werden diese zum Zeitpunkt des Auftretens notiert und der Durchlauf fortgesetzt.

- Tritt beim Durchlaufen eines Diagramms *U* eine Syntaxvariable W auf (wobei W gleich U zulässig ist), so ist an dieser Stelle das Durchlaufen von U zu unterbrechen, das mit W bezeichnete Diagramm zu durchlaufen und danach der Durchlauf durch das Diagramm *U* an der Stelle fortzusetzen, an der er unterbrochen wurde.
- Zur Produktion eines Programms ist stets das mit dem Startbezeichner *Programmodul* versehene Diagramm zu durchlaufen.

2.2   Gestaltung von Programmen

Der Quelltext eines Programms ist nicht nur eine notwendige Zwischenstufe auf dem Weg zu einem ausführbaren Programm, sondern Arbeitsergebnis, Dokumentation und Unterlage für die spätere Wartung und Erweiterung des Programms in einem. Deshalb ist großer Wert auf eine übersichtliche, klar verständliche, ästhetisch ansprechende Gestaltung von Quelltexten zu legen. Wir wollen hier einige **Faustregeln** geben, die wir auch in unseren Beispielen einhalten werden:

- Ein Programm besteht aus mehreren Modulen.
- Jedes Modul ist ein eigenes Dokument.
- Der Quelltext ist zeilenweise organisiert.
- Im Quelltext treten auf:
  — Wortsymbole, z.B. BEGIN, VAR
  — Namen
  — Sonderzeichen wie Operatoren (+) oder Begrenzer (;).
  — Kommentare
  — Leerzeichen
- Zwischen zwei Namen oder zwischen Name und Wortsymbol muß ein Trennzeichen (Kommentar, Leerzeichen oder Zeilenwechsel) stehen.
- Innerhalb von Wortsymbolen, Namen und Konstanten darf kein Leerzeichen (Ausnahme: Stringkonstante) oder Zeilenwechsel stehen.

Kommentare sind in (* *) eingeschlossene Zeichenfolgen; sie dürfen geschachtelt werden und dienen zur Erläuterung des Programmtextes. Wir empfehlen, Kommentare unbedingt zu verwenden:

- am Modulanfang, für eine Kurzbeschreibung der Aufgabe des Programmstücks,
- zur Beschreibung der Ein- und Ausgabegrößen,
- zur Erläuterung des logischen Programmablaufs durch Angabe von gültigen Invarianten oder Bedingungen oder zur Verdeutlichung des grobstrukturierten Algorithmus',
- zur Erklärung von Variablen oder Typen, falls dies nicht schon durch den gewählten Namen klar ist,
- zur Kennzeichnung von END-Kommandos strukturierter Anweisungen.

Kommentare brauchen hingegen *nicht* benutzt zu werden, um

- ohnehin klare, elementare Anweisungen zu erläutern oder
- schlecht strukturierte Programme dennoch verständlich zu machen. Hier sollte besser eine Umstrukturierung vorgenommen werden.

Die **optische Gestaltung** eines Programms trägt enorm viel zur Lesbarkeit bei. Deshalb empfehlen wir:

- nur eine Anweisung oder Vereinbarung pro Zeile,
- Leerzeilen zum Absetzen von Prozeduren oder zusammengehörigen Blöcken,
- Verdeutlichung von strukturierten Anweisungen durch geschicktes Einrücken,
- Kommentare am Zeilenende.

Beispiel 2-2:   Modula-2-Programm: schlechtes Beispiel

Unser Modul `Mehrwertsteuer` aus Beispiel 2-1 wird hier nochmals in sehr unübersichtlicher Form als *schlechtes Beispiel* wiedergegeben.

```
MODULE MS;
FROM RealInOut IMPORT ReadReal, WriteReal; FROM
InOut IMPORT WriteString,WriteLn;
CONST M =0.14;VAR v1,v2:REAL;
BEGIN (* BEGIN-Anweisung:(*hier beginnt der Anwei-
sungsteil*)*)
(* hier folgt eine Bildschirmausgabe *) WriteString
("Geben Sie den Preis ein");
ReadReal(v1);v2:=v1*M;WriteLn;(* hier folgt eine
Bildschirmausgabe *) WriteString
("Die Mehrwertsteuer beträgt:");WriteReal(v2,9);END
MS.
```

2.3 Konstantendefinition und Variablenvereinbarung

2.3.1 Namen

Wir haben an unseren Beispielen schon gesehen, daß viele verwendete Größen – Konstante, Variable, Typen, Prozeduren, Module – durch Namen bezeichnet werden. Namen bestehen aus Buchstaben, Ziffern und Unterstrichen (_).

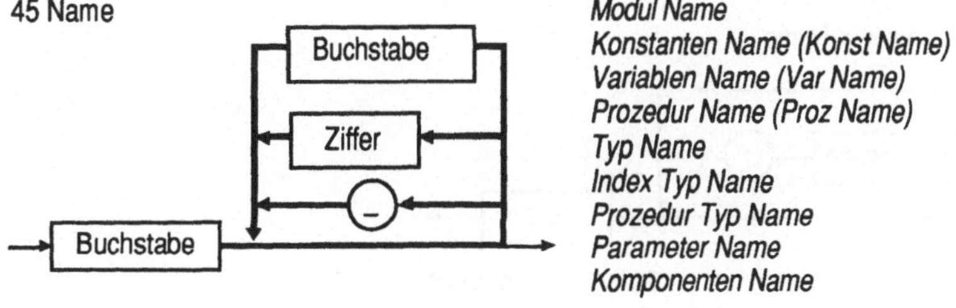

Namen dürfen keine Leerzeichen enthalten (daher die dicken Pfeile).
Dabei wird zwischen Groß- und Kleinbuchstaben unterschieden. Namen dürfen keine Schlüsselwörter überdecken (s. Verzeichnis) und
sollten keine vordefinierten Standardnamen verbergen (s. Verzeichnis).
Alle Stellen eines Namens sind grundsätzlich signifikant, doch sind
Implementierungsbeschränkungen auf 8 oder 12 signifikante Stellen
möglich.

Beispiel 2-3:   gültige Namen

U, x, PSC_2, Personalnummer, Personalnummernzusatz

Vorsicht, zwischen den letzten beiden Namen wird u.U. nicht unterschieden.   ◆

Beispiel 2-4:   ungültige Namen

_a1, x&y, Englisch/Deutsch, BEGIN   ◆

Namen sollten so gewählt werden, daß sie einen Bezug zur bezeichne-
ten Größe herstellen, z.B. Preis, Studentendaten. Namen sind innerhalb
eines Gültigkeitsbereiches eindeutig zu wählen. Die Syntax für alle
Namen ist identisch, in den Syntaxdiagrammen sind allerdings oft Zu-
sätze, die an die Bedeutung des Namens erinnern, z.B. Modul Name,
G Konst Name (Ganzzahl Konstanten Name), eingetragen.

Entsprechend der modularen Struktur der Sprache kann die Eindeu-
tigkeit von Namen nur innerhalb eines Moduls gewährt werden (da
Module getrennt übersetzt werden). Ein vollständiger Name besteht
also aus Modulname und eigentlichem Namen.

45a Vollständiger Name

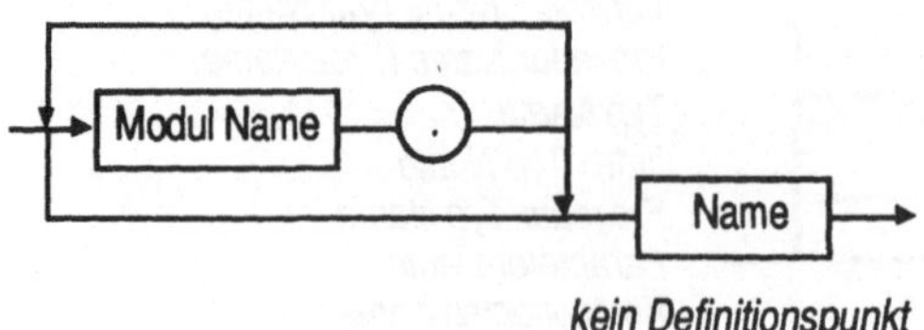

kein Definitionspunkt

In den Diagrammen kann an jeder Stelle, an der ein Name referiert wird, auch ein vollständiger Name stehen außer

- in Objektlisten bei Importen und Exporten sowie
- als Laufvariable in Laufanweisungen.

2.3.2   Konstantendefinitionen

Größen, die sich während der Laufzeit eines Programmes nicht ändern, wie z.B.

mathematische oder physikalische Konstante

der Zinssatz bei einer Darlehensberechnung

Grenzen statischer Datenfelder

feststehende Texte

Prüfmengen,

sollten als Konstante vereinbart werden, d.h. ihnen wird ein Name zugeordnet, über den sie im Programm angesprochen werden.

Dies bietet folgende Vorteile:

- erhöhte Lesbarkeit (suggestive Namen wählen!)
- leichte Programmwartung (bei Änderung des Wertes ist nur an einer Stelle eine Änderung des Programmtextes durchzuführen).
- Abkürzung von Texten

9 Konstantendefinition (Konst Def)

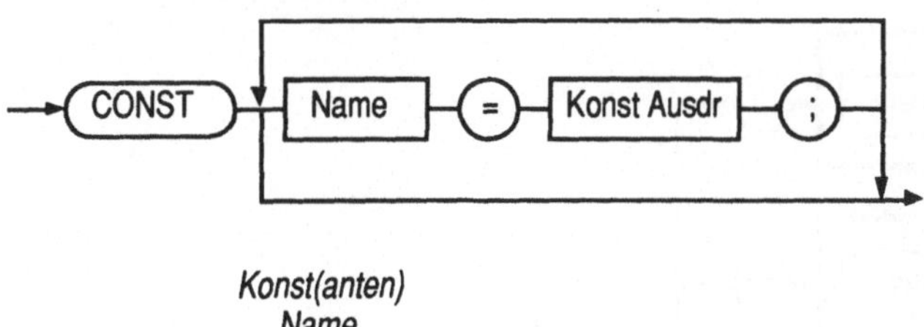

Konst(anten)
Name

Beispiel 2-5:   Konstantendefinitionen

```
CONST
   Laenge      = 5;
   Flaeche     = Laenge * Laenge;
   pi          = 3.1415926535897932238462643383;
   myconst     = pi / 3. * 11.;
   weiter      = "Bitte RETURN Taste drücken";
   Ort         = "7500 Karlsruhe";
   Strasse     = "Kaiserstraße 12";
   Adresse     = Strasse||Ort;                              ◆
```

Die Zuordnung von Typen zu den Konstanten wird aufgrund der Schreibweise entschieden. Dabei wird zwischen ganzen und reellen Zahlen unterschieden. Die in Modula-2 sonst vorgenommene Unterscheidung zwischen CARDINAL und INTEGER oder zwischen REAL und LONGREAL unterbleibt. So sind im obigen Beispiel `Laenge` und `Flaeche` sowohl vom Typ CARDINAL als auch INTEGER und `pi` ist gleichzeitig REAL und LONGREAL (siehe Kap. 2.3.4 und 2.5).

Neben den Konstanten für einfache Standardtypen treten in einfachen Programmen auch häufig konstante Zeichenketten (Strings) auf. Das sind in Apostrophe oder Anführungszeichen eingeschlossene Zeichenketten, die hauptsächlich zur kommentierten Ausgabe dienen.

44 String (ST Konstante)

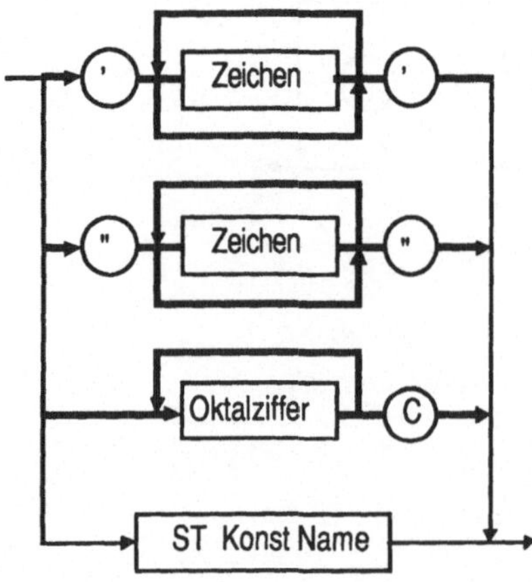

Beispiel 2-6:   Strings zur kommentierten Ausgabe

```
MODULE Quadrat;

VAR Laenge, Flaeche : REAL ;

BEGIN
  WriteString ("Länge eingeben: ");
  ReadReal (Laenge); WriteLn;
  Flaeche := Laenge * Laenge;
  WriteString (" Die Fläche des Quadrates ist: ");
  WriteReal (Flaeche, 9)
END Quadrat.
```
♦

2.3.3   Variablenvereinbarung

Größen, die ihren Wert erst zur Laufzeit des Programms erhalten bzw. ihn auch während der Laufzeit ändern können, heißen Variable. Eine solche Variable erhält einen Namen, der in der Variablenvereinbarung bestimmt wird; dabei wird gleichzeitig der Typ der Variable festgelegt, d.h. es wird festgelegt, welche Werte diese Variable überhaupt annehmen kann. Diese Festlegung gilt für das gesamte Programm.

11 Variablenvereinbarung (Var Vereinb)

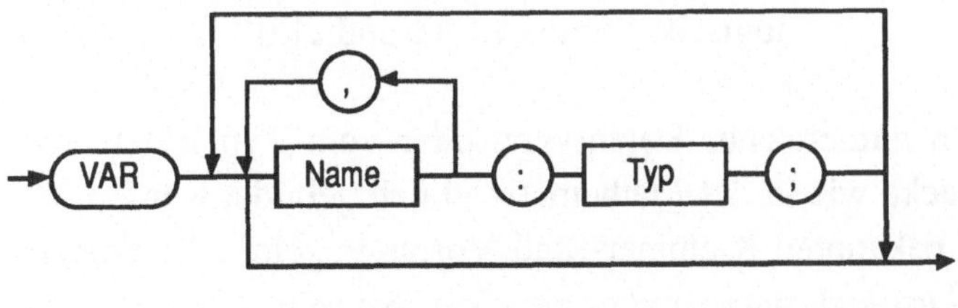

Var(iablen) Name

Allen durch Komma getrennten Variablen wird der angegebene Typ zugeordnet. Gleichzeitig wird der für die Darstellung eines Wertes dieses Typs benötigte Speicherplatz reserviert. Ein Wert wird der Variablen noch nicht zugewiesen.

Beispiel 2-7:   Variablenvereinbarungen

```
VAR x1, x2   : REAL;
    i,j      : INTEGER;
    summe    : REAL;
    erfolg   : BOOLEAN;
```

2.3.4   Ausdrücke für einfache Datentypen

In Modula-2 gibt es folgende vordefinierte Standard-Datentypen.

Name	**Wertebereich**
CARDINAL	Teilbereich der natürlichen Zahlen
INTEGER	Teilbereich der ganzen Zahlen
REAL, LONGREAL	Teilbereiche der reellen Zahlen
CHAR	Zeichensatz; enthält Buchstaben, Ziffern, Leerzeichen, Sonderzeichen
BOOLEAN	logische Werte FALSE und TRUE

Mit Operanden numerischer Datentypen oder vom Typ BOOLEAN können Ausdrücke wie in der Mathematik üblich gebildet werden. Dabei gelten die bekannten Klammer- und Vorrangregeln. Alle Operanden in einem Ausdruck müssen vom gleichen Typ sein. Als Operanden können Variable, Konstante, Funktionsaufrufe oder geklammerte Ausdrücke auftreten. Wir geben im Abschnitt 2.5 einen genauen Überblick, welche Ausdrücke für jeden dieser Typen wie gebildet werden können, wie Konstante notiert werden und welches die wichtigsten weiteren Operationen und Funktionen sind.

2.4   Anweisungen

2.4.1   Einfache Ein-/Ausgabeanweisungen

Bevor wir zu den eigentlichen Anweisungen kommen, müssen wir kurz über eine Form von speziellen Prozeduraufrufen sprechen, die im üblichen Sprachgebrauch jedoch Anweisungen genannt werden und unerläßlich zum Schreiben sinnvoller Programme sind: Anweisungen zur Ein- und Ausgabe. Wir werden sie in den späteren Beispielen ständig benötigen.

Es gibt sicherlich nur wenige sinnvolle Programme, die keine einzige Mitteilung nach außen von sich geben. Auch Programme zur Steuerung von Maschinen, zur Überwachung von Prozessen, zur Veränderung oder Sortierung von Datenbeständen kommunizieren mit ihrer Umwelt – nämlich mit den Maschinen oder mit Datenspeichern, von denen sie Daten erhalten und zu denen sie Daten senden. Aus diesem Grund muß jede höhere Programmiersprache Anweisungen zur Ein- und Ausgabe von Daten besitzen. Im Gegensatz zu den meisten üblichen Programmiersprachen wurden im Kern von Modula-2 keine derartigen Anweisungen festgelegt; früher gab es in Modula-2 lediglich Empfehlungen – im wesentlichen die von Wirth [Wir85] –, die eine gewisse Standardisierung der Ein- und Ausgabeanweisungen sicherstellten. Der Vorteil der Nichtstandardisierung dieser Anweisungen liegt darin begründet, daß die Sprache unabhängig bleibt von Rechnern und Peripheriegeräten, von der technologischen Entwicklung, die ständig neue Ein- und Ausgabegeräte hervorbringt und die regelmäßige Anpassung der Standards verlangen würde. Der Nachteil ist sicherlich, daß im Prinzip keine feste Vereinbarung über Syntax und Semantik der Anweisungen existiert und die Portabilität der Programme gering ist.

Ohne genauer auf das Modulkonzept eingehen zu wollen, das uns in den späteren Kapiteln noch beschäftigen wird, müssen wir an dieser Stelle kurz den Mechanismus beschreiben, der uns über das obengenannte

Problem hinweghilft: In Modula-2 ist es möglich, aus anderen Programmen Teile zu importieren, die in unserem aktuellen Programm notwendig sind. So kann man den Programmieraufwand reduzieren, da man einmal Geschriebenes wiederverwendet, und man hat die Sicherheit, daß der importierte Programmteil zuverlässig funktioniert, wenn man sich einmal davon überzeugt hat. Um den Anwendungsprogrammierer noch weiter zu entlasten, bieten die meisten Hersteller von Programmentwicklungssystemen schon eine ganze Reihe solcher Programmteile an. Dabei handelt es sich meist um Prozeduren, die, nach Problemklassen in verschiedene Module sortiert, importiert werden können.

Im früheren Quasi-Standard waren das zum Beispiel die Module *InOut* (allgemeine Ein-/Ausgabe), *RealInOut* (Ein-/Ausgabe reeller Zahlen) und *Terminal* (Elementaroperationen zur Ein-/Ausgabe am Terminal). Auch andere, zum Beispiel von der Rechengenauigkeit des Systems abhängige Funktionen, werden von solchen Modulen zur Verfügung gestellt (z.B. im Modul *MathLib* zahlreiche mathematische Funktionen).

Der neue Standardisierungsvorschlag sieht nun eine viel größere Anzahl von Modulen und Funktionen vor, die vom Programmentwicklungssystem angeboten werden sollten. Diese werden in Kapitel 7 besprochen.

Bei unseren jetzigen einfachen Beispielen werden wir uns im allgemeinen der Funktionen des „alten Standards" bedienen. Somit können Sie – sofern Sie einen älteren Compiler besitzen – problemlos die Beispiele testen; Besitzer eines neuen Compilers können ohne große Schwierigkeit ein Modul schreiben, das das alte simuliert. Es ist darüberhinaus anzunehmen, daß für eine Übergangszeit ein gutes Programmentwicklungssystem sowohl den alten als auch den neuen Standard anbietet.

Nun zurück zu unserem eigentlichen Ziel, dem Kennenlernen einiger wichtiger Ein- und Ausgabeprozeduren. Diese werden im folgenden kurz charakterisiert:

• Das Modul InOut

`Read (ch)`	liest einen Buchstaben von der Tastatur, gibt ihn am Bildschirm aus und weist ihn der Variablen `ch` (Typ CHAR) zu;
`ReadString (text)`	liest eine Zeichenkette von der Tastatur, gibt sie am Bildschirm aus und weist sie der Variablen `text` (Typ ARRAY OF CHAR) zu; die Eingabe wird i.a. durch ein Steuerzeichen (z.B. das Zeilenende-Zeichen („Return"-Taste)) beendet;
`ReadCard (CardVar)`	liest eine CARDINAL-Zahl von der Tastatur, gibt sie am Bildschirm aus und weist sie der Variablen `CardVar` (Typ CARDINAL) zu;
`ReadInt (IntVar)`	liest eine INTEGER-Zahl von der Tastatur, gibt sie am Bildschirm aus und weist sie der Variablen `IntVar` (Typ INTEGER) zu;
`Write (ch)`	gibt den Inhalt der Variablen `ch` (Typ CHAR) am Bildschirm aus;
`WriteString (text)`	gibt den Inhalt der Variablen `text` (Typ ARRAY OF CHAR) am Bildschirm aus;
`WriteCard (CardVar)`	gibt den Inhalt der Variablen `CardVar` (Typ CARDINAL) am Bildschirm aus;
`WriteInt (IntVar)`	gibt den Inhalt der Variablen `IntVar` (Typ INTEGER) am Bildschirm aus;
`WriteLn`	schreibt das Zeilenendezeichen ($\Rightarrow$ neue Zeile);

• Das Modul RealInOut

`ReadReal (x)`	liest eine reelle Zahl von der Tastatur, gibt sie am Bildschirm aus und weist sie der Variablen x (Typ REAL) zu;
`WriteReal (x, n)`	gibt den Inhalt der Variablen x als reelle Zahl mit n Druckpositionen (mindestens aber 7, nämlich Vorzeichen, Vorkommastelle, Dezimalpunkt, dem Buchstaben E, Vorzeichen des Exponenten und zwei Exponentenstellen) aus;

Die Prozeduren werden folgendermaßen in ein Programm importiert: Nach dem Modulkopf (`MODULE Programmname;`) folgen beliebig viele Importlisten. Allgemein sieht ein IMPORT folgendermaßen aus:

6 Import

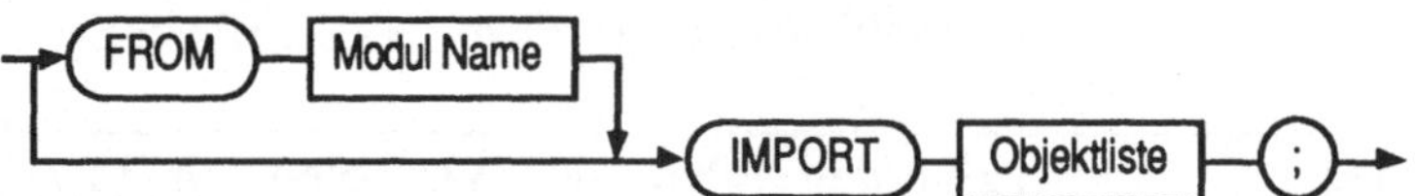

Möchte man also ins Programm `MeinProgramm` die Prozeduren `WriteLn` und `WriteString` des Moduls `InOut` sowie die Funktionen `Sin` und `Cos` von `MathLib` importieren, so schreibt man:

```
MODULE MeinProgramm;

FROM InOut IMPORT WriteLn, WriteString;
FROM MathLib IMPORT Sin, Cos;
```

Ein einfaches Programm, welches Ein-/Ausgabeanweisungen enthält, sahen wir schon in Beispiel 1-4 a.

2.4.2   Wertzuweisung

38-1 Wertzuweisung

Durch die Wertzuweisung kann einer Variablen der Wert eines Ausdrucks zugewiesen werden. Die Syntax dieser Anweisung kann direkt
dem obenstehenden Syntaxdiagramm entnommen werden. Variable und
Ausdruck werden durch das Zuweisungssymbol : = voneinander
getrennt.

Komplizierter hingegen sind die Regeln zur Bildung von Ausdrücken,
die in Kapitel 2.5 besprochen werden. Beispiele sind:

- arithmetische Ausdrücke:

    a + b + c;   10 * (a + SIN (b));   a / 100.

- boolesche (logische) Ausdrücke:

    TRUE   FALSE   a AND b   NOT p   (x AND y) OR z

- Vergleichsausdrücke:

    x <= y   b > 10   (p AND q) = r   x = y

- Zeichen(ketten)ausdrücke:

    'A'   'y'   ""   "Modula–2 von Wirth"

  Beachte: "" ist eine leere Zeichenkette

Die obengenannten Ausdrucksarten unterscheiden sich im Typ des Ergebnisses des Ausdrucks, wobei bei den arithmetischen Ausdrücken
noch weiter unterschieden wird. Für die Korrektheit einer Wertzuweisung müssen Variable und Ausdruck zuweisungskompatibel sein.

Dieser Begriff wird am Ende dieses Kapitels noch genauer definiert. Vereinfacht dargestellt heißt zuweisungskompatibel, daß Ausdruck und Variable vom gleichen Typ sind. Ausnahmen bilden INTEGER und CARDINAL, wobei der Programmierer sicherzustellen hat, daß nicht eine negative Zahl einer CARDINAL-Variablen zugewiesen wird, und ARRAY OF CHAR-Variablen, denen konstante Zeichenketten zugewiesen werden dürfen (siehe Kapitel 3.2.6).

Eine Wertzuweisung wird dabei folgendermaßen abgearbeitet: Zunächst wird der Ausdruck der rechten Seite ausgewertet und das Ausdrucksergebnis berechnet, dann wird dieser Wert der Variablen der linken Seite zugewiesen. Die Wirkung sei an folgenden Beispielen veranschaulicht:

- `Volumen := Grundflaeche * Hoehe`
  Der ursprüngliche Wert von `Volumen` wird durch das Ergebnis der Berechnung von `Grundflaeche * Hoehe` ersetzt.

- `beta := beta * beta`
  Der ursprüngliche Wert von `beta` wird mit sich selbst multipliziert. Das Ergebnis wird der Variablen `beta` zugewiesen. Somit wurde `beta` quadriert.

2.4.3   Fallunterscheidungen

Aufgabe:
Es soll die Ergebnisliste einer Klausur ausgegeben werden. In einem Teil des Ausgabeprogramms muß aus der bekannten Punktezahl die Note ermittelt und ausgegeben werden (die Punktezahl sei immer ganzzahlig).

Schema:

Punktezahl	Note
>= 100	1
[80 – 100)	2
[60 – 80)	3
[40 – 60)	4
< 40	5

Es ist sofort ersichtlich, daß zur Bearbeitung dieser Aufgabenstellung „Fälle" zu unterscheiden sind. Zur Lösung bieten sich zwei Wege an. Der erste ist die Verwendung der IF-Anweisung, der zweite bedient sich der CASE-Anweisung.

• Die IF-Anweisung

Sie besitzt folgende Syntax:

38-2 IF-Anweisung

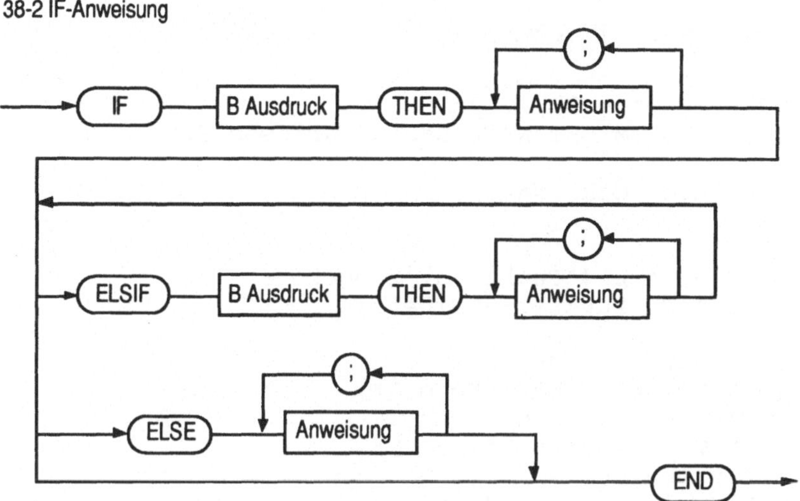

Bei der Verwendung der IF-Anweisung sind folgende Regeln zu beachten:

- Auf die Anweisungsfolge hinter THEN darf beliebig oft das Schlüsselwort ELSIF (wiederum gefolgt von Ausdruck, THEN, Anweisungsfolge) angegeben werden.
- Nach dem IF/THEN-Zweig bzw. dem letzten ELSIF kann das Schlüsselwort ELSE, gefolgt von einer Anweisungsfolge angegeben werden.
- Das Ergebnis jedes Ausdrucks nach IF oder ELSIF muß vom Typ BOOLEAN sein.
- Der Ausdruck vom Typ BOOLEAN hinter IF wird ausgewertet. Ist der Wert TRUE, so wird die Anweisungsfolge hinter THEN ausgeführt. Ist der Wert FALSE, so wird, falls ein ELSIF-Zweig

vorhanden ist, solange der jeweilige Ausdruck hinter den folgenden ELSIF ausgewertet, bis einer den Wert TRUE liefert. Die auf
dieses ELSIF folgende Anweisungsfolge wird ausgeführt. Liefern
alle Ausdrücke den Wert FALSE oder ist kein ELSIF vorhanden,
so wird, falls ein ELSE vorhanden ist, diese Anweisungsfolge
ausgeführt.

Folgendes Programm löst somit die obige Aufgabenstellung:

Beispiel 2-8:   IF-Anweisung

```
MODULE Benotung1;
FROM InOut IMPORT WriteString,WriteLn,ReadCard;

VAR Punkte: CARDINAL;

BEGIN
  WriteString ("Punktzahl eingeben: ");
  ReadCard (Punkte); WriteLn;

  IF Punkte >= 100
  THEN WriteString ("Note 1")
  ELSIF Punkte >= 80
  THEN WriteString ("Note 2")
  ELSIF Punkte >= 60
  THEN WriteString ("Note 3")
  ELSIF Punkte >= 40
  THEN WriteString ("Note 4")
  ELSE WriteString ("Note 5")
  END (* IF *)
END Benotung1.
```

Mit Hilfe der IF-Anweisung war es möglich, die obige Aufgabenstellung zu lösen, allerdings nicht ohne geringen Schreibaufwand. Die
syntaktische Redundanz, die die Fallunterscheidungsäste ELSIF
Punkte >= xx THEN verursachten, läßt sich durch die CASE-
Anweisung vermeiden:

•   Die CASE-Anweisung

Sie besitzt folgende Syntax:

38-3 CASE-Anweisung

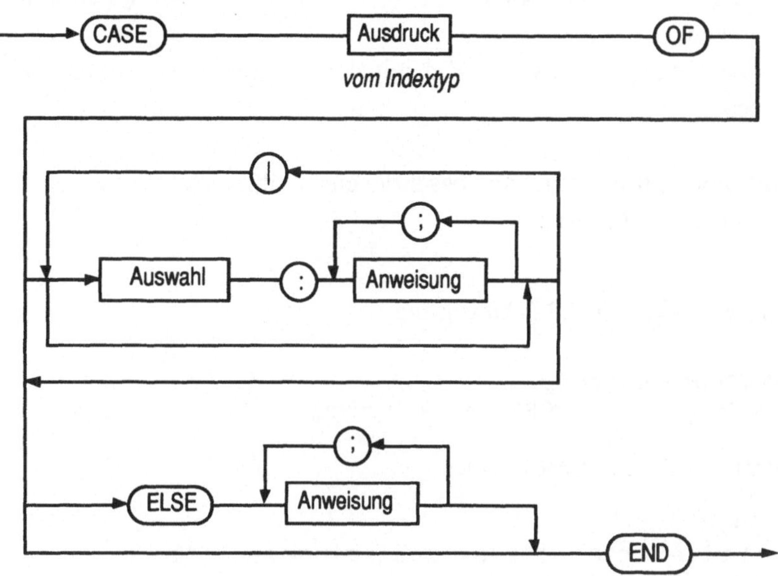

Bei der Verwendung einer CASE-Anweisung sind folgende Regeln zu beachten:

- Eine CASE-Anweisung beginnt mit dem Schlüsselwort CASE, dem ein Ausdruck und das Schlüsselwort OF folgen.
- Der Ausdruck darf von einem der Datentypen CARDINAL, INTEGER, BOOLEAN, CHAR, Unterbereichstyp oder Aufzählungstyp (siehe Kapitel 2.6) sein.
- Dem Schlüsselwort OF folgt eine Aufzählung aller Fälle, die in Abhängigkeit vom Wert des Ausdrucks ausgeführt werden sollen. Die Fälle werden durch senkrechte Striche voneinander getrennt.
- Jeder „Case" beginnt mit einer Liste von Konstanten oder Wertebereichen. Jeder darin vorkommende Konstantenausdruck muß mit dem CASE-Ausdruck ausdruckskompatibel sein (siehe Kapitel 2.6.3). Jeder Wert darf höchstens einmal in derselben CASE-Anweisung vorkommen.

- Im ELSE–Zweig können Aktionen angegeben werden, die ausgeführt werden sollen, wenn kein „Case" eintritt (wenn kein „Case" eintritt und ELSE nicht vorhanden ist, dann entsteht ein Laufzeitfehler).
- Jeder Auswahlmarke (Case Label) und jedem ELSE (das auch wegfallen kann) dürfen beliebig viele Anweisungen (auch keine) folgen.
- Die CASE-Anweisung wird mit dem Schlüsselwort END abgeschlossen.

Somit läßt sich die eingangs beschriebene Problemstellung durch folgendes Programm lösen:

Beispiel 2-9:   CASE-Anweisung

```
MODULE Benotung2;
FROM InOut IMPORT WriteString,WriteLn,ReadCard;

VAR Punkte: CARDINAL;

BEGIN
  WriteString ("Punktzahl eingeben: ");
  ReadCard (Punkte); WriteLn;

  CASE Punkte OF
     0..39: WriteString ("Note 5")
  | 40..59: WriteString ("Note 4")
  | 60..79: WriteString ("Note 3")
  | 80..99: WriteString ("Note 2")
  ELSE WriteString ("Note 1")
  END (* CASE *)
END Benotung2.
```

Beispiel 1-4 b: Menüsteuerung mit CASE-Anweisung

Die Menüsteuerung in unserem Telefonbuchbeispiel wird mit Hilfe einer CASE-Anweisung gelöst.

```
...
Read (c);
CASE c OF
   "Z","z"  : ListeHer (TBuch);
 | "H","h"  : EintragHinzu (TBuch);
 | "F","f"  : NummerHer (TBuch);
 | "B","b"  : (* leere Anweisung *)
END; (* CASE *)
...
```

Für Z, H oder F oder die entsprechenden Kleinbuchstaben wird eine Prozedur aufgerufen (siehe Kapitel 4); falls B oder b eingegeben wird, wird keine Aktion ausgeführt (leere Anweisung); bei jedem anderen Zeichen erfolgt ein Laufzeitfehler.

2.4.4 Wiederholungsanweisungen

Wiederholungsanweisungen dienen dazu, Anweisungsfolgen auszuführen, solange (oder bis) bestimmte Bedingungen erfüllt bzw. nicht erfüllt sind. Höhere Programmiersprachen besitzen hierzu meist Konstrukte für Wiederholungsanweisungen mit vorangestelltem Test (WHILE) bzw. nachgestelltem Test einer Bedingung (REPEAT) und mit einer festen, zur Laufzeit bestimmbaren Anzahl von Schleifendurchgängen (FOR). Darüberhinaus bietet Modula-2 die Möglichkeit einer einfachen Schleife (LOOP), in deren Anweisungsfolge mindestens eine Anweisung eingebettet sein muß, die zum Verlassen der Schleife führt (EXIT).

- **vorangestellter Test (WHILE)**

Die WHILE-Anweisung wird dazu verwendet, einen Algorithmus in Modula-2 zu implementieren, bei dem eine Folge von Anweisungen wiederholt ausgeführt werden soll. Dabei wird bereits vor der ersten Ausführung des Schleifenrumpfs geprüft, ob die Bedingung erfüllt ist. Daher bietet sich die WHILE-Schleife für solche Anwendungsfälle an, in denen der Schleifenrumpf nicht unbedingt ausgeführt werden muß.

Aufgabe:
Es ist der größte gemeinsame Teiler (ggT) zweier natürlicher Zahlen

zu bestimmen. Verwendet werden soll der Euklidische Algorithmus, der bereits in Beispiel 1-5 vorgestellt wurde:

Algorithmus ggT: Eingabe m, n $\in$ IN; Ausgabe ggT (m, n)
      1. falls m < n, so tausche m und n
      2. r := m mod n
      3. Wiederhole 3a, 3b solange r $\neq$ 0
         (sonst gehe zu 4.)
         (a) m := n, n := r
         (b) r := m mod n
      4. ggT := n

38-4 WHILE-Anweisung

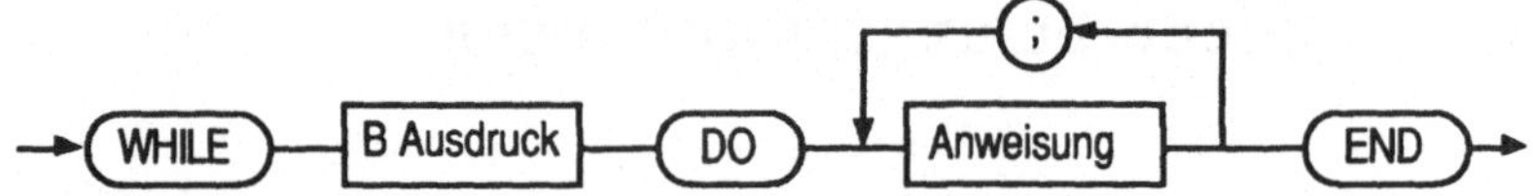

Ausführung der WHILE-Anweisung:
Der vorangestellte boolesche Ausdruck wird ausgewertet. Hat er den Wert TRUE, wird die Anweisungsfolge im Schleifenrumpf abgearbeitet. Nach der letzten Anweisung wird die WHILE-Anweisung erneut ausgeführt.

Unser obiges Problembeispiel läßt sich somit folgendermaßen lösen:

Beispiel 2-10: WHILE-Anweisung

```
MODULE BerechneGgT;

VAR     m,n, ggT  : CARDINAL;
        r, hilf   : CARDINAL;

BEGIN
  IF m < n
  THEN
    hilf    := m;
    m       := n;
    n       := hilf (* vertausche n und m *)
  END; (* IF *)
  r := m MOD n;
```

```
WHILE r <> 0 DO
  m := n;
  n := r;
  r := m MOD n
END; (* WHILE *)

  ggT := n
END BerechneGgt.
```

◆

• nachgestellter Test (REPEAT)

Die REPEAT-Anweisung ermöglicht dem Programmierer die Implementation eines Algorithmus', bei dem eine Folge von Anweisungen solange ausgeführt werden soll, bis eine bestimmte Bedingung erfüllt ist.

In unserem Telefonbuchbeispiel wählt der Benutzer bekanntlich durch Eingabe eines bestimmten Buchstabens (Z(eigen), H(inzufügen), F(inden) oder B(eenden)) aus, welchen Menüpunkt er auswählen möchte. Dabei wird nicht zwischen Groß- und Kleinschreibung unterschieden. Es soll ein Programmabschnitt realisiert werden, der erst verlassen wird, wenn der Benutzer einen gültigen Buchstaben eingegeben hat. Falscheingaben sind mit einer Fehlermeldung zu quittieren.

38-5 REPEAT-Anweisung

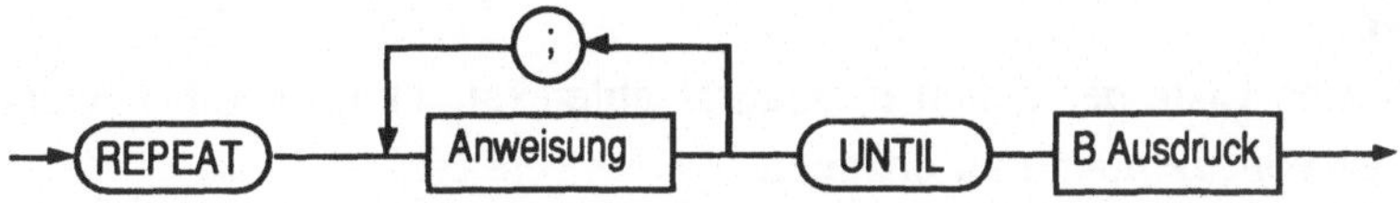

Ausführung der REPEAT-Anweisung:
Die Anweisungsfolge im Schleifenrumpf wird ausgeführt. Anschliessend wird der boolesche Ausdruck ausgewertet. Hat dieser den Wert TRUE, so ist die Abarbeitung der Schleife beendet, hat er den Wert FALSE, wird die Schleife erneut abgearbeitet.

Unser obiges Problem läßt sich somit folgendermaßen lösen:

Beispiel 1-4 c: REPEAT-Anweisung

```
REPEAT
  ok := TRUE;
  Read (c);
  WriteLn;
  IF NOT   ((c = "Z") OR (c = "z") OR
            (c = "H") OR (c = "h") OR
            (c = "F") OR (c = "f") OR
            (c = "B") OR (c = "b"))
  (* Diese Abfrage wird später verbessert *)
  THEN
    ok := FALSE;
    WriteString ("Unzulässige Auswahl");
    WriteLn
  END (*IF*)
UNTIL ok;                                           ◆
```

•   Schleife mit bestimmter Anzahl von Durchgängen (FOR)

Die FOR-Anweisung dient dazu, einen Algorithmus darstellen zu können, in dem eine (spätestens zur Laufzeit des Programms) bekannte
Anzahl von Schleifendurchläufen ausgeführt werden soll.

Aufgabe:
Es soll eine Liste der ersten n Quadratzahlen (ab 1) ausgegeben werden; n ist vom Benutzer zu erfragen.

Die FOR-Anweisung besitzt folgende Syntax:

38-7 FOR-Anweisung

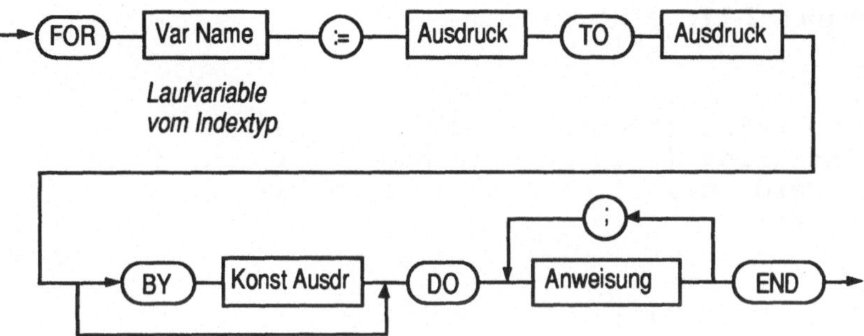

Die Ausdrücke nach := und TO müssen mit der Laufvariablen ausdruckskompatibel sein. Die Schrittweite (positive oder negative
Veränderung ($\neq$ 0) des Wertes der Laufvariablen) wird durch den
Ausdruck nach BY bestimmt; die Angabe der Schrittweite ist optional,
Standard ist 1. Die Laufvariable darf im Rumpf verwendet, aber nicht
verändert werden.

Die Wirkung der FOR-Anweisung kann durch die WHILE-Anweisung
folgendermaßen simuliert werden:

```
FOR x := A TO E BY Konst DO
  S
END;
```

$\Longleftrightarrow$

```
AnfWert := A;
EndWert := E;
x := AnfWert;
WHILE (Konst > 0 AND x <= EndWert)
      OR (Konst < 0 AND x >= EndWert) DO
  S;
  INC (x, Konst)
END;
```

Mit Hilfe der FOR-Anweisung läßt sich unser obiges Problembeispiel folgendermaßen lösen:

Beispiel 2-11: FOR-Anweisung

```
...
WriteString ("Geben Sie die höchste");
WriteString (" zu quadrierende Zahl ein: ");
ReadCard (n); (* ohne Eingabeprüfung *)
WriteLn;

FOR i := 1 TO n DO
  WriteCard (i);
  WriteString ("    ");
  WriteCard (i * i);
  WriteLn;
END (* FOR *)
...
```
♦

- **einfache Schleife (LOOP)**

Die LOOP-Anweisung dient dazu, Anweisungen so lange wiederholen zu können, bis eine bestimmte Bedingung erfüllt ist. Der Test, ob diese Bedingung erfüllt ist, kann dabei (auch mehrfach) an beliebigen Stellen in der Schleife erfolgen. Das Verlassen der Schleife geschieht durch die EXIT-Anweisung, die nur innerhalb der LOOP-Anweisungsfolge verwendet werden darf und dort sinnvollerweise mindestens einmal steht.

38-9 EXIT-Anweisung

Bedeutung: Beendigung der (innersten) LOOP-Schleife.

Aufgabe:
Der Computergroßhandel Peek & Poke möchte auf einer Messe zu Werbezwecken einen Computer laufen lassen. Dieser soll im 30-Sekunden-Takt zwei Werbeseiten anzeigen und jederzeit auf Tastendruck das Werbeprogramm verlassen können, damit er für andere Zwecke zur Verfügung steht.

Lösungsidee :
    Schleife
        zeige erste Seite
        Falls Eingabe innerhalb von 30 Sekunden,
            dann verlasse Schleife
        zeige zweite Seite
        Falls Eingabe innerhalb von 30 Sekunden,
            dann verlasse Schleife
    Schleifenende

38-6 LOOP-Anweisung

Beispiel 2-12: LOOP-Anweisung

Es existiere die Funktion eingabein30s, die 30 Sekunden lang auf einen Tastendruck wartet und folgende Werte annehmen kann:

$$\text{eingabein30s} = \begin{cases} \text{TRUE} & \text{falls Tastendruck} \\ \text{FALSE} & \text{sonst} \end{cases}$$

```
MODULE Werbung;

FROM InOut IMPORT Write,WriteString,WriteLn;
FROM NochzuSchreiben IMPORT eingabein30s;
                (* geeignete Warteroutine *)
CONST CLS = 14C;   (* Clear Screen *)

BEGIN
  LOOP
    (* Ausgabe 1. Bildschirmseite mit Werbung *)
    Write(CLS);   (* Bildschirm löschen *)
    WriteString
      ("Schauen Sie sich diesen Rechner an.");
    WriteLn;
    WriteString
      ("Es gibt nichts, was der nicht kann.");
    WriteLn;
```

```
    IF eingabein30s() THEN
      EXIT
    END(*IF*);

    (* Ausgabe 2. Bildschirmseite mit Werbung *)
    Write(CLS);
    WriteString
      ("Drum sollten Sie ihn rasch erwerben,");
    WriteLn;
    WriteString
      ("Dann freuen sich auch Ihre Erben!!");

    IF eingabein30s() THEN
      EXIT
    END;
  END(* LOOP *)
END Werbung.                                        ◆
```

2.4.5   Die leere Anweisung

Die leere Anweisung hat keine Wirkung. Sie dient nur dazu, Stellen im
Programm korrekt zu gestalten, an denen keine Aktion erwünscht ist,
syntaktisch aber eine Anweisung stehen muß (siehe Beispiel 1-4 b).

2.5   Einfache Standardtypen

In den folgenden Abschnitten stellen wir die Syntax und Semantik der
Ausdrücke und Konstanten für die einfachen Standarddatentypen CAR-
DINAL und INTEGER, REAL und LONGREAL sowie BOOLEAN
und CHAR zusammen. Da die Standardprozeduren vieler dieser Typen
ähnlich sind, werden sie gesondert in einem einzigen Abschnitt für alle
Typen behandelt.

2.5.1   Die Typen CARDINAL und INTEGER

23 [Konst] Ganzzahliger Ausdruck (G Ausdr)

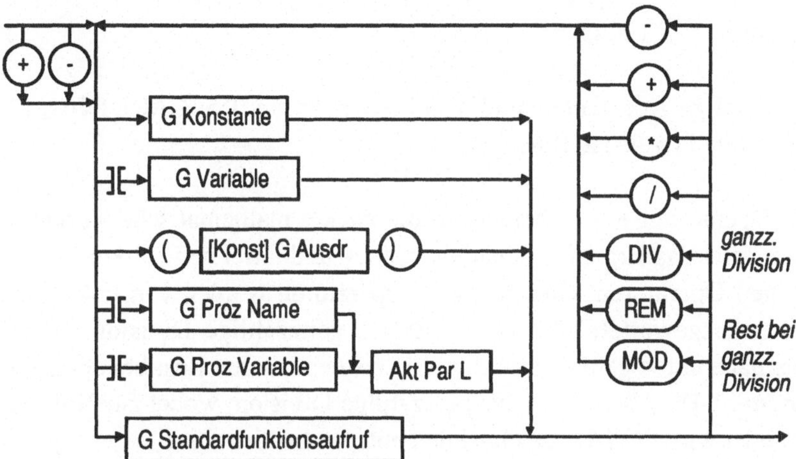

Die einzelnen Operanden (Konstante, Variable und Funktionsergeb-
nisse) müssen auch in einem ganzzahligen Ausdruck vom gleichen Typ,
d.h. entweder INTEGER oder CARDINAL sein. Ein CARDINAL-
Ausdruck darf nicht mit „-" beginnen und muß als Ergebnis einen Wert
größer oder gleich 0 liefern.

40 G Konstante

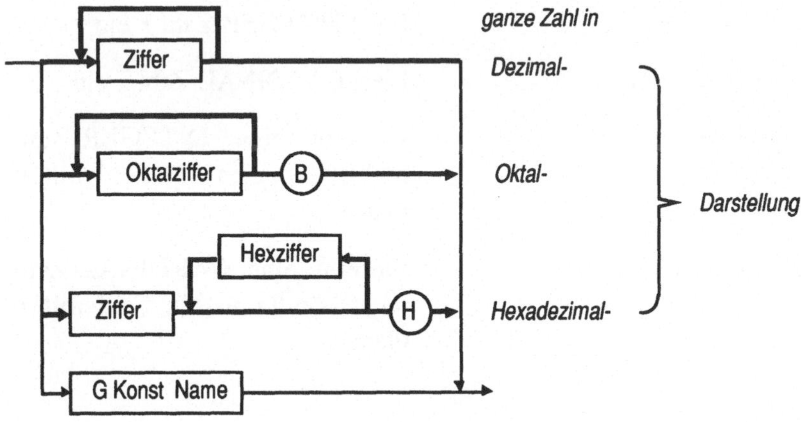

Beispiel 2-13: ganzzahlige Konstanten

gültig   1715
              13AFH   (Hexadezimal $\triangleq$ 5039)

ungültig   100 D   ♦

Ganzzahlige Konstanten sind dabei sowohl vom Typ CARDINAL als auch vom Typ INTEGER.

Die Operatoren +, -, * berechnen die exakte mathematische Verknüpfung, falls das Ergebnis darstellbar ist. + und - trennen stärker als die übrigen Operatoren. Gleichrangige Operatoren werden von links nach rechts ausgewertet. DIV berechnet die ganzzahlige Division, wobei stets nach unten gerundet wird. MOD bezeichnet den Rest bei der Division mit DIV. / berechnet die ganzzahlige Division, wobei zur Null hin gerundet wird, REM bezeichnet den entsprechenden Rest.

Es gilt   x = y * (x / y) + x REM y
und   x = y * (x DIV y) * x MOD y

Bei MOD darf der 2. Operand nicht negativ sein.

Für die Ein- bzw. Ausgabe stehen im Modul *InOut* (alter Standard) bzw. *SWholeIO* (neuer Standard) folgende Prozeduren zur Verfügung:

```
ReadInt (x)
```
Liest INTEGER-Zahl x ein

```
ReadCard (x)
```
Liest CARDINAL-Zahl x ein

```
WriteInt (x, n)
```
schreibt eine INTEGER-Zahl rechtsbündig in ein Feld mit n Plätzen

```
WriteCard (x, n)
```
schreibt eine CARDINAL-Zahl rechtsbündig in ein Feld mit n Plätzen

Die Standardprozeduren

```
INC (x, n)              x  := x + n

INC (x)                 x  := x + 1

DEC (x, n)              x  := x - n

DEC (x, n)              x  := x - 1
```

stehen wie bei den übrigen Indextypen zur Verfügung.

Außerdem gibt es die Funktionen

`ABS, MAX, MIN`	Absolutbetrag, Maximum, Minimum
`TRUNC, INT, FLOAT, LFLOAT`	Wandlung von und nach Datentypen `REAL/LONGREAL`
`ORD, CHAR`	Wandlung von und nach `CHAR`
`HIGH, LENGTH, SIZE, VAL`	siehe Kap. 2.5.5

2.5.2   Die Typen REAL und LONGREAL

24 [Konst] R Ausdruck (R Ausdr)

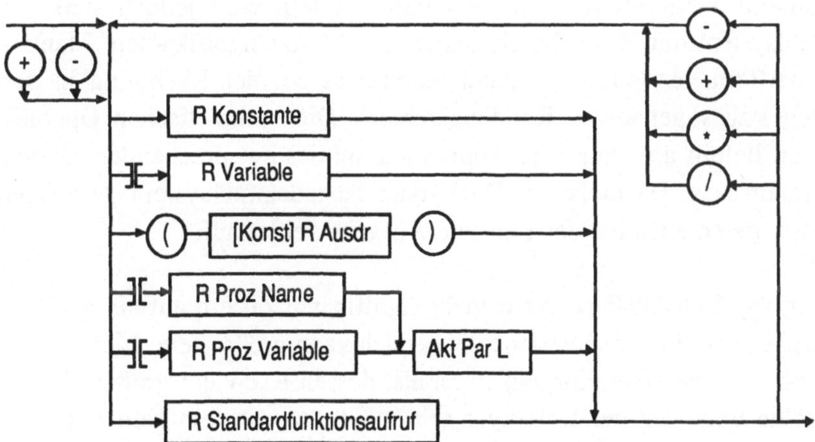

Die einzelnen Operanden müssen vom gleichen Typ sein, insbesondere
dürfen keine ganzzahligen Konstanten auftreten! Bei der Auswertung
von Ausdrücken gelten die üblichen Prioritätsregeln (Punkt vor

Strich). Operatoren gleicher Priorität werden von links nach rechts ausgewertet. REAL- und LONGREAL-Zahlen stellen einen Teilbereich der reellen Zahlen dar.

41 R Konstante

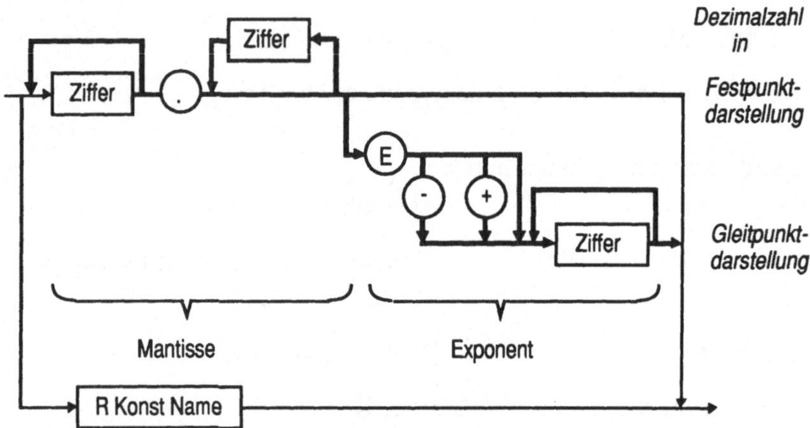

Konstante können dabei – je nach Bedarf – als vom Typ REAL oder LONGREAL angesehen werden. Bei der Angabe von Konstanten im Programm oder bei der Eingabe wird das Dezimalsystem verwendet; die Zahl der signifikanten Ziffern, d.h. der Mantissenziffern außer führenden Nullen ist nicht beschränkt. Intern wird jedoch stets ein Zahlsystem mit fester, beschränkter Anzahl von signifikanten Mantissenziffern verwendet. Dadurch kommt es bei der Rechnung in der Regel zu sogenannten Rundungsfehlern. Die arithmetischen Operationen liefern also nur eine Approximation des entsprechenden reellen Ergebnisses. Da meist im Dual- oder Hexadezimalsystem gerechnet wird, treten auch bei der Ein- und Ausgabe Fehler auf.

Der Typ LONGREAL weist mehr signifikante Ziffern auf als der Typ REAL, und auch der Exponentenbereich kann größer sein. Liefert eine arithmetische Operation ein Ergebnis, dessen Exponent größer als der größte Exponent des Datentyps sein müßte, so wird ein Fehler (Exponentenüberlauf) ausgelöst. Ist der Exponent dagegen zu klein (Unterlauf), so wird – implementierungsabhängig – die betragskleinste Zahl oder 0 als Ergebnis gesetzt.

Beispiel 2-14: gültige REAL Ausdrücke

```
mit: VAR x, y, z : REAL
     x + y * z
     2.05E7 - (z / (x + 0.11) - 0.0004)
     2. * y
```

Beispiel 2-15: ungültige REAL Ausdrücke

```
2 * x        (2  ist ganzzahlig)
2.x          (*  fehlt)
2.* (x       ( ) fehlt)
```

Beispiel 2-16: Rundungsfehler bei REAL-Zahlen

Nur für dieses Beispiel gelte ein 2-stelliges Dezimalsystem mit größtem Exponenten 10 und kleinstem -10.

```
0.45 + 0.44E-1 = 0.49    1.0/3.0       = 0.33
1.0E5 - 10.0   = 1.0E5   1.0/3.0 * 3.0 = 0.99
```

- ## Standardprozeduren und -funktionen

`ABS(x)`	lxl

`TRUNC(x)`	wandelt eine REAL-Zahl in eine CARDINAL-Zahl um; Nachkommastellen werden abgeschnitten; bei Bereichsüberschreitungen, also insbesondere bei negativen Zahlen, ist das Ergebnis nicht definiert.
	Beispiel:
	`TRUNC(22.4/3.0)` `=` `7`
	`TRUNC(+17.7)` `=` `+17`
	`TRUNC(17.3)` `=` `+17`

`FLOAT(x)`	wandelt `INTEGER` oder `CARDINAL` in `REAL` um

- ### Standardfunktionen aus Modul MathLib

`Sqrt(x)`	liefert die Quadratwurzel von x. **Beispiel:** `Sqrt(16.) = 4.0`
`Exp(x)`	liefert den Wert der Exponentialfunktion „e hoch x". **Beispiel:** `Exp(1.) = 2.7182818`
`Ln(x)`	liefert den natürlichen Logarithmus von x. **Beispiel:** `Ln(4.) = 1.3862943`
`Sin(x)`	liefert den Sinus des im Bogenmaß gegebenen Winkels x. **Beispiel:** `Sin(3.141592653589793/2.) = 1.0`
`Cos(x)`	liefert den Cosinus des im Bogenmaß gegebenen Winkels x. **Beispiel:** `Cos(3.141592653589793) = -1.0`
`ArcTan(x)`	Liefert den Winkel im Bogenmaß zum Tangenswert x. **Beispiel:** `ArcTan(0.054886) = 0.05483`

- ### Prozeduren aus Modul RealInOut zur Ein-/Ausgabe

`ReadReal(x)`	liest eine REAL-Zahl ein.
`WriteReal(x,n)`	schreibt eine REAL-Zahl mit n-7 Stellen hinter dem Komma in „wissenschaftlicher Darstellung" mit Mantisse und Exponent auf das Ausgabemedium.

Bedeutung von n bei `WriteReal(Zahl,n):`

n < 7	wie n = 7
n = 7	nur „Vorkomma-Anteil" der Zahl in Exponentialschreibweise
n > 7	auch „Nachkommastellen", und zwar n-7 Stück

Die Zahl wird auf die entsprechende Anzahl von Ziffern gerundet, das Vorzeichen wird mitgeschrieben, z.B.:

```
(1.56,  8)      →         +1.6E+00
(1.56,  9)      →        +1.56E+00
(1.56, 13)      →    +1.560000E+00
```

Entsprechende Standardfunktionen und -prozeduren stehen auch für den Typ LONGREAL zur Verfügung.

Beispiel 2-17: Ausgabe von REAL-Werten

```
MODULE RealZahl;
(*  liest eine reelle Zahl ein und druckt
    die Quadratwurzel des Absolutwertes, den Sinus
    und den Cosinus der Zahl aus  *)

FROM InOut IMPORT
  Read, ReadInt, ReadCard, ReadString, Write,
  WriteInt, WriteCard, WriteLn, WriteString;

FROM RealInOut IMPORT ReadReal, WriteReal;

FROM MathLib IMPORT Sqrt, Sin, Cos;

(* globale Deklarationen *)
VAR zahl : REAL;   (* eingelesene Zahl *)
    ch   : CHAR;

BEGIN
  (* Zahl einlesen *)
  WriteLn;
  WriteString
    ("Bitte geben Sie eine reelle Zahl ein: ");
  ReadReal(zahl);
```

```
(* Zahl ausgeben *)
WriteLn;
WriteString("Die eingegebene Zahl lautet: ");
WriteReal(zahl,13);
(* Quadratwurzel des Absolutwertes ausgeben *)
WriteLn;
  WriteString
   ("Quadratwurzel des Absolutwertes:");
WriteReal(Sqrt(ABS(zahl)),13);
(* Sinus der Zahl ausgeben *)
WriteLn;
WriteString("Sinus der Zahl: ");
WriteReal(Sin(zahl),13);
WriteString("Cosinus der Zahl: ");
WriteReal(Cos(zahl),13);
(* Programm anhalten, indem auf ein Zeichen von
   der Tastatur gewartet wird *)
Read(ch)
END RealZahl.                                          ◆
```

2.5.3 Der Typ BOOLEAN

Objekte vom Typ BOOLEAN können zwei verschiedene Werte annehmen: TRUE, FALSE. Boolesche Ausdrücke dienen als Schleifenkontrolle und steuern den Ablauf durch Verzweigungen.

- **Ausdrücke**

25 [Konst] B Ausdruck (B Ausdr)

[Konst] Einfacher B Ausdruck

[Konst] Vergleich

26 [Konst] Einfacher B Ausdruck

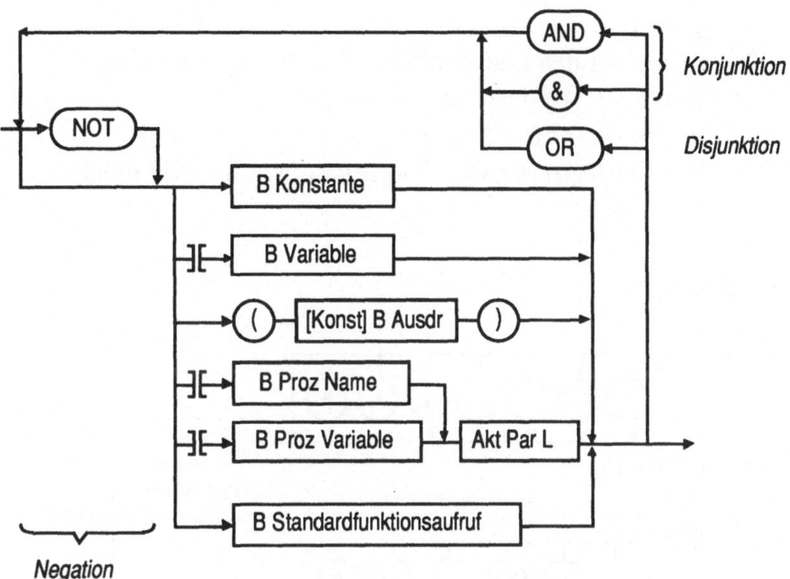

— AND, & bezeichnen das logische Und:

    a & b ist nur wahr (TRUE), falls a wahr und b wahr

OR bezeichnet das Oder:

    a OR b ist falsch (FALSE), falls a falsch und b falsch

NOT bezeichnet die Negation:

    NOT a ist wahr, falls a falsch

— Die Rangfolge des Auswertens ist NOT vor AND/& vor OR; ansonsten werden logische Ausdrücke von links nach rechts ausgewertet.

— Die Auswertung endet, sobald das Ergebnis feststeht. Das heißt: im Fall einer Konjunktion wird der rechte Operand nicht ausgewertet, falls der linke falsch ist, das Ergebnis ist *falsch*; im Fall einer Disjunktion wird der rechte Operand nicht ausgewertet, falls der linke wahr ist, das Ergebnis ist *wahr*.

Beispiel:

```
y = 0.0 OR x / y < 1.0
```

vermeidet den Laufzeitfehler, der auftreten kann,
wenn `y = 0.0` ist – im Gegensatz zum Test

```
x / y < 1.0 OR y = 0.0
```

— Die Ein-/Ausgabe von Wahrheitswerten ist nicht möglich.

27 [Konst] Vergleich

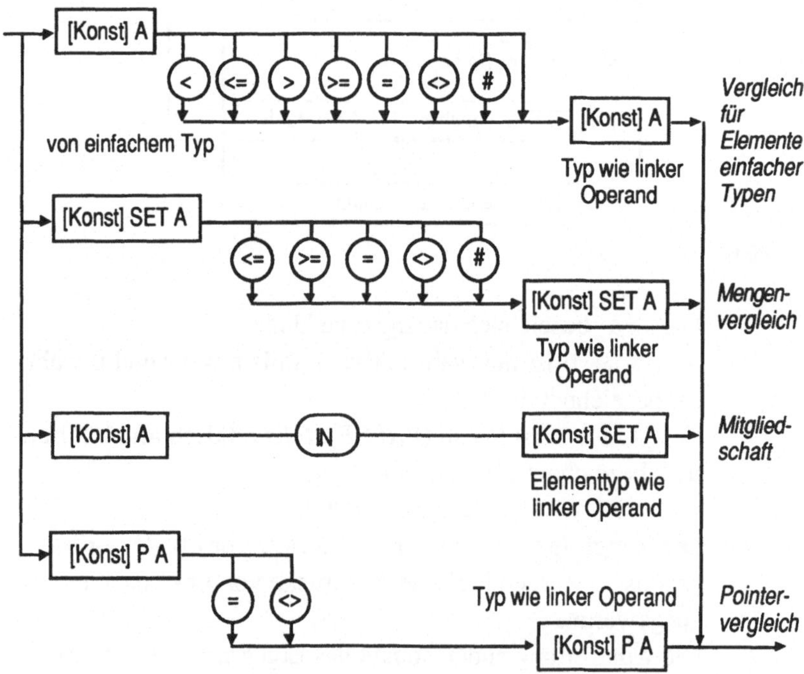

— Vergleiche liefern als Ergebnis einen Wahrheitswert, sind
  also Ausdrücke vom Typ BOOLEAN.
— Ein Vergleich ist konstant, wenn beide Operanden konstant
  sind.
— Im ersten, zweiten und vierten Zweig müssen beide Operan-
  den ausdruckskompatibel sein.
— Für den ersten Zweig sind nur die einfachen Datentypen
  CARDINAL, INTEGER, REAL, LONGREAL, CHAR und
  BOOLEAN oder Aufzählungstypen zugelassen.

Beispiel 2-18: gültige boolesche Ausdrücke

```
VAR x,y : REAL;
    b   : BOOLEAN;
...
  NOT b
  TRUE OR b    (* immer wahr    *)
  FALSE AND b  (* immer falsch *)
· x > y
  y <> 0.0 & x/y < 10.0  (* kein Fehler "Division
          durch Null",auch wenn Y = 0.0 (s.o.) *)   ♦
```

2.5.4   Der Typ CHAR

28 [Konst] CH Ausdruck (CH Ausdr)

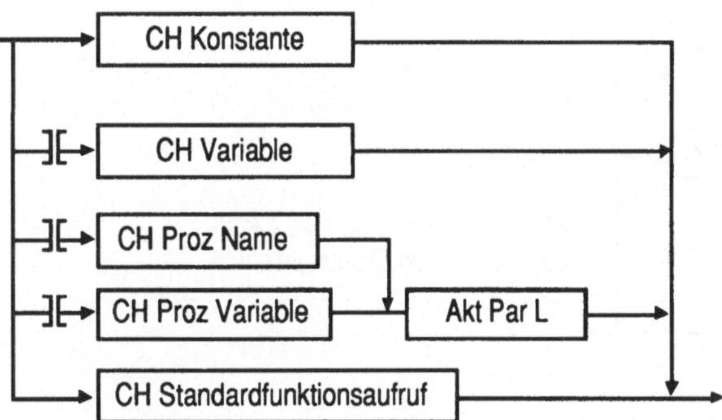

Der Typ CHAR enthält die Zeichen des Alphabets. CHAR steht also für
character (Zeichen).

Es gibt üblicherweise druckbare Zeichen, die für die Ein- und Ausgabe
von Text verwendet werden (z.B. „A", „7", „&") und nicht druckbare
Steuerzeichen zur Steuerung oder für Graphikausgabe (z.B. **eol** (end
of line, Zeilenendezeichen)).

Der Zeichensatz muß mindestens die Buchstaben (Groß- und Kleinschreibung) sowie die Ziffern und alle in einem Programm auftreten-
den Sonderzeichen enthalten. Gebräuchliche Zeichensätze sind **ASCII**
(American Standard Code for Information Interchange) und

EBCDIC (Extended Binary Coded Decimal Interchange Code). Alle Zeichen des Zeichensatzes sind angeordnet; dabei gelten folgende Teilordnungen:

$$0 \; < \; 1 \; < \; .. \; < \; 9,$$
$$A \; < \; B \; < \; .. \; < \; Z,$$
$$a \; < \; b \; < \; .. \; < \; z.$$

Die einzelnen Bereiche für Ziffern, Groß- bzw. Kleinbuchstaben trennen sich und liegen im ASCII-Zeichensatz dicht. Üblicherweise enthält der Zeichensatz 256 Zeichen, die von 0 bis 255 numeriert sind. Diese „Ordinalzahl" bestimmt die Ordnung und kann zur Darstellung **aller** Zeichen im Oktalsystem verwendet werden. So lassen sich auch nicht druckbare Zeichen einlesen bzw. ausgeben. Im Anhang C befindet sich eine Tabelle aller Zeichen des ASCII-Codes mit der zugehörigen Ordinalzahl.

43 CH Konstante

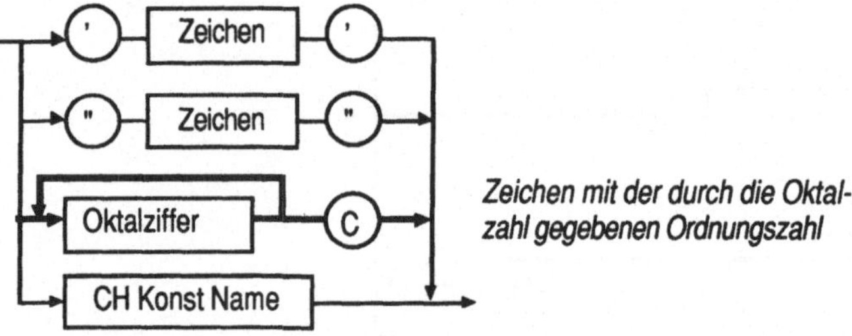

- Konstanten vom Typ CHAR werden in Oktalform (alle Zeichen) oder durch das entsprechende Zeichen in Anführungszeichen oder Apostrophen (druckbare Zeichen) dargestellt (siehe Diagramm).
  Beispiel: "L" oder 'L' oder 114C
       12C für LF (line feed, Zeilenvorschub)
- Operatoren für den Typ CHAR existieren nicht. Die Standardprozeduren INC und DEC sind für den Typ CHAR aufrufbar.
- Ein Apostroph als Zeichen muß in zwei Anführungszeichen eingeschlossen werden und umgekehrt.

Beispiel:

INC (x)	x_{vor} INC (x) x_{nach} A B 0 1 c d
INC (x, n)	x_{vor} INC (x,4) x_{nach} A E 0 4
DEC (x), DEC (x, n)	(analog)

Neben den für alle einfachen Typen existierenden Standardfunktionen, die in Abschnitt 2.5.5 zusammengefaßt sind, gibt es für CHAR die Funktionen CAP und CHR; dabei wandelt `CAP(ch)`, falls das Buchstabenzeichen von `ch` ein Kleinbuchstabe ist, dieses in den entsprechenden Großbuchstaben um.

Beispiel 2-19: Die Funktion `CAP(ch)`

```
VAR ch1, ch2: CHAR;
...
  ch1 := "a";
  ch2 := CAP(ch1);
  (* ch2 = "A" *)
...
```

Die Funktion `CHR(x)` wandelt den Ausdruck x $(0 \leq x \leq 255)$ in ein Zeichen mit entsprechender Ordinalzahl um.

Beispiel 2-20: Die Funktion `CHR(x)`

```
VAR ch : CHAR;
...
  ch := CHR(65);
  (*ch = "A" *)
...
```

• Ein-/Ausgabe von Zeichen

(Prozeduren aus Modul InOut)

`Read (x)`	liest ein Einzelzeichen und weist es der in Klammern stehenden Variablen zu; am Bildschirm wird nichts angezeigt.
`Write (x)`	schreibt ein Einzelzeichen **Beispiel:** `Write(ch)` `Write("A")`

Beispiel 2-21: Die Funktion `ORD(ch)`

```
MODULE Ordinal;
(* liest ein Zeichen ein und gibt dessen
   Ordinalzahl aus *)
FROM InOut IMPORT (* Importliste *)
  Read, WriteCard, WriteLn, WriteString;

VAR char : CHAR;   (* eingelesenes Zeichen *)

BEGIN
  (* Zeichen einlesen *)
  WriteLn;
  WriteString("Bitte geben Sie ein Zeichen ein: ");
  Read(char);
  WriteLn;
  (* Ausgabe der Ordinalzahl des Zeichens *)
  WriteString("Ordinalzahl: ");
  WriteCard(ORD(char),5);
  (* Programm anhalten, indem auf ein Zeichen von
     der Tastatur gewartet wird *)
  Read(char)
END Ordinal.
```

2.5.5   Standardprozeduren und -funktionen für einfache Datentypen

Für die einfachen Datentypen, das sind die gerade eingeführten einfachen Standardtypen zusammen mit Unterbereichs- und Aufzählungstypen (siehe Kapitel 2.6), gibt es einige Standardfunktionen, die teilweise abhängig vom Typ ihres Arguments ein Ergebnis unterschiedlichen Typs berechnen. Wir fassen die möglichen Funktionsaufrufe in der Tabelle 2-1 zusammen.

Eine Besonderheit sind die Funktionen MAX, MIN, SIZE und VAL, die als Argument nicht Ausdrücke, sondern Typbezeichnungen zulassen. Das Argument x von SIZE muß ein Variablenname sein. Dabei ist das Ergebnis von SIZE sowohl vom Typ CARDINAL als auch vom Typ INTEGER. Val(T,x) liefert den Wert von x dargestellt in Typ T. Nicht alle Kombinationen von T und x (bzw. dem Typ von x) sind zulässig:

T	CARDINAL oder INTEGER	x	beliebiger einfacher TYP
T	REAL oder LONGREAL	x	CARDINAL, INTEGER, REAL oder LONGREAL
T	CHAR, BOOLEAN, Aufzählungstyp	x	CARDINAL, INTEGER oder T

Der Wert von x als REAL oder LONGREAL wird übernommen. Der Wert eines REAL oder LONGREAL als ganze Zahl wird abgeschnitten, nicht gerundet. Der Wert eines nicht-REAL- oder nicht-LONGREAL-Typs wird gemäß der Ordnungszahl bestimmt.

Es gelten die Beziehungen

```
CHR(x)      = VAL(CHAR, x)
ORD(x)      = VAL(CARDINAL, x)
INT(x)      = VAL(INTEGER, x)
TRUNC(x)    = VAL(CARDINAL, x)
FLOAT(x)    = VAL(REAL,x)
LFLOAT(x)   = VAL(LONGREAL, x)
```

FUNKTION	ARGUMENT < x vom Typ T: "x"; Typ T selbst: "T">							ERGEBNIS–TYP	ERGEBNIS
	CARDINAL	INTEGER	REAL	LONGREAL	BOOLEAN	CHAR	AZ		
ABS(x)	x	x	x	x				Argumenttyp	|x| Absolutbetrag
CAP(x)						x		CHAR	falls x Kleinbuchstabe entsprechender Großbuchstabe, sonst x
ODD(x)	x	x						BOOLEAN	TRUE falls x ungerade
CHR(x)	x	x						CHAR	x-tes Zeichen
ORD(x)	x	x			x	x	x	CARDINAL	Ordnungszahl von x
INT(x)	x	x	x	x	x	x	x	INTEGER	x als INTEGER
TRUNC(x)			x	x				CARDINAL	x als CARDINAL
FLOAT(x)	x	x	x	x				REAL	x als REAL
LFLOAT(x)	x	x	x	x				LONGREAL	x als LONGREAL
MAX(T)	T	T	T	T	T	T	T	T	max {x | x ∈ T}
MIN(T)	T	T	T	T	T	T	T	T	min {x | x ∈ T}
SIZE(x) /SIZE(T)	x,T bel. Variable (kein offenes Array)							ganzzahlig	Speicherplatzbedarf für x vom Typ T
VAL(T,x)	*	*	*		*	*	*	T	x als T
HIGH(A)	A vom offenen Arraytyp							CARDINAL	obere Grenze des Indexbereichs von A
LENGTH(S)	S vom Stringtyp							CARDINAL	Anzahl der Zeichen von S
PROT()	kein Argument							implementierungsabh.	Programmpriorität

Tabelle 2-1:   Standardfunktionsaufrufe

Beispiel 2-22:   Die Funktion `VAL(T,x)`

Falls die folgenden Definitionen und Vereinbarungen gelten:

```
TYPE Tage = (So, Mo, Di, Mi, Do, Fr, Sa);
    (* Aufzählungstyp, siehe 2.6.1 *)

TYPE Wochentage = (Mo..Fr);
    (* Unterbereichstyp, siehe 2.6.2 *)

VAR i, j, z : INTEGER;
    r: REAL;
```

und die folgenden Wertzuweisungen durchgeführt werden:

```
i := 42; j := -1,; z := 0; r := -2.7;
```

dann liefert die Funktion VAL folgende Ergebnisse:

Ausdruck	Wert	Typ
`VAL(CARDINAL,i)`	42	CARDINAL
`VAL(CARDINAL,j)`	Fehler	
`VAL(CARDINAL,r)`	Fehler	
`VAL(INTEGER,i)`	42	INTEGER
`VAL(INTEGER,r)`	-2	INTEGER
`VAL(REAL,i)`	42.0	REAL
`VAL(REAL,TRUE)`	Fehler	
`VAL(LONGREAL,r)`	-2.7	LONGREAL
`VAL(CHAR,z)`	0C	CHAR

Ausdruck	Wert	Typ
`VAL(CHAR,r)`	Fehler	
`VAL(BOOLEAN,0)`	FALSE	BOOLEAN
`VAL(Tage,5)`	Fr	Tage
`VAL(Wochentage,5)`	Fr	Tage
`VAL(Wochentage,z)`	Fehler	

◆

Hinweise:

- Die Standardfunktionen INT, LFLOAT, PROT und LENGTH sind neu. Die anderen wurden teilweise erweitert. Die Funktion SIZE mit Typargument heißt in einigen Implementationen TSIZE.
- Die Standardprozeduren INC und DEC sind für die Indextypen (INTEGER, CARDINAL, BOOLEAN, CHAR und Aufzählungstypen) verfügbar. Dabei erhöht INC (x, n) den Wert von x um n und DEC (x, n) erniedrigt x um n. Fehlt n, so wird n = 1 angenommen.
- Es gilt für x vom Typ T:
  INC (x, n) ist äquivalent zu
  x := VAL (T, VAL(INTEGER, x) + n).
- INC(MAX(T)) bzw. DEC(MIN(T)) haben kein definiertes Ergebnis.
- Ist das aktuelle Argument einer Standardfunktion ein konstanter Ausdruck, so ist auch das Ergebnis konstant.

2.6   Typdefinition

In Modula-2 ist es möglich, über die eingangs des Kapitels genannten Standardtypen hinaus in vielfältiger Weise Typen selbst zu definieren. Wir wollen hier auf zwei einfache Typklassen näher eingehen: Aufzählungstypen und Unterbereichstypen (eines anderen Typs). Kompliziertere Strukturen werden in einem späteren Kapitel besprochen.

Typen werden im Typdefinitionsteil eines Programms definiert. Dieser kann in einem Programm an beliebiger Stelle des Vereinbarungsteils stehen; er kann auch mehrfach auftreten. Meist befindet er sich nach der Konstantendefinition und vor der Variablendeklaration.

Die Typdefinition besitzt folgende Syntax:

10 Typdefinition (Typ Def)

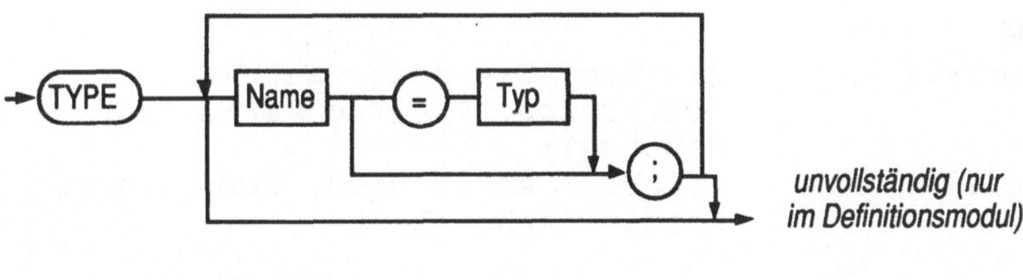

Typ Name

Einem Namen (Name) wird ein bestimmter Typ zugeordnet. Dieser Name kann bei einer weiteren Typdefinition oder Variablendeklaration stellvertretend für die mitunter umfangreiche Typbeschreibung verwendet werden. Darüberhinaus sind bestimmte Regeln zu beachten, die die Kompatibilität von Variablen und Ausdrücken betreffen; diese Regeln werden im Kapitel 2.6.3 besprochen.

2.6.1   Aufzählungstypen

Ein Aufzählungstyp ist ein Datentyp, dessen Wertebereich durch die Aufzählung aller seiner Werte in einer geordneten Liste definiert wird. Die Reihenfolge der Werte ist für einige Funktionen von Bedeutung. Die Werte sind spezielle Konstanten, die durch ihren Namen identifiziert werden. Die Verwendung von Werten aus anderen Datentypen ist nicht möglich.

Ausschnitt aus: 16 Index Typ

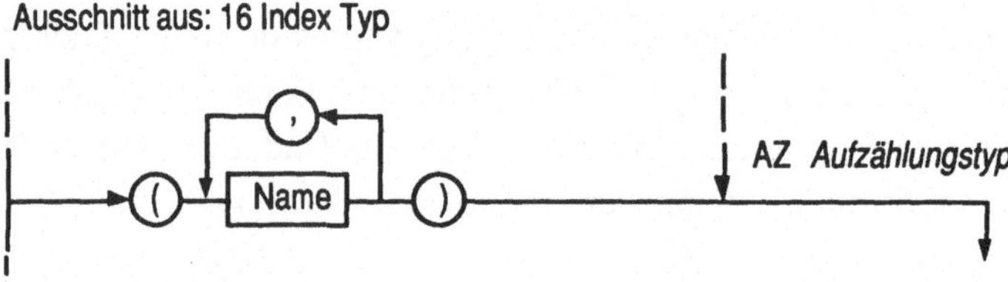

Beispiel 2-23:   Aufzählungstyp-Definitionen

```
TYPE
  Wochentag  =      (Montag, Dienstag, Mittwoch,
                     Donnerstag, Freitag, Samstag,
                     Sonntag);
  Spielkarte =      (Sieben, Acht, Neun, Bube, Dame,
                     Koenig, Zehn, As);
VAR
  Tag:       Wochentag;
  Karte:     Spielkarte;
  (* alternativ: Karte: (Sieben, Acht, Neun, Bube,
                     Dame, Koenig, Zehn, As);*)
```

◆

Bemerkungen :

- Die Namen `Montag, ..., Sonntag, Sieben, ..., As` dürfen sonst in keiner Bedeutung vorkommen.
- `TYPE Karte = (7,8,9,Bube,Dame,Koenig,10,As)` oder
  `TYPE Wochentag = (MO, DI, MI, DO, FR, SA, SO);`
  sind **unzulässige** Typdefinitionen.
  (`7, 8, 9, 10` sind Zahlen; `DO` ist ein reserviertes Wort)

- wegen der Unterscheidung zwischen Groß- und Kleinschreibung
  ist hingegen
  `TYPE Wochentag = (Mo, Di, Mi, Do, Fr, Sa, So);`
  möglich.

Operationen und Aktionen auf einem Aufzählungstyp:

(1) Wertzuweisung

Wertzuweisungen an Variablen des Aufzählungstyps erfolgen wie bei
einfachen Datentypen.

Beispiel 2-24:   Wertzuweisung bei einem Aufzählungstyp

(mit der oben angegebenen Typdefinition und Variablendeklaration)

```
...
  Karte := Bube;
  Tag := Sonntag;
...
```
♦

(2) Vergleich

Durch die Reihenfolge der Aufzählung in der Typdefinition ist eine
Ordnung auf der Folge der Werte vorgegeben. Der Vergleich erfolgt
gemäß der Stellung in dieser Anordnung.

Beispiel 2-25:   Vergleich bei einem Aufzählungstyp

```
...
VAR
  Karte1, Karte2: Spielkarte;

BEGIN
  ...
  Karte1:= ...; Karte2:= ...;
  IF Karte1 > Karte2
  THEN WriteString
    ("Karte 1 ist höher als Karte 2")
```

```
ELSIF Karte1 < Karte2
THEN WriteString
  ("Karte 1 ist niedriger als Karte 2")
ELSE WriteString
  ("Karte 1 und Karte 2 sind gleich hoch")
END (*IF*);
...                                                          ◆
```

(3) Minimum, Maximum

Sei T ein Aufzählungstyp, mit den Werten: α_0, α_1, α_2, α_3, ...,α_n.

(in dieser Reihenfolge)

`MIN(T)` = kleinster Wert des Typs T = α_0

`MAX(T)` = größter Wert des Typs T = α_n

Beispiel 2-26: `MIN, MAX` bei einem Aufzählungstyp

`MIN (Spielkarte)` liefert Sieben;

`MAX (Spielkarte)` liefert As;   ◆

(4) Ordnungszahl- und Wertfunktion

Werte eines Aufzählungstyps sind, bei Null beginnend, numeriert, entsprechend der Reihenfolge in der Typdefinition.

Standardfunktionen zur Ermittlung der Nummer, bzw. des einer Nummer zugeordneten Wertes sind ORD und VAL (siehe 2.3.5).

Beispiel 2-27: MIN, MAX und ORD bei einem Aufzählungstyp

```
TYPE
  Spielkarte =    (Sieben, Acht, Neun, Bube, Dame,

VAR
  Karte : Spielkarte;
BEGIN
  ...
  (*Durchlaufen aller Karten*)
  FOR Karte:= MIN(Spielkarte) TO MAX(Spielkarte) DO
    (* Ausdrucken der Ordnungszahl *)
    WriteCard(ORD(Karte));
    WriteLn
  END (* FOR *);
  ...
```

♦

(5) Nachfolger- bzw. Vorgängerzuweisung

INC und DEC sind auf Aufzählungstypen anwendbar (siehe 2.3.5).

Beispiel 2-28: INC bei einem Aufzählungstyp

```
Karte := Neun;
INC (Karte) ;      (* Karte = Bube *)
```

♦

Beispiel 2-29: DEC bei einem Aufzählungstyp

```
Karte := Neun;
DEC (Karte,2);     (* Karte = Sieben *)
```

♦

(6) Ein- und Ausgabe von Aufzählungstypen

Die Prozeduren Write.../ Read... sind nur für Standarddatentypen
definiert. Daher müssen zur Aus- bzw. Eingabe von Aufzählungstypen
eigene Prozeduren geschrieben werden. Die CASE-Anweisung ist
dafür ein geeignetes Instrument.

Beispiel 2-30:   Ausgabe von Aufzählungstypen

Die Ausgabe von Variablen des Datentyps `Spielkarte` kann wie folgt implementiert sein :

```
TYPE
   Spielkarte  = (Sieben, Acht, Neun, Bube, Dame,
                                 Koenig, Zehn, As);
VAR Karte : Spielkarte;

BEGIN
   ...
   CASE Karte OF
     Sieben   : WriteString ("Sieben")
   | Acht     : WriteString ("Acht")
   | Neun     : WriteString ("Neun")
   | Bube     : WriteString ("Bube")
   | Dame     : WriteString ("Dame")
   | Koenig   : WriteString ("König")
   | Zehn     : WriteString ("Zehn")
   | As       : WriteString ("As")
   END (*CASE*);
   ...
```

◆

Beispiel 1-4 d: Eingabe von Aufzählungstypen

```
(* Liest einen Buchstaben K, k (KA); W, w (WO); G,
g (WÜ) zur Auswahl einer Stadt ein *)

TYPE Staedte = (Karlsruhe, Worms, Wuerzburg);
VAR s: Staedte;
    c: CHAR;
BEGIN
  WriteString ("K(arlsruhe, W(orms, Würzbur)g ");
  WriteLn;
  Read (c); WriteLn;
  (*c sei in {"K","k","W","w","G","g"} enthalten *)
  CASE c OF
  | "K","k" : s := Karlsruhe;
  | "W","w" : s := Worms;
  | "G","g" : s := Wuerzburg
  END (* CASE *)
  ...
```

◆

(7) FOR-Anweisung

Aufzählungstypen können als Laufbereich in einer FOR-Anweisung auftreten:

Beispiel 2-31:   Aufzählungstypen und FOR-Anweisung

Erstellung eines Terminkalenders, der für jeden Tag eine Zeile zur Verfügung stellt:

```
FOR Tag := Montag TO Sonntag DO
  (* zu ergänzen: Ausgabe des Wochentags mit
     CASE-Anweisung, analog zu Beispiel 2-30 *)
  FOR i:= 1 TO Bildschirmende DO
    Write('_')
  END (* FOR i *);
  WriteLn;
END (* FOR Tag *);
```
◆

2.6.2   Unterbereichstypen

Unterbereichstypen auch Ausschnittstypen oder Subrange-Typen genannt, stellen einen Ausschnitt aus bereits bestehenden Grundtypen dar. Mögliche Grundtypen sind CARDINAL, INTEGER, CHAR, BOOLEAN und alle bereits definierten Aufzählungstypen. Sie werden definiert, indem zwei Elemente des Grundtyps durch zwei Punkte getrennt niedergeschrieben werden. Dabei muß das erste Element eine niedrigere (oder höchstens gleiche) Ordnungszahl (ORD) besitzen als das zweite Element. Alle nach der für den Grundtyp definierten Ordnung zwischen erstem und zweitem Element liegenden Werte bilden dann den Wertebereich des Unterbereichstyps. Die Definition wird von eckigen Klammern begrenzt.

16 Index Typ

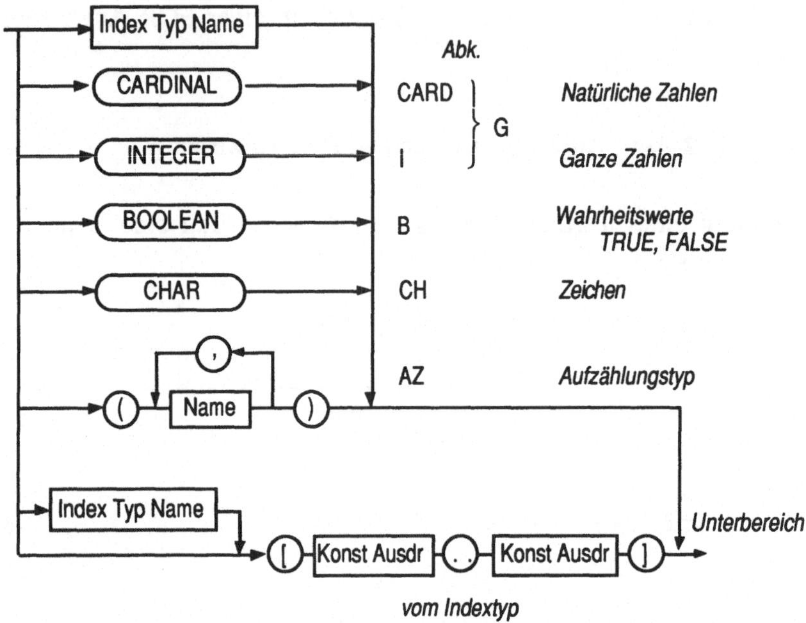

In der Typdefinition dürfen zur Angabe des ersten und letzten Elements nur konstante Ausdrücke verwendet werden. Zur Verdeutlichung des Grundtyps (insbesondere bei Ausschnittstypen aus den positiven ganzen Zahlen: Konflikt CARDINAL–INTEGER) kann vor der eigentlichen Definition der Grundtyp genannt werden.

Beispiel 2-32: Definitionen von Ausschnittstypen

```
TYPE
  Buchstabe  = ["a".."d"];
  Zahl       = [1..10]; (* Grundtyp CARDINAL *)
  ZahlInt    = INTEGER[1..10];
  Wochentag  = (Mo, Di, Mi, Do, Fr, Sa, So);
  Werktag    = [Mo..Fr];                              ♦
```

Auf Ausschnittstypen können die gleichen Operationen ausgeführt werden wie auf dem Grundtyp; allerdings dürfen dabei die Bereichsgrenzen nicht überschritten werden.

2.6.3   Typkompatibilität

Wir sahen schon bei der Einführung der Ausdrücke, daß in Modula-2 strenge Regeln bzgl. der Verträglichkeit von verschiedenen Typen in Ausdrücken oder Zuweisungen gelten. Mit der Möglichkeit, neue Typen zu vereinbaren, bieten sich natürlich noch mehr mögliche Kombinationen an. Doch gilt hier erst recht die Forderung nach strenger Typkompatibilität. Wir fassen hier die kompletten Regeln zusammen und beziehen daher auch gleich strukturierte Typen mit ein.

- Zwei Typen sind gleich (identisch), wenn sie in einer Typdefinition gleichgesetzt werden.

- Zwei Typen haben den gleichen Grundtyp, wenn sie Unterbereiche des gleichen Typs sind.

Ausdruckskompatibilität

Alle Operanden in einem Ausdruck haben den gleichen Typ oder den gleichen Grundtyp. Dabei können ganzzahlige Konstanten sowohl als INTEGER als auch als CARDINAL, reelle Konstanten sowohl als REAL als auch als LONGREAL und Zeichenkonstanten sowohl als CHAR als auch als STRING aufgefaßt werden.

Zuweisungskompatibilität

Ein Ausdruck A vom Typ E ist zuweisungskompatibel mit einer Variablen W vom Typ V – d.h. W := A ist möglich – wenn gilt:

- E und V sind gleich oder haben den gleichen Grundtyp.

- V hat Grundtyp CARDINAL, E Grundtyp INTEGER und umgekehrt.

- V hat Grundtyp CHAR und E ist einelementige oder leere Stringkonstante.

- V ist strukturierter Typ der Form ARRAY [Indextyp] OF CHAR
  und E ist Stringkonstante kleinerer Länge:
  LENGTH (E) <= MAX(Indextyp) - MIN(Indextyp)

- V ist vom Typ ADDRESS und E ist vom Typ POINTER oder
  umgekehrt.

Die Zuweisung kann ausgeführt werden, wenn der Wert von A innerhalb des Typs V liegt.

3   Strukturierte Datentypen

3.1   Datenstrukturen

Eine **Datenstruktur** ist eine Zusammenfassung von Datenobjekten
einer einfacheren Struktur (den sogenannten Komponenten) zu einer
Einheit, die ebenfalls einen Namen erhält.
Es ist möglich, sowohl auf die einzelnen Komponenten als auch auf die
Einheit als Ganzes zuzugreifen.

In den bisher geschriebenen Programmen wurden die Objekte als unabhängige, eigenständige Zahlen, Buchstaben oder Wahrheitswerte betrachtet. Lediglich durch sinnvolle Variablenbenennungen konnten wir
einen Zusammenhang darstellen. Größere Datenmengen bedurften mit
den bisher bekannten Mitteln einer Vielzahl von Variablenvereinbarungen. Durch die in Modula-2 gegebenen Möglichkeiten der Namensge-
bung, insbesondere der Verwendung von Ziffern, ließe sich dieses Problem noch in den Griff kriegen, aber die Programme wären unübersichtlich und unstrukturiert. So könnte man das Problem, die Durchschnittspunktzahl einer Klausur mit 10 Teilnehmern zu ermitteln und
für jeden Teilnehmer die Differenz zu dieser Punktzahl anzugeben, wie
folgt lösen:

Beispiel 3-1:   Datenverarbeitung ohne strukturierte Datentypen

Berechnung der Durchschnittspunktzahl und der Abweichungen davon:

(1) Vereinbare 10 Noten und 10 Differenzen.

(2) Bilde das arithmetische Mittel der 10 Punktzahlen.

(3) Berechne die 10 Differenzen.

Das Modula-2-Programm wird hier nur angedeutet, da es allen guten Vorsätzen der strukturierten Programmierung widerspricht.

```
   :
VAR punkte1,punkte2,...,punkte10: CARDINAL;
    diff1,diff2,...,diff10: CARDINAL;
   :
BEGIN
  summe := 0;
  ReadCard(punkte1);
  summe := summe + punkte1;
    :
    :
  ReadCard(punkte10);
  summe := summe + punkte10;
  durchschnitt := summe DIV 10;
  diff1 := punkte1 - durchschnitt;
    :
    :
  diff10 := punkte10 - durchschnitt;
    :
    :
```

Wir können keine strukturierte Anweisung verwenden, da zwar die gleiche Aktion mehrfach ausgeführt wird, aber immer mit verschiedenen (unabhängigen) Daten.   ◆

Abhilfe bringt hier eine Datenstruktur, die es erlaubt, eine feste Anzahl gleicher Objekte zusammenzufassen. Eine solche Datenstruktur nennt man **Feld** oder auf englisch **Array**.

Bei der Erläuterung der Methode der schrittweisen Verfeinerung haben wir darauf hingewiesen, daß die Strukturierung (Verfeinerung) der Daten mit der Strukturierung des Algorithmus' (der Anweisungen) einhergehen muß. So wird man beim Programmentwurf auf ganz natürliche Weise auf Datenstrukturen wie Tabellen, Listen, Mengen und dergleichen stoßen. Diese Strukturen lassen sich anhand verschiedener Merkmale unterscheiden.

(1) Typ der Komponenten:

- Alle Komponenten sind vom selben Typ (es liegt eine homogene Struktur vor).
- Die Komponenten sind i.a. unterschiedlichen Typs (eine solche Struktur heißt inhomogen).

(2) Anzahl der Komponenten:

- ist fest vorgegeben, steht schon zur Übersetzungszeit fest und bleibt während des Programmablaufs konstant (Datenstruktur ist statisch).
- wird während des Programmlaufs einmal bestimmt, ändert sich dann aber nicht mehr.
- ist variabel, kann sich also innerhalb eines Programmdurchlaufs beliebig verändern (dynamische Liste).

(3) Zugriff auf die Komponenten:

- ist nur in einer bestimmten Reihenfolge möglich (sequentiell).
- ist für jede Komponente direkt möglich
  — über Nummern o.ä. („Index") oder
  — über eigene Namen.
- erfolgt über einen Zugehörigkeitstest, d.h. die Komponenten sind nicht unmittelbar ansprechbar.

Anmerkung: Die Komponenten einer Struktur können im allgemeinen selbst wieder strukturierte Objekte sein.

Bevor wir die einzelnen Datenstrukturen behandeln, schauen wir uns eine Übersicht über die Datentypen an:

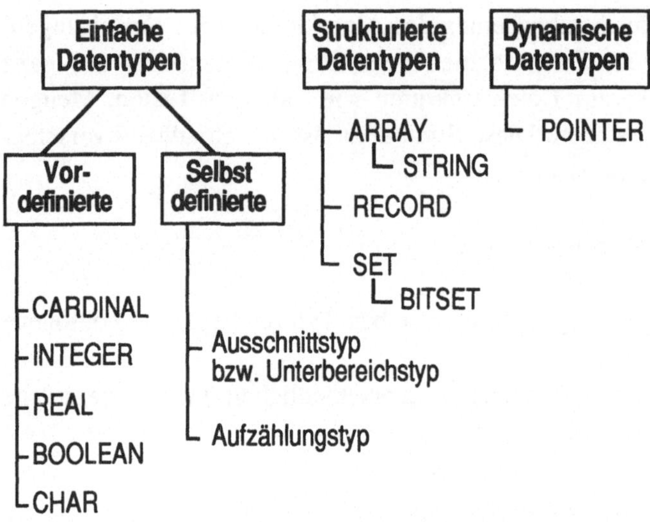

Abbildung 3-1:   Datentypen im Überblick

Beispiel 3-2:   Verschiedene Datentypen: Kartenspiel

Ein Kartenspieler habe nach Verteilung aller Karten zehn Karten auf der Hand. Diese kann man als ein „Feld" aus Elementen desselben Datentyps („Spielkarte") betrachten.

Wir vereinbaren als Datentyp den strukturierten Typ *Skatblatt* als ein Feld aus Spielkarten, wobei der Aufzählungstyp *Spielkarte* wie folgt definiert ist:

Spielkarte = (Sieben, Acht, Neun, Bube, Dame, Koenig, Zehn, As)
Anmerkung: Die „Farbe" soll hier keine Rolle spielen.

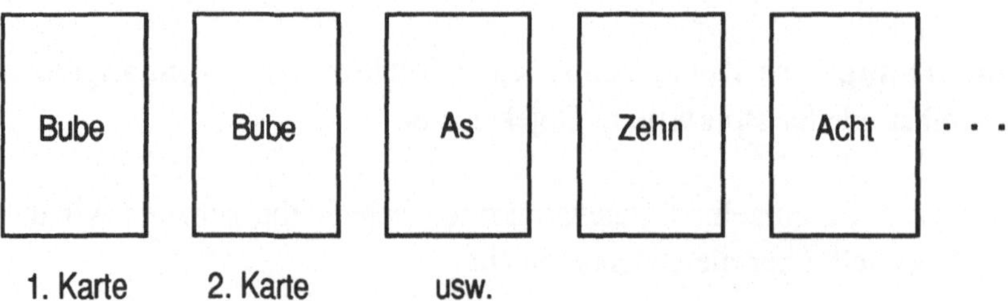

Die Datenstruktur Skatblatt weist folgende Merkmale auf:

- Feste Größe: zehn Elemente (hier: Spielkarten)
- Homogener Aufbau: Alle Elemente (hier: alle Karten) sind vom selben Datentyp (Spielkarte)
- Index: 1. Karte, 2. Karte, ...
- Direkter Zugriff: nimm i-te Karte

Diese Merkmale kennzeichnen ein **Feld** oder **Array**.

Berücksichtigt man auch die Farbe, so ist jede Spielkarte ein **Verbund** oder **Record** aus zwei Werten unterschiedlicher Aufzählungstypen, sonst ändert sich nichts.

Betrachtet man die Karten aller drei Spieler als eine einheitliche Struktur, so ist dieses offenbar ein Feld aus drei Komponenten, von denen jede wieder ein Feld (von zehn Spielkarten) ist. Eine solche Struktur läßt sich auch durch Angabe eines zweiten Indexwertes, und zwar für den entsprechenden Spieler, erzielen. Ein Feld von Feldern ist also einem mehrdimensionalen Feld (Feld mit mehreren Indexbereichen) äquivalent. ◆

Beispiel 3-3:   Array: Abbildungsmatrix

Die 3 x 3 Matrix

$$\begin{pmatrix} \sqrt{2} & \sqrt{2} & 0 \\ -\sqrt{2} & \sqrt{2} & 0 \\ 0 & 0 & 2 \end{pmatrix}$$

beschreibt eine Drehstreckung im dreidimensionalen Raum (Drehung um 45° in x-y-Ebene und Streckung in alle drei Richtungen um den Faktor 2).

Sie läßt sich in Modula-2 als ein zweidimensionales Feld vom Komponententyp REAL vereinbaren. ◆

Beispiel 3-4:   Record/File: Adreßdatei

Eine häufige Anwendung in der Datenverarbeitung ist das Verwalten einer Adreßdatei. Eine solche Adreßdatei besteht aus „Datensätzen" der Form:

Adresse:

Claudia	Peghini	Schwarzwaldstraße	68	7500	Karlsruhe
Vorname	Nachname	Straße	Nr.	PLZ	Ort

Für solche einzelnen **Datensätze** gilt:

- Feste Größe: Die Anzahl der Komponenten liegt fest (in diesem Beispiel 6).
- Inhomogener Aufbau: Die Komponenten sind nicht alle vom selben Typ (Datentyp Vorname <> Datentyp PLZ).
- Direkter Zugriff: Die einzelnen Teile des Datensatzes können über ihre Namen angesprochen werden.

Eine solche Datenstruktur nennen wir einen **Verbund** oder **Record.**

Für die **ganze Adreßdatei** gilt:

- Variable Größe: beliebig viele solcher Datensätze
- Homogener Aufbau: alle Datensätze sind vom selben Typ
- Zugriff: entweder sequentiell oder direkt

Eine solche Struktur heißt **Datei** oder **File.**   ◆

Beispiel 1-4 e: Dynamische Liste: Telefonlisten

In unserem Beispiel 1-4 Telefonverzeichnis haben wir Datensätze, die aus Name und Telefonnummer bestehen, in einer **dynamischen Liste** für jeden Ort zusammengefaßt. Für dynamische Listen gilt:

* Variable Größe,
* homogener Aufbau,
* sequentieller Zugriff durch Aufsuchen des Elements vom Listen-anfang ausgehend.   ◆

Beispiel 3-5:   Set: Personenbeschreibung

Zur Beschreibung von Personen dienen die folgenden Eigenschaften: (groß, klein, dick, normal, schlank, intelligent, fleißig, ordentlich, reich, arm, bärtig, weiblich, männlich)

Eine Personenbeschreibung besteht also aus einer **Menge** von Eigen-schaften.

mögliche Objekte:

```
Taeter  :=    Personenbeschreibung
              {gross, normal, weiblich}
Nikolaus :=   Personenbeschreibung
              {gross, dick, baertig, maennlich}   ◆
```

Für die Datenstruktur **Menge** oder **Set** gelten folgende Eigenschaften:

* variable Größe
* homogener Aufbau
* Es läßt sich prüfen, ob eine bestimmte Eigenschaft im konkreten Objekt vorhanden ist (*Zugriff*).
* Eigenschaften lassen sich hinzufügen oder entfernen (*Aktionen*).

In Modula-2 stehen Datenstrukturen für Felder, Verbunde und Mengen zur Verfügung. Dateien können mit Hilfe von vordefinierten Standard-modulen (siehe Kapitel 7.3 bzw. 7.5) vereinbart werden, und dynami-sche Listen kann man mittels Zeigertypen aufbauen (siehe Kapitel 5).

3.2   Der Datentyp ARRAY

Ein Array (Feld) beschreibt die Zusammenfassung einer festen, zur Übersetzungszeit bekannten Anzahl von Komponenten eines einheitlichen Typs. Die Auswahl der einzelnen Elemente eines Arrays geschieht durch Angabe eines Index.' Als Grundtyp sind beliebige Typen, also auch strukturierte, auch Arrays zugelassen. Ein Indexwert kann aus einem oder mehreren Indexausdrücken bestehen.

3.2.1   Ein einführendes Beispiel: Klausurbewertung

Beispiel 3-6:   Datentyp ARRAY

Wir formulieren jetzt das Programm, welches die Durchschnittspunktzahl und die Differenzen einer Klausur bestimmt, mit Hilfe der Datenstruktur Array.

```
MODULE Durchschnitt;
FROM InOut IMPORT ReadCard;

CONST
  Anzahl = 10;
    (* Für dieses Programm feste Obergrenze *)

TYPE
  Punktzahl = [0..60];
  Differenzen = ARRAY[1..Anzahl] OF INTEGER;

VAR
  Punkte : ARRAY[1..Anzahl] OF Punktzahl;
    (* Feld für Anzahl Punktzahlen *)
  Diff : Differenzen; (* Feld für Differenzen *)
  i, Summe, Durchschnitt : INTEGER;

BEGIN    (* Einlesen *)
  FOR i := 1 to Anzahl DO
    (* lies i-te Komponente des Feldes Punkte *)
    ReadCard(Punkte[i])
  END; (* FOR *)
```

```
  Summe := 0;
  FOR i := 1 TO Anzahl DO
    Summe := Summe + Punkte[i]
  END; (* FOR *)

  Durchschnitt := Summe DIV 10;
    (* verzichte auf 10-tel Punkte *)
  FOR i := 1 TO Anzahl DO
    Diff[i] := Durchschnitt - Summe[i]
  END (* FOR *)
END Durchschnitt.                                    ♦
```

Wir sehen an diesem Programm die Definition von zwei Datenstrukturen für Punktzahlen und Differenzen: einmal mit Hilfe einer Typdefinition, einmal direkt in der Variablendeklaration. In den entsprechenden Syntaxdiagrammen steht die Syntaxvariable „Typ", die nun entsprechend ausgebaut werden wird.

Der Zugriff auf einzelne Komponenten, sicher die wichtigste Operation im Zusammenhang mit Arrays, geschieht durch Angabe des Indexwertes in eckigen Klammern. Hier liegt eine Erweiterung der Syntaxvariablen „Variable" vor. Wir sehen, daß mittels der FOR-Anweisung sehr übersichtlich und effizient auf alle Komponenten eines Feldes zugegriffen werden kann. Die Konstantendefinition erleichtert die Änderung des Programms. Für eine andere Anzahl von Teilnehmern ist das Programm nur an der Stelle der Konstantendefinition zu verändern.

3.2.2   Definition und Komponentenzugriff

Das Diagramm *Typ* wird um den Zweig Array-Typ erweitert:

Ausschnitt aus: 15 Typ

Ein Array wird durch den Komponententyp und den oder die Indextypen charakterisiert. Der Komponententyp kann ein beliebiger, auch
ein strukturierter Typ sein. Als Indextypen sind nur skalare Typen
zugelassen, deren Elemente man aufzählen kann, also:

16 Index Typ

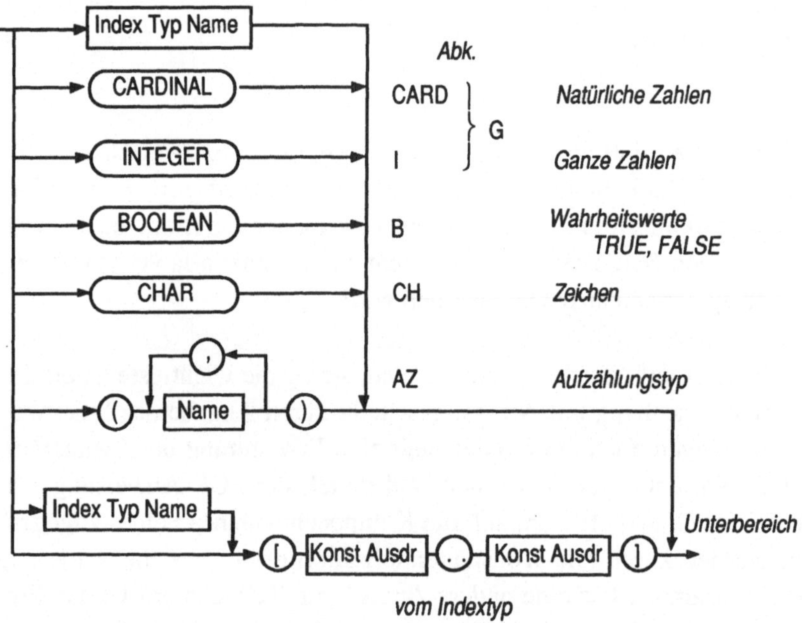

Eine Variable vom Feldtyp repräsentiert mehrere Variablen vom
Komponententyp, eine für jeden möglichen Wert des Indextyps. Diese
werden durch zwei Angaben identifiziert (bezeichnet):

- den Namen der Array-Variablen
- und die Nummer/Stellung in der Anordnung nach Indextyp, d.h.
  durch ihren Index.

Die Bezeichnung der Variablen vom Komponententyp wird durch den folgenden Zweig im Diagramm *Variable* angegeben:

Ausschnitt aus: 39 Variable (Var)

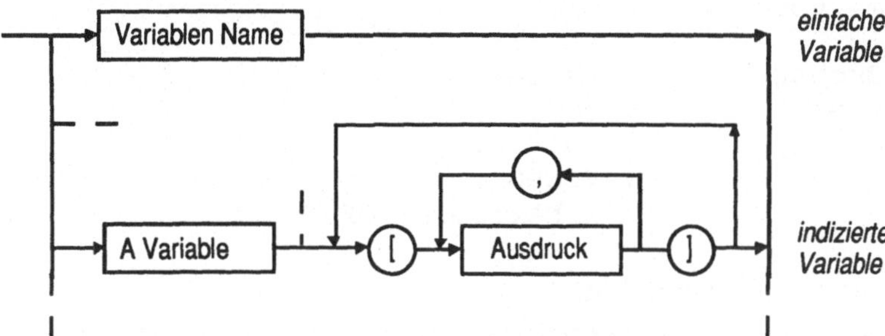

Für eindimensionale Felder, d.h. wenn nur ein Indexbereich vereinbart ist, wird nur ein Indexausdruck angegeben. Dieser wird ausgewertet und liefert den Platz der Komponente in dem Feld. Ist der Komponententyp wieder ein Array, so kann eine zweite Indexangabe (wieder in eckigen Klammern) folgen, die nun die Komponentenauswahl innerhalb der Komponente beschreibt. Solche Felder können auch als mehrdimensionale Felder, d.h. durch Angabe mehrerer Indexbereiche realisiert werden. Die entstehende Struktur ist in beiden Fällen gleich (siehe jedoch Kapitel 3.2.3 für Unterschiede bei der Typkompatibilität). In einem auf die eine oder andere Art vereinbarten mehrdimensionalen Feld kann die Komponentenauswahl durch Angabe mehrerer, durch Kommata getrennter Indexwerte innerhalb von einem Paar eckiger Klammern abgekürzt werden. Die Indextypen eines mehrdimensionalen Feldes dürfen unterschiedlich sein.

Beispiel 3-7 a: gültige Vereinbarungen von Arrays

```
CONST
  n = 8;
TYPE
  Wort      = ARRAY[0..3] OF CHAR;
  Vektor    = ARRAY[1..n] OF REAL;
  Letter    = ARRAY["a".."z"] OF INTEGER;
  Farbe     = (rot, gelb, blau);
  Fahne     = ARRAY[1..3] OF Farbe;
  Muster    = ARRAY Farbe OF BOOLEAN;
  Palette1  = ARRAY[1..n] OF ARRAY Farbe OF BOOLEAN
```

```
  Palette2   = ARRAY[1..n], Farbe OF BOOLEAN;
  Matrix     = ARRAY[1..n],[1..n] OF REAL;
  Matrix1    = ARRAY[1..n] OF Vektor;

VAR
  name,vorname    : Wort;
  feld            : Matrix;
  klBuchst        : Letter;
  muster          : Muster;
  identity        : Matrix;
  v               : Vektor;
  z               : ARRAY[1..n] OF Muster;          ◆
```

Man unterscheide sorgfältig:

- zwischen dem Typ des Feldes `klBuchst` ist vom Typ `Letter`
- und dem Typ der Komponenten
  die Elemente von `klBuchst` sind ganze Zahlen (INTEGER)

Beispiel 3-7 b: Zuweisungen an Feldelemente

```
name[1]         := "w";
klBuchst["f"]   := 17;
muster[blau]    := TRUE;
feld[1,3]       := 2.7;
feld[1][3]      := 2.7; (* geht auch *)
z[7, gelb]      := TRUE;
z[7][gelb]      := TRUE; (* dto. *)

FOR i := 1 TO N DO
  FOR j := 1 TO N DO
    IF i = j
    THEN
      identity[i,j] := 1.0
    ELSE
      identity[i,j] := 0.0
    END (* IF *)
  END (* FOR j *)
END; (* FOR i *)                                     ◆
```

Das letzte Beispiel liefert eine Belegung der Einheitsmatrix:

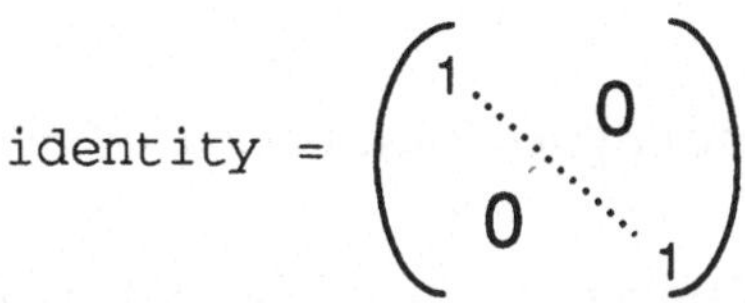

$$\text{identity} = \begin{pmatrix} 1 & & 0 \\ & \ddots & \\ 0 & & 1 \end{pmatrix}$$

Die Indexausdrücke werden zwar in der Regel einfache, lineare Ausdrücke sein, doch können hier beliebig komplizierte Formeln vorkommen.

Beispiel 3-8:   Permutation von Vektorelementen

Die Permutation (Vertauschung) der Elemente eines Vektors läßt sich durch Abspeichern der geänderten Indizes in einem Permutationsvektor vornehmen. Die Elemente des ursprünglichen Vektors brauchen dann nicht explizit getauscht zu werden.

```
CONST
  n = 4;
TYPE
  Elementtyp          =   CARDINAL; (* z.B. *)
  Elementvektor       =   ARRAY[1..n] OF Elementtyp;
  Permutationsvektor  =   ARRAY[1..n] OF [1..n];
VAR
  perm  : Permutationsvektor;
  elv   : Elementvektor
  i     : INTEGER;

BEGIN
  WriteString("Gib Elemente an: ");
  FOR i := 1 TO n DO
    ReadCard(elv[i])
  END; (* FOR *)
  WriteString("Gib eine Permutation an: ");
  FOR i := 1 TO n DO
    ReadCard(perm[i])
  END; (* FOR *)
    (* Ausgabe des permutierten Elementvektors *)
  FOR i := 1 TO n DO
    WriteCard(elv[perm[i]],6)
  END; (* FOR *)
```
◆

Die FOR-Anweisung stellt ein geeignetes Instrument zur Verarbeitung aller Komponenten eines Feldes dar.

Beispiel 3-9:   Suchen der niedrigsten Karte in einem Skatblatt

In einem Array, in dem ein Skatblatt gespeichert ist, soll die Karte mit dem niedrigsten Wert und ihr Index gesucht werden.

```
TYPE
  Spielkarte =
    (Sieben,Acht,Neun,Bube,Dame,Koenig,Zehn,As);
  Skatblatt = ARRAY[1..10] OF Spielkarte;

VAR
  minimum          : Spielkarte;
  s                : Skatblatt;
  minimumindex,i : INTEGER;

...
  minimum := s[1];
  minimumindex :=1;
  FOR i := 2 TO 10 DO
    IF s[i] < minimum
    THEN
      minimumindex := i;
      minimum := s[minimumindex]
    END; (* IF *)
  END; (* FOR *)
```

Die WHILE- und REPEAT-Schleife sind zu bevorzugen, wenn
* der zu bearbeitende Feldausschnitt erst bei Laufzeit bekannt ist
* oder zusätzliche Auswahlkriterien vorhanden sind.

Beispiel 3-10: Suchen einer bestimmten Karte

In dem Feld s: Skatblatt sei an unbekannter Stelle die Karte „As" abgelegt. Gesucht sei der Index der Karte „As".

```
VAR
  i : CARDINAL;
  s : Skatblatt;
```

```
...
  i := 1;
  WHILE (i <> 10 AND s[i] <> As) DO
    i := i + 1
  END; (* WHILE *)
...
```
♦

3.2.3   Array-Zuweisung und Typkompatibilität

Die Wertzuweisung ist die einzige Operation, die für Felder als Gesamtheit vorgesehen ist. Hierbei gelten die strengen Regeln der Zuweisungskompatibilität, d.h. daß zwei Felder nur einander zugewiesen werden können, wenn sie denselben oder einen durch Typumbenennung entstandenen Typ haben. Es reicht nicht aus, daß sie gleiche Struktur haben, also gleiche Anzahl von Elementen desselben Komponententyps. So sind in unserem Beispiel 3-7 die Typen Matrix und Matrix1 nicht zuweisungskompatibel. Auch eine buchstabengetreue Wiederholung

```
Matrix2 = ARRAY[1..n],[1..n] OF REAL
```

vereinbart einen neuen Typ.

Bei mehrdimensionalen Feldern, die ja Felder von Feldern sind, kann durch Angabe von weniger Indizes, als in der Definition vorkommen, ein Teilfeld entsprechender Dimension angesprochen werden. Es können allerdings nur Indizes vom Ende her weggelassen werden.

Beispiel 3-11: Wertzuweisungen

Es gelten die Vereinbarungen aus Beispiel 3–7.

```
name[1] := "o"; name[2] := "t";
name[3] := "t"; name[4] := "o";
name := "otto";   (* geht auch, da String s.3.2.6*)
vorname := name;  (* Wertzuweisung gesamtes Feld *)
feld := identity;                                    ♦
```

Beispiel 3-12: Belegung der Nullmatrix

```
FOR i := 1 TO n DO
  v[i] := 0.0
END; (* FOR *)

FOR i := 1 TO n DO
  feld[i] := v       (* Vektorzuweisungen *)
  (* feld[i] bezeichnet die i-te Zeile der
    Matrix feld *)
END; (* FOR *)                                    ◆
```

3.2.4 Array-Konstruktoren

Die im Beispiel angedeutete Möglichkeit, Felder von Buchstaben
(Strings) als Ganzes direkt hinzuschreiben, ohne die einzelne Kompo-
nente mit Hilfe von Indizes ansprechen zu müssen, wurde im neuen
Standard auf alle Felder ausgedehnt.

Ausschnitt aus: 30 [Konst] A Ausdruck

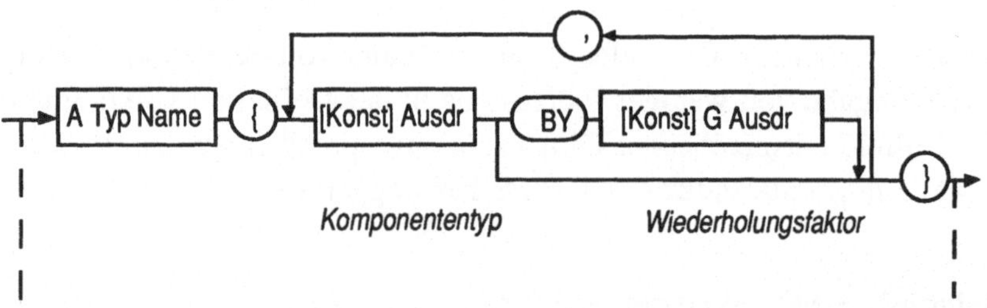

Die Ausdrücke werden ausgewertet und der Reihe nach den Komponenten eines eindimensionalen Feldes zugewiesen. Bei Angabe eines
Wiederholungsfaktors $r \geq 1$ erhalten r aufeinanderfolgende Elemente
den gleichen Wert. Die Gesamtzahl der durch Aufzählung und Wieder-
holungsfaktor bestimmten Werte muß gleich der Anzahl der Komponenten des Feldes sein. Mehrdimensionale Felder müssen als eindimensionales Array von Arrays definiert sein, um den Konstruktorzugriff
anwenden zu können.

Beispiel 3-13: Belegung der Einheitsmatrix

Es gelten die Vereinbarungen aus Beispiel 3–7.

```
VAR ident1 : Matrix1;
...
  ident1:= Matrix1 {vektor{1.0,0.0 BY N-1},
                    vektor{0.0,1.0,0.0 BY N-2),
                    vektor{0.0 BY 2,1.0,0.0 BY N-3},
                    ...
                    vektor{0.0 BY 7,1.0}}
  (* Es müssen N=8 Vektoren explizit eingegeben
     werden *)
```
                                                        ◆

Beispiel 3-14: Konstruktoren

Es gelten die Vereinbarungen aus Beispiel 3–7.

```
CONST spanien = Fahne {rot, gelb, rot}

VAR
  ch   : CHAR;
  w    : Wort;
...
  w := Wort {ch, CHR(75), ch, 75C}
```
                                                        ◆

3.2.5 Anwendungen und Hinweise zur Implementierung

Felder werden immer dort eingesetzt, wo typgleiche Komponenten zusammengefaßt werden und der schnelle Zugriff auf einzelne Komponenten wichtig ist. Dabei sollte eine Obergrenze für die Anzahl feststehen, oder eine solche wird willkürlich angenommen. Anwendungsfeld ist vor allem die Mathematik, wo Vektoren und Matrizen an vielen Stellen auftreten, sei es zur Beschreibung von Abbildungen im geometrischen Raum oder als diskrete Wertmengen einer kontinuierlichen Funktion. Auch die Listenverwaltung der nichtnumerischen EDV wird vielfach mit Arrays arbeiten, z.B. für Tabellen fester Größen.

Man kann sich ein eindimensionales Feld so implementiert denken, daß die einzelnen Komponenten dicht hintereinander im Speicher liegen, so daß bei bekannter Anfangsadresse des Feldes die Komponentenadresse aus dem Index berechnet werden kann.

Beispiel 3-15: Eindimensionales Feld

```
feld := ARRAY[1..n] OF CARDINAL;
  (* CARDINAL belegt 1 Wort *)
```

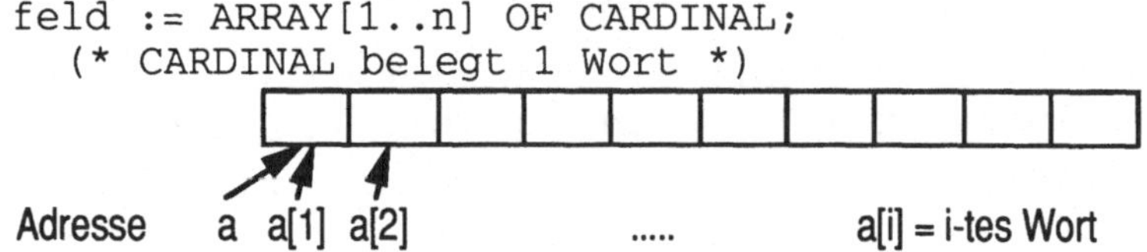

Mehrdimensionale Felder sind als Felder von Feldern abgespeichert. ◆

Beispiel 3-16: Sortieren von Spielkarten

Die zehn Karten eines Kartenspiels sollen eingelesen und in sortierter Reihenfolge wieder ausgegeben werden. Falsche Eingaben (z.B. mehr als vier Karten mit demselben Wert) sollen zurückgewiesen werden. Die Farbe bleibt unberücksichtigt.

Wir verwenden zum Sortieren den Algorithmus durch Fachverteilung, d.h. wir legen ein Feld an, in dem für jeden Kartenwert ein Eintrag der Anzahl der Karten dieses Wertes vorgenommen wird. Anschaulich gesprochen legen wir alle Siebener auf einen Stapel, alle Achter auf einen anderen usw. und zählen die Karten auf jedem Stapel.

Algorithmus Kartensort:

(1) Initialisierung
(2) Wiederhole (3), (4), (5) solange wie Eingabe korrekt und Daten vorhanden
      (3) Lies Karte
      (4) Lege Karte auf entsprechenden Stapel
      (5) Erhöhe Anzahl
(6) Gib Karten sortiert aus

```
MODULE Kartensort;

FROM InOut IMPORT WriteLn, WriteString, Read;

TYPE  Spielkarten =
   (Sieben,Acht,Neun,Bube,Dame,Koenig,Zehn,As);
VAR
   Anzahl            : ARRAY Spielkarten OF CARDINAL;
   Skatblatt         : ARRAY[1..10] OF Spielkarten;
   Karten            : Spielkarten;
   i                 : CARDINAL;
   Zeichen,Stop      : CHAR;
   FalscheEingabe : BOOLEAN;

BEGIN
   REPEAT
     (* INITIALISIERUNG *)
     FOR Karten := Sieben TO As DO
       Anzahl[Karten] := 0
     END; (* FOR *)

     (* EINLESEN *)
     WriteString("Bitte Spielkarten eingeben");
     WriteLn;
     WriteString("z.B. 9B8BDK79BZ");
     WriteLn;
     WriteString("Den Wert 10 als Z eingeben !");
     WriteLn;
     i := 1;
     WHILE i <= 10 DO
       Read(Zeichen);
       CASE Zeichen OF
         "7" : Skatblatt[i] := Sieben
       | "8" : Skatblatt[i] := Acht
       | "9" : Skatblatt[i] := Neun
       | "B" : Skatblatt[i] := Bube
       | "D" : Skatblatt[i] := Dame
       | "K" : Skatblatt[i] := Koenig
       | "Z" : Skatblatt[i] := Zehn
       | "A" : Skatblatt[i] := As
       ELSE
          FalscheEingabe := TRUE
       END; (* CASE *)

       IF (Anzahl[Skatblatt[i]] = 4) OR
          (FalscheEingabe)
       THEN
          WriteLn;
          WriteString ("Fehleingabe !!!");
```

```
          WriteString
             ("Letzte Karte nochmal eingeben ! ")
        ELSE
          INC(Anzahl[Skatblatt[i]]);
          INC(i)
        END; (* IF *)
        FalscheEingabe := FALSE
    END; (* WHILE *)
    (* sortieren der Spielkarten *)
    WriteString("Sortierte Ausgabe: ");
    FOR Karten := Sieben TO As DO
    (* Anzahl[Karten] mal Zeichen für diese
       Karten ausgeben *)
       FOR i := 1 TO Anzahl[Karten] DO
         CASE Karten OF
            Sieben    : WriteString("7")
          | Acht      : WriteString("8")
          | Neun      : WriteString("9")
          | Bube      : WriteString("B")
          | Dame      : WriteString("D")
          | König     : WriteString("K")
          | Zehn      : WriteString("10")
          | As        : WriteString("A")
         END (* CASE *)
       END (* FOR i *)
    END (* FOR Karten *)
    WriteLn;
    WriteString
       ("Aufhören = Y, sonst andere Taste");
    Read(Stop);
    WriteLn
  UNTIL Stop = "Y"
END Kartensort.                                      ◆
```

Beispiel 3-17:   Klausurprogramm mit Ermittlung der
                     Teilnehmerzahl bei Programmablauf

Unser eingangs behandeltes Programm (Beispiel 3-5) zur Ermittlung
der Durchschnittspunktzahl und individuellen Differenzen einer Klausur läßt sich leicht in der Weise erweitern, daß eine Maximalzahl von
Teilnehmern vorgesehen wird, die aktuelle Anzahl jedoch während des
Programms bestimmt wird.

Wir vereinbaren eine Konstante `maxanzahl` die die Größe der vereinbarten Felder bestimmt:

```
CONST maxanzahl = 100;
        (* Für dieses Programm feste Obergrenze *)

VAR Punkte : ARRAY[1..maxanzahl] OF Punkte;
    Diff   : ARRAY[1..maxanzahl] OF INTEGER;
```

Während des Einlesens wird die Variable `Anzahl` bestimmt:

```
Anzahl := 0;
WHILE NOT Done AND (Anzahl <= maxanzahl) DO
  INC(Anzahl);
  ReadCard(Punkte[Anzahl])
END; (* WHILE *)
```

Das übrige Programm bleibt unverändert.   ◆

3.2.6   Der Datentyp String

Strings oder **Zeichenketten** stellen einen besonderen Array-Typ dar, für den zusätzliche Regeln und Operationen gelten.

44 String (ST Konstante)

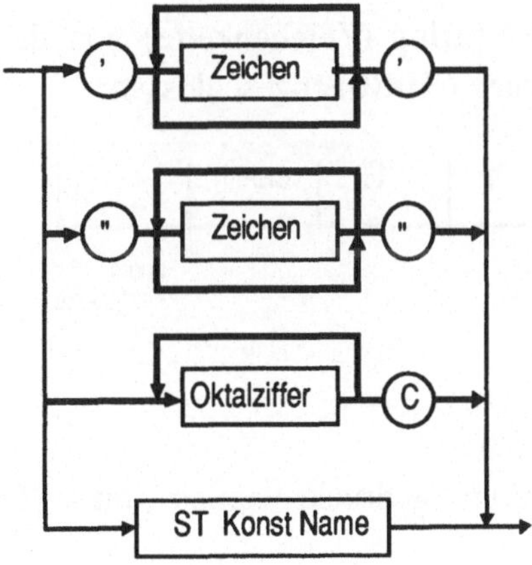

- Strings werden als eindimensionale Felder des Komponententyps CHAR definiert, dabei muß der Indextyp ein Unterbereich vom Typ CARDINAL mit unterer Grenze 0 sein.
- Im neuen Standard ist ein beliebiger Indextyp zugelassen.

Beispiel 3-18:   Zeichenkette (String)

```
TYPE Textfeld = ARRAY [0..19] OF CHAR;
```
♦

Strings können als Konstanten definiert werden, z.B. folgendermaßen:

Beispiel 3-19:   Stringkonstante

```
CONST
  s    = "String";
  leer = "";    (* Leerstring *)
```
♦

Wertzuweisung

Solche CHAR-Felder können wie auch andere Felder direkt zugewiesen werden. Als Besonderheit gilt hierbei, daß solchen Stringvariablen auch kürzere Stringvariablen zugewiesen werden können.

Innerhalb des Feldes wird dabei der String (Zeichenkette) von der oberen Feldgrenze oder von dem Zeichen CHR(0) abgeschlossen:

Ein/Ausgabe

Strings können als Ganzes eingelesen und gedruckt werden (mit Hilfe von ReadString bzw. WriteString).

Beispiel 3-20:   Pluralbildung im Englischen

Ein englisches Substantiv soll eingelesen werden und mit seiner Plural-
form ausgegeben werden. Dabei sollen nur maximal sechsbuchstabige
Wörter vorkommen, die regelmäßige Pluralbildung aufweisen, d.h. der
Plural wird durch Anhängen von -s oder -es, falls der letzte Buchstabe
ein s oder f ist (das f verwandelt sich dabei in v), gebildet.

```modula
MODULE Plural;
FROM InOut IMPORT
  ReadString, WriteString, Write, WriteLn;
CONST
  one    = "one ";
  many   = "   many ";
TYPE
  string = ARRAY[0..5] OF CHAR;
VAR
  word   : string;
  last   : CHAR;
  i      : [0..5];
BEGIN
  WriteString ("Enter noun, mostly 6 letters: ");
  WriteLn;
  ReadString(word);
  WriteString(one);
  WriteString(word);
  WriteString(many);

  (* Bestimme letzten Buchstaben *)
  i := 0;
  WHILE (i < 5) AND (word[i + 1] <> 0C) DO
    Write(word[i]);
    INC(i)
  END; (* WHILE *)
  last := word[i];
  IF last = "f"
  THEN
    Write("v"); Write("e")
  ELSIF last = "s"
  THEN
    Write(last); Write("e")
  ELSE
    Write(last)
  END; (* IF *)
  Write("s")
END Plural.
```

◆

3.3   Der Datentyp RECORD

Ein Record (Verbund) beschreibt die Zusammenfassung einer festen –
zur Übersetzungszeit bekannten – Anzahl von Komponenten, die unterschiedlichen Typs sein können. Jede Komponente hat einen Namen, die
Komponenten werden über diesen Namen angesprochen.

3.3.1   Ein einführendes Beispiel: Fußbodenbeläge

Beispiel 3-21:   Datentyp RECORD

Für verschiedene Fußbodenbeläge (z.B. Teppich, Fliesen, Kork, ...)
soll eine Tabelle der Wärmeleitfähigkeit und Wärmespeicherzahl
erstellt werden. Die Wärmeleitfähigkeit soll direkt eingelesen werden,
während sich die Wärmespeicherzahl als Produkt von Rohdichte und
spezifischer Wärmekapazität, die ihrerseits eingelesen werden, errech-
net. Die Tabelle ist nach aufsteigender Wärmeleitfähigkeit zu sortieren
und anschließend auszudrucken.

Eine Datenstruktur für diese Aufgabe läßt sich auf mehrere Arten
verwirklichen:

a)   Für Namen, Wärmeleitfähigkeit und Wärmespeicherzahl wird je
     ein separates Feld angelegt, gleiche Indizes beziehen sich auf den
     gleichen Bodenbelag.

b)   Es wird ein zweidimensionales, zweispaltiges Feld angelegt, das
     mit einem Aufzählungstyp für die Namen der Beläge indiziert
     wird.

c)   Wir vereinbaren einen Verbundtyp für Name, Wärmeleitfähigkeit
     und Wärmespeicherzahl und legen ein Feld von Verbunden an.

Variante a) hat den Nachteil, daß zusammengehörige Information über drei Felder verteilt ist. Beim Sortieren nach Wärmeleitfähigkeit müssen die beiden anderen Felder mitbearbeitet werden.

Variante b) hingegen leidet unter der geringen Flexiblität der Aufzählungstypen. Das Programm gilt nicht für verschiedene beliebige Beläge, sondern nur für die drei vorgesehenen.

Variante c) ist die dem Problem angemessene Struktur.

Das Feld wird beim Einlesen nach folgendem Algorithmus sortiert:

(1) Bestimme das erste Element durch Einlesen und trage es an der ersten Stelle des Felds ein

(2) Wiederhole (3) bis (6) für i = 2 bis Anzahl

    (3) Bestimme aktuelles Element durch Einlesen
    (4) Setze j := i - 1
    (5) Solange j > 0 und aktuelles Element < j-tes Element
        Schreibe j-tes Element an j+1. Stelle
        Erniedrige j
    (6) Schreibe aktuelles Element an j-te Stelle

```
MODULE Bodenbelag;
FROM InOut IMPORT ReadString,WriteString,WriteLn;
FROM RealInOut IMPORT ReadReal,WriteReal;

CONST Anzahl = 3;

TYPE
  BODENBELAG = RECORD
    Name : ARRAY [0..19] OF CHAR;
    Waermeleitfaehigkeit,
    Waermespeicherzahl : REAL;
  END;

VAR
  Tabelle : ARRAY [1..Anzahl] OF BODENBELAG;
  aktuell : BODENBELAG;
  Rohdichte,spezWaermekap : REAL;
  i,j : [0..Anzahl]; (* j kann 0 werden *)
```

```modula2
BEGIN
  (* Bestimme 1. Element *)
  WriteString('Belag einlesen : ');
  WriteString('Name, Wärmeleitfaehigkeit,
      Rohdichte, spezifische Wärmekapazität ');
  WriteLn;
  ReadString(Tabelle[1].Name);(*Recordkomponente*);
  ReadReal(Tabelle[1].Waermeleitfaehigkeit);
  ReadReal(Rohdichte);
  ReadReal(spezWaermekap);
  Tabelle[1]. Waermespeicherzahl :=
                        Rohdichte * spezWaermekap;

  FOR i := 2 TO Anzahl DO
    (* Bestimme aktuelles Element *)
    WriteString('Belag einlesen : ');
    WriteString('Name, Wärmeleitfaehigkeit,
        Rohdichte, spezifische Wärmekapazität ');
    WriteLn;
    ReadString(aktuell.Name);
    ReadReal(aktuell.Waermeleitfaehigkeit );
    ReadReal(Rohdichte );
    ReadReal(spezWaermekap );
    aktuell.Waermespeicherzahl :=
                        Rohdichte * spezWaermekap;
    j := i-1;
    (* Schritt (5) *)
    (* < bezieht sich auf Komponente
                        Waermeleitfaehigkeit *)
    WHILE (j > 0) AND
      (aktuell.Waermeleitfaehigkeit <
            Tabelle[j].Waermeleitfaehigkeit) DO
      Tabelle[j+1] := Tabelle[j];
      DEC(j)
    END; (* WHILE *)
    Tabelle[j] := aktuell (* Recordzuweisung *)
  END; (* FOR *)
  (* Ausdrucken *)
  FOR i := 1 TO Anzahl DO
    WriteString(Tabelle[i].Name);
    WriteLn;
    WriteReal
      (Tabelle[i].Waermeleitfaehigkeit,10)
  END (* FOR *)
END Bodenbelag.
```

Das Programm zeigt die Definition des Recordtyps `Bodenbelag` mit den drei Komponenten `Name`, `Waermeleitfaehigkeit` und `Waermespeicherzahl`. Der Name dieser Komponenten besteht aus Variablennamen gefolgt von einem Punkt und dem Komponentennamen. Wir haben also eine erneute Erweiterung der Syntaxdiagramme *Typ* und *Variable*. Man sieht, daß die verschiedenen Strukturen beliebig geschachtelt werden können, die Komponenten werden entsprechend der Definition angesprochen. Die Zuweisung ganzer Verbunde ist zulässig.

3.3.2   Definition und Komponentenzugriff

Das Diagramm *Typ* wird um den Zweig *Typ RECORD* erweitert:

Ausschnitt aus: 15 Typ

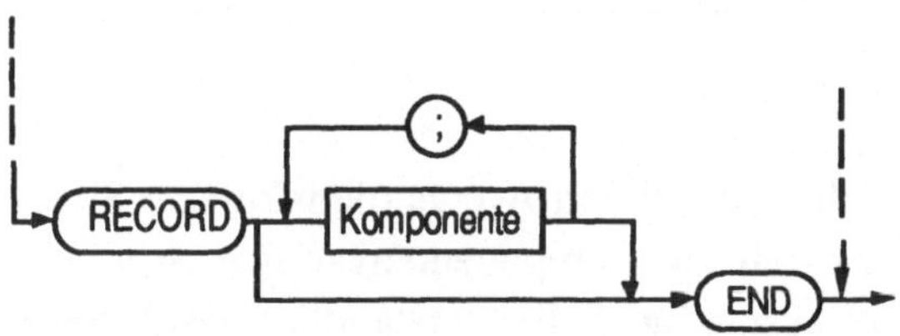

Ausschnitt aus: 17 Komponente (KP)

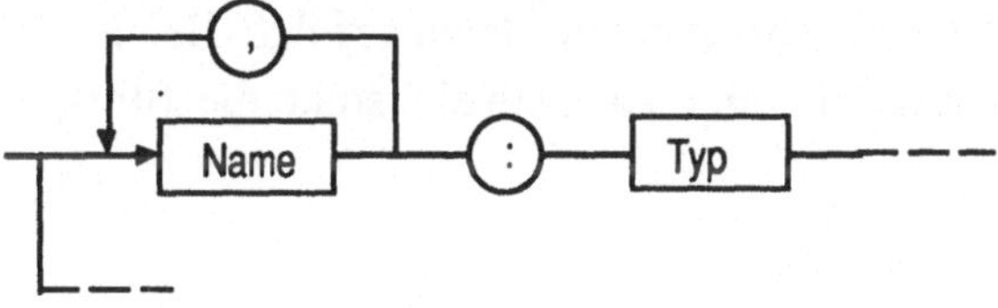

Die Namen der Komponenten müssen innerhalb eines Recordtyps eindeutig sein. Verschiedene Recordtypen können Komponenten mit gleichem Namen haben, denn die Definition der Komponenten erfolgt auf einer Ebene tiefer als die Definition der übrigen Namen. Eine Variable vom Typ RECORD repräsentiert eine Kollektion von Komponentenvariablen, die über den Namen der Recordvariable und der Komponentenvariablen identifiziert werden.

Das Diagramm *Variable* erhält einen weiteren Zweig:

Ausschnitt aus: 39 Variable (Var)

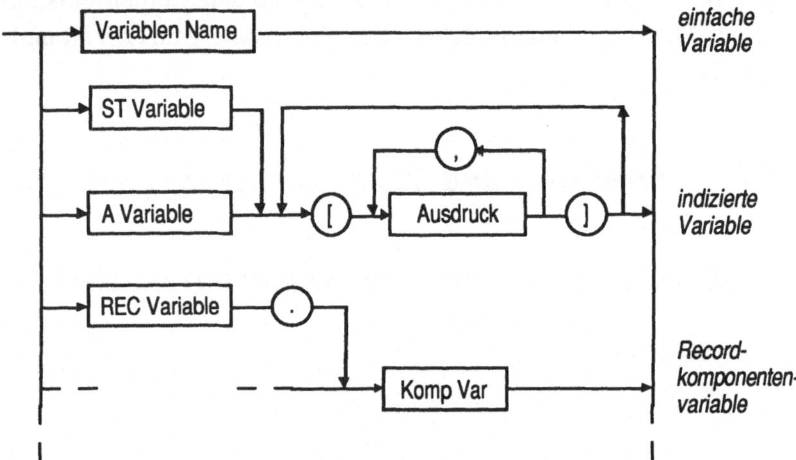

Wir sehen hier noch deutlicher als bei den Arrays die rekursive Struktur des Variablendiagramms. Für die Komponentenvariable ist wieder das gesamte Diagramm 39 zuständig. Selbstverständlich wird dieser Durchlauf irgendwann mit einfachen Variablennamen abbrechen.

Die Definition der Typen erfolgt bottom-up, d.h. von einfachen Standardtypen werden Strukturen gebildet, während die Identifizierung der elementaren Bestandteile einer Struktur top-down erfolgt. Bei jedem Durchlauf durch einen Record- oder Arrayzweig sinkt die Strukturierungstiefe.

Beispiel 3-22:   Record-Komponentenzugriff

```
TYPE
  Wort     = ARRAY[1..15] OF CHAR;
  Faecher = (BWL, VWL, OR, INF, ING, WP, DA);

  Datum = RECORD
    Tag    : [1..31];
```

```
      Monat : [1..12];
      Jahr  : [1900..1999]
   END; (* Datum *)

   Student = RECORD
      Name,Vorname : Wort;
      GebTag       : Datum;
      Noten        : ARRAY Faecher OF REAL;
      verheiratet  : BOOLEAN;
      Geschlecht   : (m, w)
   END; (* Student *)

VAR
   Student1, Student2 : Student;
   Semester           : ARRAY[1..350] OF Student;
```

Zuweisung an Komponentenvariablen:

```
   Student1.Geschlecht  := m;
   Student1.GebTag.Tag  := 7;
   Student1.Noten[BWL]  := 2.3;                    ◆
```

Sollen nacheinander mehrere Komponenten eines Records angesprochen werden, so kann das ohne Wiederholung des Recordnamens mit einer WITH-Anweisung geschehen:

38-8 WITH-Anweisung

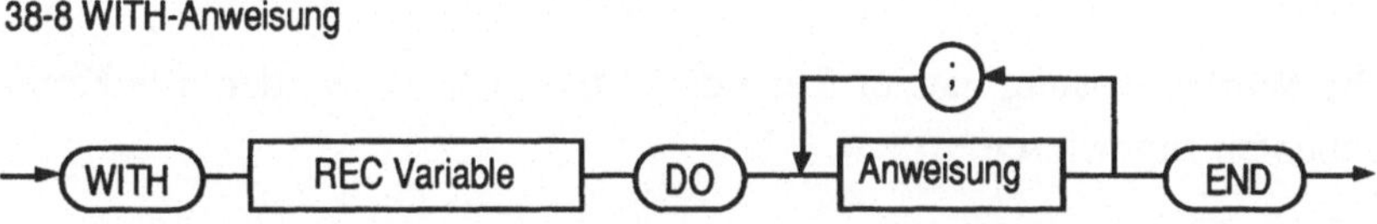

Im Rumpf der Anweisung zwischen DO und END sind die Komponenten der Recordvariablen direkt sichtbar, können also ohne vorangestellten Recordnamen angesprochen werden. Werden mehrere WITH-Anweisungen geschachtelt, so werden die Komponentennamen von innen nach außen zugeordnet. Diese Reihenfolge ist wichtig, falls verschiedene Records Komponenten mit gleichem Namen aufweisen. Stimmt in einer WITH-Anweisung ein Komponentenname mit einem Namen einer normalen Variablen überein, so wird der Komponentenname angesprochen.

Beispiel 3-23: WITH-Anweisung

```
WITH Student1 DO
  Name          := "Keulenschwinger";
  Vorname       := "Kuno";
  verheiratet   := TRUE
END; (* WITH *)                                    ◆
```

3.3.3   Wertzuweisung und Typkompatibilität

Es gelten die gleichen Regeln wie bei Arrays: Jede Typdefinition führt
einen neuen Typ ein, nur durch Umbenennen des Typnamens kann ein
kompatibler Typ erzeugt werden. Eigentlich wird nur ein Aliasname
für den bekannten Typ eingeführt.

Beispiel 3-24: Aliasname

```
TYPE
  complex = RECORD re,im : REAL END; (* RECORD *)
  komplex = RECORD re,im : REAL END; (* RECORD *)
      (* nicht kompatibel *)
  kartesisch = komplex; (* Aliasname *)                    ◆
```

Die Wertzuweisung ganzer Records ist möglich. Es werden alle Komponenten zugewiesen.

```
VAR
  a,b : komplex;
  k   : kartesisch;
...
  a := b; k := a;
```

Wie bei Arrays können im neuen Standard auch Werte für Records
durch entsprechende Konstruktoren direkt hingeschrieben werden.

Ausschnitt aus: 32 [Konst] REC Ausdruck

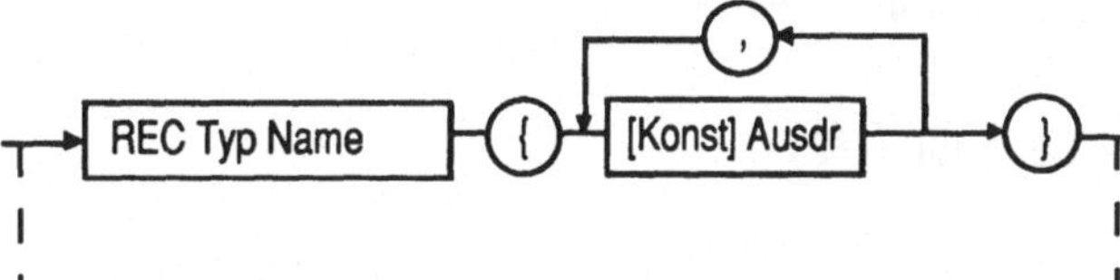

Die Ausdrücke werden ausgewertet und den Recordkomponenten in der Reihenfolge der Definition zugeordnet. An dieser Stelle spielt also die Reihenfolge der Recordfelder eine Rolle! Die Ausdrücke müssen zuweisungskompatibel zu den ihnen entsprechenden Komponenten sein.

Beispiel 3-25: Record-Ausdruck

```
a:= komplex {2.0, 1.0}
```
♦

3.3.4   Record mit Varianten

Die feste Struktur eines Records wird oft als zu stark einengend empfunden. Bei der Datenstrukturierung stößt man vielfach auf Fälle, wo ein an sich gleicher Typ verschiedene Varianten aufweist. Zum Beispiel kann es erwünscht sein, für verheiratete Studenten, die das Vordiplom abgeschlossen haben, das Heiratsdatum und den Namen des Partners zu speichern, während für Ledige der Name der Stammkneipe erwähnt werden soll. Man kann selbstverständlich zwei Datenstrukturen *verheirateter Student* und *lediger Student* entwerfen, die beide als eine Komponente die gemeinsamen Daten aufweisen und weitere unterschiedliche Komponenten besitzen. Damit ist das Problem aber nicht befriedigend gelöst, da diese Strukturen nicht in einer gemeinsamen Liste verwaltet werden können. Für solche Fälle ist der Recordtyp mit Varianten gedacht.

Beispiel 3-26:   Record mit Varianten–1

(Neue Version von Beispiel 3-22)

```
TYPE
  Student = RECORD
    Name,Vorname : Wort;
    GebTag       : Datum;
    Note         : ARRAY Faecher OF REAL;
    CASE verheiratet : BOOLEAN OF
       TRUE  : Hochzeitstag     : Datum;
               Partner          : Wort
    | FALSE : Kneipe : Wort
    END (* CASE *)
  END; (* RECORD *)
```

Das Diagramm *Komponente* wird durch die CASE-Klausel erweitert, die abhängig vom Wert einer Diskriminanten verschiedene Varianten bereitstellt.

17 Komponente (KP)

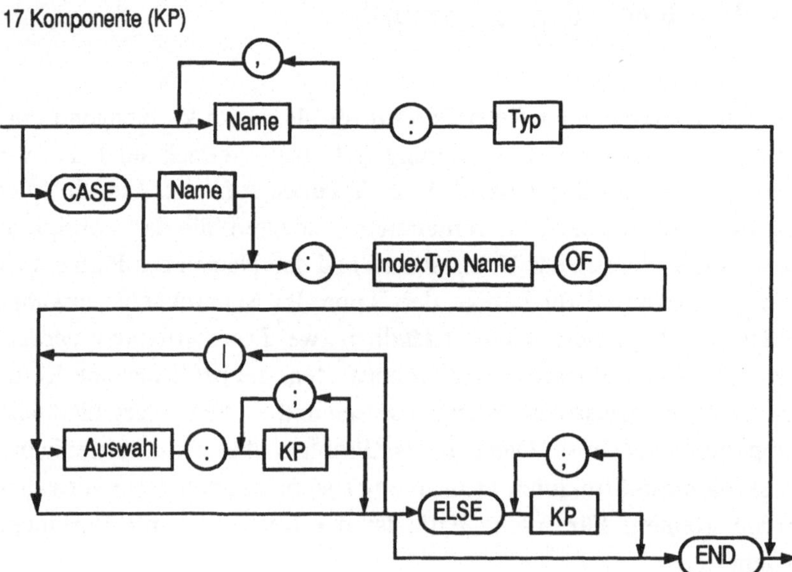

18 Auswahl

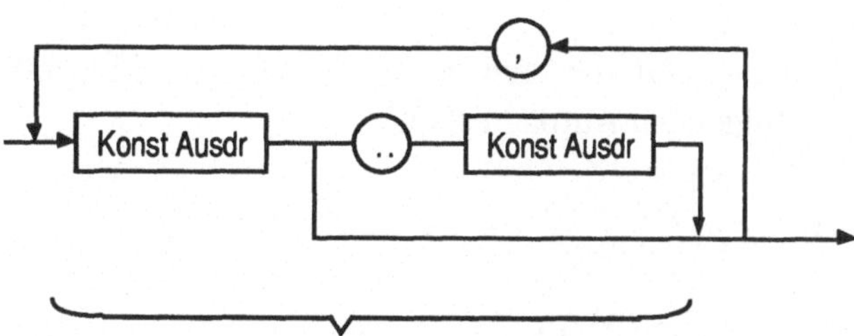

Auswahlmarken von einem Indextyp

Verschiedene Werte der Diskriminanten implizieren verschiedene Arten und Anzahlen der Komponenten. Es ist jeweils die Variante aktuell, die durch den aktuellen Wert der Diskriminanten beschrieben wird. Existiert keine Auswahlmarke mit diesem Wert, so ist die durch ELSE markierte Variante aktuell. Falls auch kein ELSE-Zweig vorhanden ist, liegt ein Fehler vor.

Achtung:

Die Diskriminante kann weggelassen werden; der Programmierer muß dann wissen, welche Variante gerade gültig ist und muß sein Programm entsprechend gestalten.

Beispiel 3-27: Record mit Varianten–2

```
TYPE
  Zahl = RECORD
    CASE BOOLEAN OF
       TRUE  : Wert : REAL
     | FALSE : Darstellung : ARRAY[0..7] OF CHAR;
    END; (* CASE *)
  END; (* RECORD *)                                    ♦
```

Wir setzen hier voraus, daß eine REAL-Zahl acht Byte belegt. Kennt man zusätzlich die Bedeutung der einzelnen Bits, so läßt sich über die Variantendarstellung eine REAL-Zahl direkt manipulieren.
Sei z.B. das Vorzeichen im ersten Bit des ersten Bytes gespeichert (1 für negativ, 0 für positiv), so ist z (vom Typ Zahl) negativ, falls ORD(z.Darstellung[0]) >= 128 ist.

Beispiel 3-28:   Reederei

Eine Reederei will ihren Schiffsbestand per EDV erfassen. Ein vollständiger Eintrag soll folgenden Aufbau haben :

> Datentyp Schiff:
>   Name
>   Bruttoregistertonnen (BRT)
>   Alter
>   Bootstyp

Abhängig vom Bootstyp (Segelboot oder Frachter oder Schlepper) müssen folgende zusätzliche Kennzeichen möglich sein:

Segelboot:	Frachter:	Schlepper:
Mastzahl	Diesel (ja / nein)	Motorgröße
Katamaran (ja / nein)	Frachtraum	Länge/Breite
Erbauer		Heimathafen

Wir verdeutlichen den Datentyp *Schiff* mit 3 Varianten durch folgende Zeichnung:

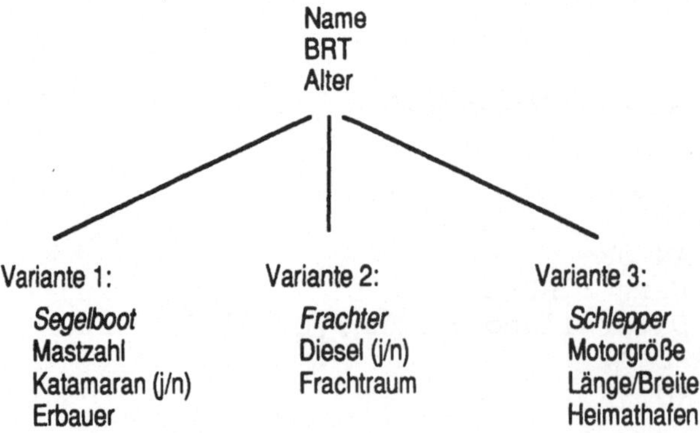

Typdefinition:

```
TYPE
  Zeichenkette = ARRAY[1..20] OF CHAR;
  Bootstyp  = (Segelboot, Frachter, Schlepper);
  Schiff    = RECORD
    Name : Zeichenkette;
    Alter,BRT : CARDINAL;
    CASE Schiffstyp : Bootstyp OF
      Segelboot: Masten: [1..5];
                 Katamaran : BOOLEAN;
                 Erbauer : Zeichenkette
    | Frachter : Diesel : BOOLEAN;
                 Frachtraum : CARDINAL
    | Schlepper: Motorgroesse : CARDINAL;
                 Laenge,Breite: REAL;
                 Heimathafen: Zeichenkette
    END (* CASE *)
  END (* Schiff *);
```

Ein Programmstück zur Ausgabe der „Flotte" könnte z.B. so aussehen :

```
VAR
  Flotte   : ARRAY[1..100] OF Schiff;
  i        : CARDINAL;

BEGIN
  ...
  FOR i := 1 TO 100 DO
    WITH Flotte[i] DO
      WriteLn;
      WriteString(" Schiffsname = ");
      WriteString(Name);
      WriteLn;
      CASE Schiffstyp OF
        Segelboot  : WriteString("--Segelboot--");
                     WriteString(" Mastzahl = ");
                     WriteCard(Masten)
      | Frachter   : WriteString("--Frachter-- ");
                     WriteString
                          ("--Frachtraum = ");
                     WriteCard(Frachtraum)
      | Schlepper  : WriteString("--Schlepper--");
                     WriteString
                          ("--Motorgröße = ");
                     WriteCard(Motorgröße)
      END (* CASE *)
    END (* WITH *)
  END (* FOR *);
  ...
```

3.3.5   Anwendungen und Implementierung

Records werden oft so implementiert, daß der erforderliche Speicher zusammenhängend belegt wird, die einzelnen Komponenten aber einfach adressiert werden können. So können einzelne kleine Lücken auftreten. Zu jeder Recordkomponente wird als Adresse ihr Abstand von der Anfangsadresse des Records ermittelt. Der Zugriff auf Komponenten geschieht also ähnlich wie bei Arrays; da die Adreßrechnung vollständig zur Übersetzungszeit erfolgt, ist sie sogar in der Regel effizienter. Bei tiefer strukturierten Records spart die WITH-Anweisung nicht nur Speicherplatz, sondern auch Rechenzeit.

Records dienen zur Datenstrukturierung und sind in Verbindung mit Pointern ein unerläßliches Hilfsmittel bei der Konstruktion dynamischer Listen.

3.4   Der Datentyp SET

Der Datentyp SET (Menge) beschreibt eine Zusammenfassung einer variablen Anzahl von Komponenten vom selben Grundtyp. Die Auswahl einzelner Elemente aus Mengen ist nicht direkt möglich, man kann lediglich für ein Element die Mitgliedschaft in der Menge prüfen.

3.4.1   Ein einführendes Beispiel: Partnervermittlung

Beispiel 3-29: Datentyp SET

Ein Heiratsvermittlungsinstitut möchte sich bei der Auswahl passender Kandidaten eines Programms bedienen. Dabei passen zwei Kandidaten zueinander, wenn sie unterschiedlichen Geschlechts sind und ansonsten mindestens zwei übereinstimmende Eigenschaften haben.

Wir formulieren das zugehörige Programm, dabei lesen wir die Eigenschaften von zwei Personen verschlüsselt ein, speichern sie jeweils in einer Menge und prüfen dann, ob die Personen passende Kandidaten sind (vgl. Beispiel 3-4).

```
MODULE Heirat;

FROM InOut IMPORT
  WriteString, WriteCard, WriteLn, Read;

TYPE
  Eigenschaften =
    (gross, klein, dick, normal, schlank,
     intelligent, fleissig, ordentlich,
     reich, arm, baertig, weiblich, maennlich);
  Beschreibung  = SET OF Eigenschaften;

VAR
  gemeinsam        : Beschreibung;
  Person           : ARRAY[1..2] OF Beschreibung;
  i,zaehler        : INTEGER;
  Kennbuchstabe    : CHAR;

BEGIN
  FOR i := 1 TO 2 DO
    WriteString ("Eigenschaften der ");
    WriteCard (i,1);
    WriteString ("-ten Person eingeben ");
    WriteLn;
    WriteString("g(roß),k(lein),s(chlank),
                n(ormal),d(ick),
                i(ntelligent),f(leißig)" );
    WriteString("o(rdentlich),b(ärtig),r(eich),
                a(rm),w(eiblich),m(ännlich),
                e(nde)");
    Person[i] := Eigenschaften{ };

    REPEAT
      Read (Kennbuchstabe);
      CASE Kennbuchstabe OF
         "g" : Person[i] + Eigenschaften{gross};
       | "k" : Person[i] + Eigenschaften{klein};
       | "d" : Person[i] + Eigenschaften{dick};
       | "n" : Person[i] + Eigenschaften{normal};
       | "s" : Person[i] + Eigenschaften{schlank};
       | "i" : Person[i] +
                 Eigenschaften{intelligent};
       | "f" : Person[i] + Eigenschaften{fleissig};
```

```
            | "o" : Person[i] +
                      Eigenschaften{ordentlich};
            | "r" : Person[i] + Eigenschaften{reich};
            | "a" : Person[i] + Eigenschaften{arm};
            | "b" : Person[i] + Eigenschaften{baertig};
            | "w" : Person[i] + Eigenschaften{weiblich};
            | "m" : Person[i] +
                      Eigenschaften{maennlich};
                      (* Vereinigung *)
        ELSE
        END; (* CASE *)
      UNTIL Kennbuchstabe = e;

  END (* FOR *);
  IF ((maennlich IN Person[1]) AND (weiblich IN
        Person[2]))
     OR ((weiblich IN Person[1]) AND (maennlich IN
          Person[2]))
  THEN
     gemeinsam := Person[1] * Person[2];
                  (* Durchschnittsmenge *)
     zaehler := 0;
     FOR Eigenschaften = gross TO baertig DO
       IF Eigenschaften IN gemeinsam
         (* Mitgliedschaftstest *)
       THEN INC(zaehler)
       END; (* IF *)
     END; (* FOR *)
     IF zaehler >= 2
     THEN WriteString("Die beiden passen")
     ELSE WriteString("Zu wenig Gemeinsamkeiten")
  ELSE WriteString
          ("Heirat gesetzlich noch ausgeschlossen")
  END; (* IF *)
END Heirat.                                    ◆
```

3.4.2   Definition

Ausschnitt aus: 15 Typ

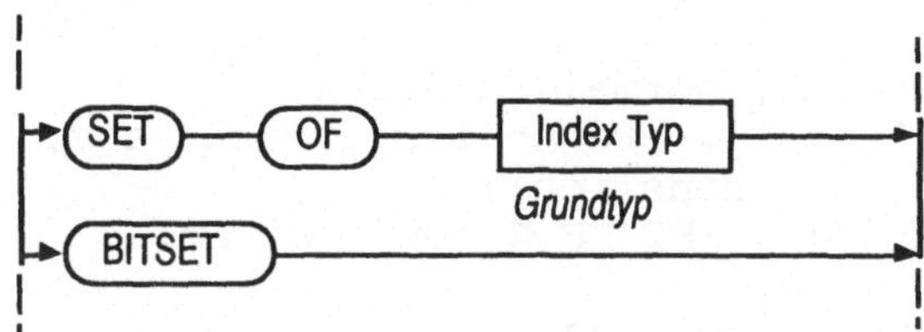

Als Grundtyp kommen Aufzählungstypen mit höchstens w Elementen oder Unterbereichstypen mit Werten, deren Ordnungszahlen zwischen 0 und w-1 liegen, in Betracht.

Die Anzahl w der Elemente des Grundtyps ist implementierungsabhängig beschränkt. Der Wertebereich des SET-Typs ist die Potenzmenge der Werte des Grundtyps. Üblicherweise sollte w >= 256 sein. Es gibt jedoch Implementierungen mit w = 32 oder 16.

Anmerkung:

Der Typ **BITSET** ist standardmäßig wie folgt vereinbart:

```
BITSET = SET OF [0..w-1]
```

Variablen dieses Typs haben also Teilmengen der Menge der ersten w natürlichen Zahlen als Werte.

Im neuen Modula-2-Standard ist BITSET nicht mehr vorgesehen.

Beispiel 3-30: Personenbeschreibung

Eine korrekte Typdefinition lautet also:

```
TYPE
   Eigenschaften =
      (gross, klein, dick, normal, schlank,
       intelligent, fleissig, ordentlich, reich, arm,
       baertig, weiblich, maennlich);
   Personenbeschreibung = SET OF Eigenschaften;
VAR
   Taeter : Personenbeschreibung;
```

mögliche Werte der Variablen `Taeter`:
   jede Untermenge der Grundmenge „Personenbeschreibung".   ♦

Eine Menge kann in Form eines **Set-Konstruktors** direkt hingeschrieben werden.

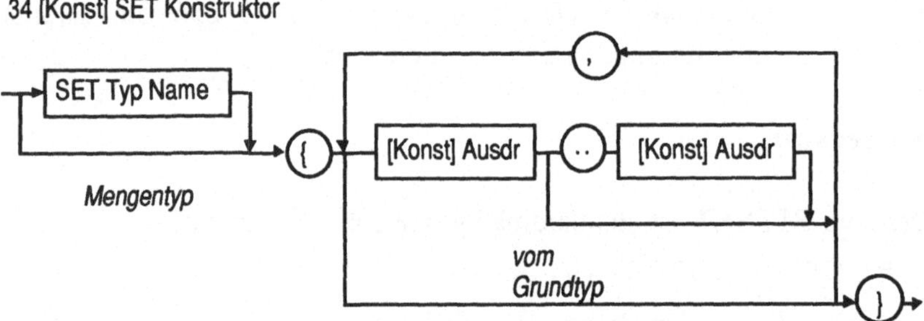

Bemerkungen:

*   Diese Konstruktoren gab es auch in der ursprünglichen Version
    der Sprache, allerdings waren nur konstante Ausdrücke zuge-
    lassen.
*   Der zugehörige Mengentyp muß explizit als Präfix angegeben
    werden (Ausnahme: Präfix BITSET kann weggelassen werden).
*   Die Elemente werden von geschweiften Klammern eingeschlossen.
*   Bei der Angabe von Intervallen (Ausdruck .. Ausdruck) sind alle
    Elemente, die zwischen den beiden angegebenen Ausdrücken
    liegen, in der Menge enthalten.

Beispiel 1-4 f: Menüsteuerung

Die Menüsteuerung, z.B. in unserem Telefonlistenprogramm, kann mit
Hilfe einer konstanten Buchstabenmenge übersichtlich und effizient
programmiert werden.

```
TYPE CHARSET = SET OF CHAR;

REPEAT
  ClearScreen;
  WriteString ("Was wollen Sie tun?"); WriteLn;
  WriteString
    (" Z(eigen eines Stadtverzeichnisses)");
  WriteLn;
  WriteString (" H(inzufügen eines Eintrages) ");
  WriteLn;
  WriteString (" F(inden einer Telefonnummer) ");
  WriteLn;
  WriteString (" B(eenden des Programms) ");
  WriteLn;WriteLn;
  REPEAT
    ok := TRUE;
    Read (c);
    WriteLn;
    IF NOT (c IN
      CHARSET{"Z","z","H","h","F","f","B","b"})
    THEN
      ok := FALSE;
      WriteString ("Unzulässige Auswahl");WriteLn;
    END; (* IF *)
  UNTIL ok;
  CASE c OF
   "Z", "z": ListeHer (TBuch);
  |"H", "h": EintragHinzu (TBuch);
  |"F", "f": NummerHer (TBuch);
  |"B", "b":
  ELSE
  END (* CASE *)

UNTIL (c = "B") OR (c = "b")
END Telefonlisten.
```
◆

3.4.3   Aktionen auf einer Menge

Mengen können einander zugewiesen, miteinander verglichen und mit Operatoren für mengenübliche Operationen verknüpft werden. Außerdem existieren Prozeduren zum Ein- oder Ausschluß eines Elementes.

(a) Mengenoperationen

Operator	Operation	Operandentyp	Ergebnistyp
.+	Vereinigung $\cup$		
*	Durchschnitt $\cap$		
-	Differenz $\setminus$	Set-Typ t	t
/	Symmetrische Differenz Δ $(a \cup b) \setminus (a \cap b)$		

Vereinigung

*   Menge der Elemente, die in Menge 1 **oder** in Menge 2 oder in beiden enthalten sind.

Beispiel 3-31: Vereinigung von Mengen

```
TYPE
  CARD = SET OF [1..4];
VAR
  m : CARD;
...
  m := CARD {1..2};
  m := m + CARD {2..4};
      (* m = {1, 2, 3, 4} *)
```

Durchschnitt

- Menge aller Elemente, die in Menge 1 **und** in Menge 2 enthalten sind.

Beispiel 3-32:   Durchschnitt von Mengen

```
m := CARD {1, 2, 3};
m := m * CARD {2, 3, 4};
    (* m = {2, 3} *)
```
♦

Differenz

- Menge aller Elemente, die in Menge 1 **und nicht** in Menge 2 enthalten sind.

Beispiel 3-33:   Differenz zweier Mengen

```
m := CARD {1, 2, 3};
m := m - CARD {2, 3, 4};
    (* m = {1} *)
```
♦

Symmetrische Differenz

- Menge aller Elemente, die in genau einer der Mengen enthalten sind. ($A \, \Delta \, B = (A \, \cup \, B) \backslash (A \, \cap \, B)$)

Beispiel 3-34:   Symmetrische Differenz

```
m := CARD {1, 2, 3};
m := m / CARD {2, 3, 4};
    (* m = {1, 4} *)
```
♦

(b) Vergleichsoperatoren:

Operator	Operation	Operandentyp	Ergebnistyp
=	Gleichheit =		
<>, #	Ungleichheit ≠		
<= >=	⊆ Inklusion ⊇	Set-Typ t	BOOLEAN
IN	Element ∈	Grundtyp s; SET OF s	

Beispiel 3-35:   Vergleichsoperatoren bei Mengen

```
CARD {1, 2} = CARD {3, 4} Ergebnis:    FALSE
1 IN CARD {1..3, 4}       Ergebnis:    TRUE        ◆
```

Ein- und Ausschluß eines Elements einer Menge:

Der Ein- bzw. Ausschluß eines Elements aus einer Menge ist mit den
Prozeduren INCL und EXCL möglich.
Sei S vom Typ SET OF I; i vom Typ I, dann gilt:

```
INCL(S,i)   <=>   S := S + {i};
EXCL(S,i)   <=>   S := S - {i};
```

Beispiel 3-36:   Einschluß eines Elements in eine Menge

```
INCL(Person[1],dick);
(* Person[1] = Person[1] + eigenschaft{dick} *) ◆
```

3.4.4   Anwendungen

Mengen werden in der Regel so implementiert, daß für jeden möglichen Wert des Grundtyps ein Bit in der Repräsentation der Menge reserviert ist. Ist dieses Bit gesetzt, so ist der entsprechende Wert in der
Menge enthalten, sonst nicht. Mitgliedschaftstests sind also Bitabfragen,
und Mengenoperationen sind durch einfache bitweise logische Ver-
knüpfungen zu realisieren. Daher sind Mengenoperationen sehr effek-
tiv. Viele Implementierungen beschränken jedoch die Mengengröße auf
ein Wort, d.h. eine Menge kann höchstens so viele Elemente aufnehmen, wie Bits in ein Wort passen. Da dies oft nur 16 oder 32 sind,
wird die Anwendbarkeit des Mengenkonzepts stark eingeschränkt, und
der Benutzer muß sich ärgerliche und aufwendige Skalierungsopera-
tionen überlegen, wenn er mit größeren Mengen arbeiten will. Für die
Algorithmenentwicklung selbst sind Mengen allerdings ein gutes Konzept und sollten, falls angebracht, verwendet werden. Die Implementierung erfordert dann unter Umständen einen weiteren Verfeinerungs-
schritt.

4 Prozeduren und Funktionen

Die schrittweise Verfeinerung der Daten (das Prinzip der Daten-
abstraktion) wurde durch Einführung der strukturierten Datentypen in
Modula-2 verwirklicht. Die schrittweise Verfeinerung des Algorithmus' führt in natürlicher Weise über mehrere Teilalgorithmen erst in
der letzten Stufe zu den bisher bekannten Elementaranweisungen wie
z.B. Zuweisung oder Schleifenanweisung. Die Teilalgorithmen, die
logisch eine Einheit bilden, sollen nun auch syntaktisch zusammengefaßt werden. Das ist eine Aufgabe von Prozeduren und Funktionen.

Überblick

Prozeduren und Funktionen

- übertragen das Prinzip der schrittweisen Verfeinerung von Algorithmen auf die Konzepte der Programmiersprache Modula-2 und
- verdeutlichen dadurch die Struktur des Algorithmus',
- zerlegen ein Programm in logisch zusammenhängende Einheiten
  (Unterprogramme) und
- ermöglichen so die Mehrfachausführung in einem Programm
- bei gleichzeitiger Einsparung von Speicherplatz und Schreibarbeit.

Durch Angabe von Parametern, die Eingabe- und Ausgabegrößen von
Prozeduren beschreiben, erhöht sich die Wiederverwendbarkeit
beträchtlich. Prozeduren und Funktionen können so entworfen werden,
daß sie in mehreren verschiedenen Programmen verwendet werden
können. Prozeduren (im eigentlichen Sinn) beschreiben ein allgemeines
Unterprogramm (einen Teilalgorithmus), während Funktionen (Funktionsprozeduren) einen Wert berechnen.

4.1   Ein einführendes Beispiel: Brüche kürzen

Beispiel 4-1:   Prozeduren und Funktionen

```
Algorithmus Bruechekuerzen;
BEGIN
   (** Eingabe **)
   (* Kürze *)
     (** Ermittle ggT **);
     Zaehler := Zaehler DIV ggT;
     Nenner  := Nenner DIV ggT;
   (** Ausgabe **)
END Bruechekuerzen.
```

Wir wollen drei verschiedene Verfeinerungen dieses Algorithmus'
behandeln. Dabei verzichten wir auf die Einführung eines Recordtyps
Bruch, da ja unser Hauptaugenmerk auf der Strukturierung von Algorithmen durch Verwenden von Prozeduren liegen soll.

Erste Lösung ohne Prozeduren:

```
MODULE Bruechekuerzen1;
FROM InOut IMPORT
  WriteString, WriteLn, ReadInt, WriteInt;
VAR
  Zaehler, Nenner, Hilf, z, n, ggT : INTEGER;
BEGIN
(* Eingabe *)
  WriteString('Bitte Zähler eingeben. ');
  ReadInt(Zaehler); WriteLn;
  WriteString('Bitte Nenner eingeben. ');
  ReadInt(Nenner); WriteLn;

(* Kürze *)
  (* ErmittleggT *);
    z := Zaehler; n := Nenner;
    IF z < n
    THEN (* vertausche *)
      Hilf := z; z := n; n := Hilf
    END (* IF *);
```

```modula2
      Hilf := z MOD n;
      WHILE Hilf <> 0 DO
        n := z;
        z := Hilf;
        Hilf := z MOD n
      END; (* WHILE *)
      ggT := n;   (* END ErmittleggT *)

    Zaehler := Zaehler DIV ggT;
    Nenner := Nenner DIV ggT;

(* Ausgabe *)
    WriteString('Der gekürzte Bruch lautet: ');
    WriteInt(Zaehler,7); WriteString('/');
    WriteInt(Nenner,7)
END Bruechekuerzen1.
```

Zweite Lösung mit Prozeduren und globalen Variablen:

```modula2
MODULE Bruechekuerzen2;
FROM InOut IMPORT
  WriteString, WriteLn, ReadInt, WriteInt;
VAR
  Zaehler, Nenner : INTEGER;

PROCEDURE Eingabe;
BEGIN
  WriteString('Bitte Zähler eingeben.');
  ReadInt(Zaehler); WriteLn;
  WriteString('Bitte Nenner eingeben.');
  ReadInt(Nenner); WriteLn
END Eingabe;

PROCEDURE Ausgabe;
BEGIN
  WriteString('Der gekürzte Bruch lautet: ');
  WriteInt(Zaehler,7);
  WriteString('/');
  WriteInt(Nenner,7)
END Ausgabe;

PROCEDURE Kuerze;
VAR ggT : INTEGER;

  PROCEDURE ErmittleggT;
  VAR
    Hilf, z, n: INTEGER;
      (* lokale Hilfsgrößen der Prozedur *)
```

```
BEGIN
  z := Zaehler; n := Nenner;
  IF z < n
  THEN (* vertausche *)
    Hilf := z; z := n; n := Hilf
  END (* IF *);
  Hilf := z MOD n;
  WHILE Hilf <> 0 DO
    n :=z;
    z := Hilf;
    Hilf := z MOD n
  END; (* WHILE *)
  ggT := n
END ErmittleggT;

BEGIN (* Kuerze *)
  ErmittleggT;
  Zaehler := Zaehler DIV ggT;
  Nenner  := Nenner DIV ggT
END Kuerze;

BEGIN (* Bruechekuerzen2 *)
  Eingabe;
  Kuerze;
  Ausgabe
END Bruechekuerzen2.
```

Die Verwendung von **globalen** (d.h. außerhalb der Prozedur vereinbarten) **Variablen** ist i.a. unübersichtlich. Im Hauptprogramm ist nicht ersichtlich, was mit den Variablen passiert, und u.U. treten (unerwünschte/nicht sichtbare) „Seiteneffekte" auf.

Darüberhinaus sind die Prozeduren nicht oder nur sehr eingeschränkt wiederverwendbar. Die Übergabe der Objekte an Prozeduren *als Parameter* ist deshalb zu bevorzugen.

Dritte Lösung mit Übergabe der Objekte als Parameter:

```modula2
MODULE Bruechekuerzen3;
FROM InOut IMPORT
  WriteString, WriteLn, ReadInt, WriteInt;
VAR Zaehler, Nenner : INTEGER;

PROCEDURE Eingabe (VAR z, n : INTEGER);
BEGIN
  WriteString('Bitte Zähler eingeben.');
  ReadInt(z); WriteLn;
  WriteString('Bitte Nenner eingeben.');
  ReadInt(n); WriteLn
END Eingabe;

PROCEDURE Ausgabe (z, n : INTEGER);
BEGIN
  WriteString('Der gekürzte Bruch lautet: ');
  WriteInt(z,7);
  WriteString('/');
  WriteInt(n,7)
END Ausgabe;

PROCEDURE Kuerze (VAR z, n : INTEGER);
VAR teiler : INTEGER;

(* lokale Prozedur in Kuerze: *)
  PROCEDURE ggT (z, n : INTEGER): INTEGER;
  VAR Hilf : INTEGER;
  BEGIN
    IF z < n
    THEN  (* vertausche *)
      Hilf := z; z := n; n := Hilf
    END (* IF *);
    Hilf := z MOD n;
    WHILE Hilf <> 0 DO
      z := n; n := Hilf; Hilf := z MOD n
    END (* WHILE *);
    RETURN n
  END ggT;

BEGIN (* Kuerze *)
  teiler := ggT(z, n);
  z := z DIV teiler;
  n := n DIV teiler
END Kuerze;

(* Anweisungsteil Modul Bruechekuerzen3: *)
BEGIN
  Eingabe(Zaehler, Nenner);
  Kuerze(Zaehler, Nenner);
  Ausgabe(Zaehler, Nenner)
END Bruechekuerzen3.
```

♦

Wir haben bisher schon Prozeduren und Funktionen kennengelernt, die in entsprechenden Modulen implementiert oder in der Sprache vordeklariert sind.

Beispiel 4-2:   Einige bekannte Prozeduren und Funktionen

```
...
FROM InOut IMPORT WriteLn, WriteInt;
FROM MathLib IMPORT Sqrt, Sin;
...
VAR
  i : INTEGER;
  x, y, z : REAL;
...
BEGIN
...
  WriteLn;
     (* Aufruf der Prozedur WriteLn;
        Wirkung: Zeilenvorschub
        auf Ausgabeeinheit *)

  i := 1;
  INC(i);
     (* Aufruf der Prozedur INC;
        Wirkung: i wird um 1 erhöht, hat also
        nach Aufruf der Prozedur den Wert 2 *)

  WriteInt(i,3);
     (* Aufruf der Prozedur WriteInt;
        Wirkung: Ausgabe des Wertes von i auf
        Ausgabeeinheit mit mind. 3 Stellen;
        i hat nach Aufruf der Prozedur
        immer noch den Wert 2 *)

  y := Sqrt(4.0);
     (* Aufruf der Funktion Sqrt;
        Wirkung: Nach Aufruf der Funktion
        erhält y den Wert 2.0 *)

  y := 4.0 * Sin(x * x + Sqrt(z));
     (* Aufruf der Funktionen Sin und Sqrt in
        geschachteltem Ausdruck*)

...
```

♦

Um Prozeduren und Funktionen in dieser Form benutzen zu können, müssen sie an einer geeigneten Stelle deklariert sein.

Beispiel 4-3:   Deklaration von Prozeduren und Funktionen

```
...
PROCEDURE INC (VAR zahl : INTEGER);

   (* Dies ist nicht die tatsächliche Implementation
      der Modula-2-Standardprozedur INC! *)

BEGIN
  zahl := zahl + 1
END INC;
...

PROCEDURE Sqrt (x : REAL) : REAL;

   (* Dies ist nicht die tatsächliche Implementation
      der Funktion Sqrt aus dem Modul MathLib! *)

VAR Wurzel : REAL;

BEGIN
  IF x < 0.0
  THEN
    WriteLn('Radikanden kleiner Null sind
              unzulässig!');
    RETURN 0.0
  ELSE
    Wurzel := x;
    REPEAT
      Wurzel := 0.5 * (Wurzel + x / Wurzel)
    UNTIL Wurzel * Wurzel = x;
    RETURN Wurzel
  END (* IF *)
END Sqrt;
...
```

◆

4.2   Deklaration von Prozeduren

Prozeduren bestehen aus vier Teilen:

*   dem *Namen* der Prozedur,
*   der *Beschreibung ihrer Parameter* (Ein- und Ausgabeobjekte),
*   der *Beschreibung ihrer lokalen Objekte* (Objekte, die nur innerhalb der Prozedur benötigt werden),
*   den *Aktionen*, die bei einer Aktivierung der Prozedur ausgeführt werden.

Das Festlegen der Prozedurteile erfolgt durch Deklaration der Prozedur im Vereinbarungsteil.

12 Prozedurvereinbarung

Wir erinnern uns, daß die Prozedurvereinbarung im Diagramm *Block* auftrat, und nun tritt die Syntaxvariable Block wieder auf. Die Blöcke werden also ineinander geschachtelt. Jede Prozedur kann somit auch einen eigenen Vereinbarungsteil besitzen, in dem lokale, d.h. nur für diese Prozedur selbst relevante Größen aufgezählt werden, die außerhalb nicht sichtbar sind (siehe 4.6).

Ein *Prozedurkopf* besteht aus dem *Namen* und der *formalen Parameterliste* (falls es eine gibt). Für Funktionsprozeduren muß zusätzlich der Typ des Ergebnisses angegeben werden (siehe 4.4), der durch den Namen dieser Prozedur dem aufrufenden Programm abgeliefert wird.

13 Prozedurkopf (Proz Kopf)

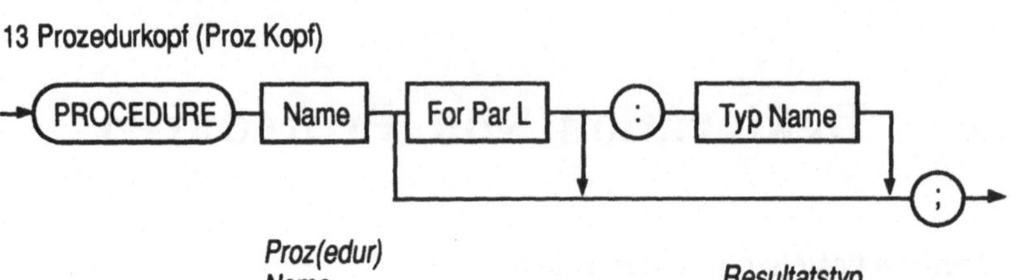

In der formalen Parameterliste werden die Eingabe- und Ausgabegrößen für die Prozedur aufgezählt.

Ausschnitt aus: 14 Formale Parameterliste (For Par L)

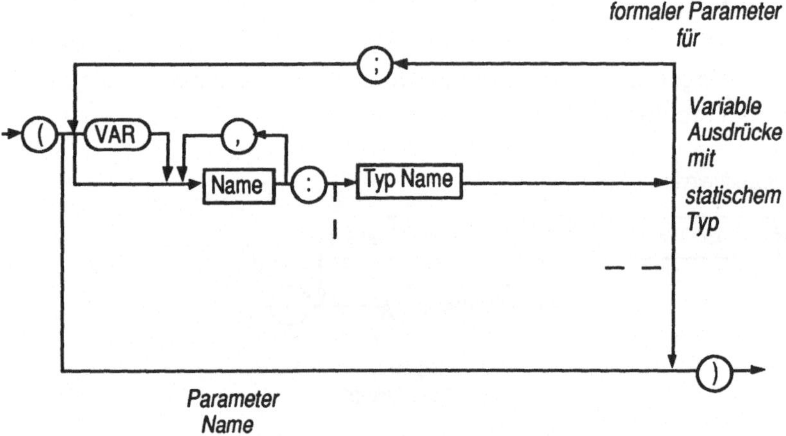

Parameter ohne Kennzeichen sind dabei reine Eingabeparameter. Mögliche Ausgabegrößen müssen mit VAR gekennzeichnet werden (siehe 4.3). Der Typ eines formalen Parameters kann nur in Form eines bereits eingeführten Typnamens angegeben werden. Eine Ausnahme bilden die offenen Array-Parameter (siehe 4.5).

Beispiel 4-4:   ungültige Prozedurvereinbarungen

```
PROCEDURE falsch1(VAR x);  (* Typname fehlt *)

PROCEDURE falsch2(x : RECORD  r,s : REAL  END);
          (* keine explizite Typangabe erlaubt *)

PROCEDURE falsch3(VAR x,y : INTEGER, z : INTEGER);
          (* ; statt , vor z *)                      ◆
```

4.3   Aufruf von Prozeduren

Eine innerhalb eines Blocks deklarierte Prozedur kann an beliebig vielen Stellen innerhalb dieses Blocks aufgerufen werden. Der Aufruf geschieht durch eine eigene Anweisung, dem *Prozeduraufruf.*

Syntax des Prozeduraufrufs

(nur für eigentliche Prozeduren; für Funktionsprozeduren siehe 4.4).

38-10 Prozeduraufruf

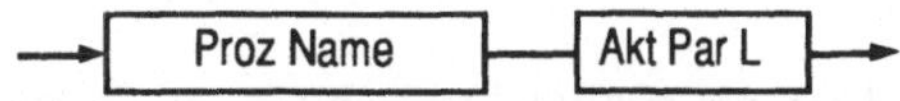

Die Liste der aktuellen Parameter muß beim Aufruf „passen", d.h. die Anzahl der aktuellen und formalen Parameter muß gleich sein, die Reihenfolge muß übereinstimmen und ihre Typen müssen passen. Die Zuordnung aktueller–formaler Parameter erfolgt durch die Position in der Liste. Dabei passen zwei Typen für VAR-Parameter zueinander, wenn formaler und aktueller Parameter typgleich sind. Für Value-Parameter reicht es, wenn formaler und aktueller Parameter zuweisungskompatibel sind. Die aktuelle Größe für einen VAR-Parameter muß eine Variable sein, während für Wertparameter auch Ausdrücke stehen dürfen.

Beispiel 4-5:   richtige und falsche Parameterlisten

Es gelten die Vereinbarungen aus Beispiel 4-1 Prozeduren und Funktionen *(Brüche kürzen)*.

```
Eingabe(5,12);
        (* falsch: Ausdrücke für VAR-Parameter *)
Ausgabe(5,12);
        (* richtig: Ausdrücke für Wertparameter *)
Ausgabe(z,n);
        (* richtig: Variable für Wertparameter *)
Eingabe(z,n);
        (* richtig: Variable für VAR-Parameter *)   ♦
```

Der Aufruf einer Prozedur bedeutet die Ausführung der Anweisungsfolge einer Prozedur nach Übergabe von Objekten der rufenden Umgebung als globale Objekte, Value-Parameter (Wertparameter) oder VAR-Parameter (Referenzparameter).

Definitionen: **(global/lokal)**

Ein Value-Parameter bezeichnet eine Eingabegröße der Prozedur. In der formalen Parameterliste tritt er ohne spezielle Kennzeichnung auf. Ein VAR-Parameter wird durch VAR gekennzeichnet und kann Eingabe- und Ausgabegröße sein.

- Ein Objekt wird in einem Block als **global** bezeichnet, wenn es außerhalb dieses Blocks, aber nicht zusätzlich im Deklarationsteil dieses Blocks, deklariert worden ist und trotzdem innerhalb dieses Blocks verwendet wird. Formale VAR-Parameter verhalten sich dabei wie globale Objekte.

- Ein Objekt wird in einem Block als **lokal** bezeichnet, wenn es im Deklarationsteil dieses Blocks deklariert worden ist. Nach Abarbeitung dieses Blocks wird das Objekt „vernichtet". Formale Value-Parameter verhalten sich wie lokale Objekte.   ♦

Der **Aufruf** einer Prozedur läßt sich wie folgt beschreiben:

1)   Für *formale Wertparameter* werden (zusätzlich zu den Prozedur-
      lokalen Variablen) Größen gleichen Typs und gleichen Namens
      lokal für die Prozedur vereinbart, denen beim Aufruf der Wert
      der aktuellen Parameter zugewiesen wird (*Wertaufruf, call by
      value*) (siehe Beispiel 4-6 Parameterarten). Werden also formalen
      Wertparametern in der Prozedur Werte zugewiesen, so hat dies
      keinerlei Auswirkungen auf das rufende Programm, auch wenn
      der zugehörige aktuelle Parameter ein Variablenname ist.

2)   Im Rumpf der Prozedur werden die Namen *formaler VAR-
      Parameter* durch die Namen der aktuellen Parameter ersetzt. Tre-
      ten dabei Namenskonflikte mit lokalen Größen der Prozedur auf,
      so werden diese lokalen Größen umbenannt. Sind die aktuellen
      Parameter Komponenten strukturierter Datentypen, so werden die
      Adreßrechnungen vor der Namensersetzung durchgeführt (*Refe-
      renzaufruf, call by reference*) (siehe Beispiele 4-6 bis 4-8).

      Durch die Verwendung der Namen der aktuellen Parameter in der
      Prozedur werden somit die Variablen des rufenden Programms
      direkt angesprochen und beispielsweise Änderungen von Vari-
      ablen durch die Prozedur unmittelbar im rufenden Programm
      sichtbar.

3)   Der so veränderte Rumpf der Prozedur wird an die Aufrufstelle
      kopiert und bis zum Blockende oder bis zur ersten RETURN-
      Anweisung ausgeführt. Diese Vorgehensweise wird auch als
      Kopierregel bezeichnet.
      Durch die Regeln 1) bis 3) wird die Bedeutung eines Prozedur-
      aufrufs beschrieben; die eigentliche Implementierung durch den
      Compiler sieht i. a. jedoch etwas anders aus.

Ausführung eines Prozeduraufrufs:

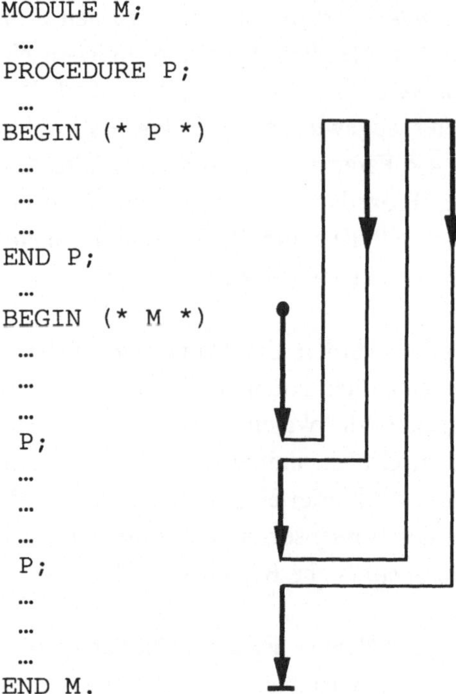

```
MODULE M;
...
PROCEDURE P;
...
BEGIN (* P *)
...
...
...
END P;
...
BEGIN (* M *)
...
...
...
P;
...
...
...
P;
...
...
...
END M.
```

Beispiel 4-6: Parameterarten

```
MODULE Beispiel;
FROM InOut IMPORT WriteString, WriteLn, WriteInt;
VAR
  i : INTEGER;

PROCEDURE keinParameter;
BEGIN
  WriteLn;WriteLn;
  WriteString ('Wert von i in Prozedur
                "keinParameter": ');
  WriteInt(i, 6); WriteLn;
  INC(i);
  WriteString ('Letzter Wert von i in Prozedur
                "keinParameter":');
  WriteInt(i, 6); WriteLn
END keinParameter;
```

```
PROCEDURE valueParameter (i : INTEGER);
BEGIN
  WriteString ('Wert von i in Prozedur
               "valueParameter": ');
  WriteInt(i, 6);  WriteLn;
  INC(i);
  WriteString ('Letzter Wert von i in Prozedur
               "valueParameter": ');
  WriteInt(i, 6); WriteLn
END valueParameter;

PROCEDURE variableParameter (VAR i : INTEGER);
BEGIN
  WriteLn; WriteLn;
  WriteString ('Wert von i in Prozedur
               "variableParameter": ');
  WriteInt(i, 6);  WriteLn;
  INC(i);
  WriteString ('Letzter Wert von i in Prozedur
               "variableParameter": ');
  WriteInt(i, 6); WriteLn
END variableParameter;

BEGIN (* Beispiel *);
  i := 0; keinParameter;
  WriteString ('Wert von i nach Prozedur
               "kein Parameter": ');
  WriteInt(i, 6);
  WriteLn;
  i := 0; valueParameter(i);
  WriteLn;
  WriteString ('Wert von i nach Prozedur
               "valueParameter": ');
  WriteInt(i, 6);
  WriteLn;
  i := 0; variableParameter(i);
  WriteLn;
  WriteString ('Wert von i nach Prozedur
               "variableParameter": ');
  WriteInt(i, 6)
END Beispiel.
```

Ausgabe (hier optisch aufbereitet):

Wert von i in Prozedur `keinParameter`:   0
Letzter Wert von i in Prozedur `keinParameter`:   1
Wert von i nach Prozedur `keinParameter`:   1

Wert von i in Prozedur `valueParameter:`   0
Letzter Wert von i in Prozedur `valueParameter:`   1
Wert von i nachProzedur `valueParameter:`   0

Wert von i in Prozedur `variableParameter:`   0
Letzter Wert von i in Prozedur `variableParameter:`   1
Wert von i nach Prozedur `variableParameter:`   1   ◆

Beispiel 4-7:   Parameternamen

```
MODULE verzwickt;
FROM InOut IMPORT WriteInt;
VAR
  k,l,m : INTEGER;

PROCEDURE tuewas (x : INTEGER; VAR y : INTEGER);
VAR
  z : INTEGER;

BEGIN
  z := x;
  m := 17;
  y := z + 2
END tuewas;

BEGIN
  l := 1;
  k := 2;
  m := 0;
  tuewas(l,k);
  WriteInt(l,3);
  WriteInt(k,3);
  WriteInt(m,3)
END verzwickt.
```

Ausgegeben wird: 1   3   17   ◆

Beispiel 4-8:   Referenzaufruf mit Array-Komponente

```
...
VAR
  A : ARRAY [1..10] OF INTEGER;
  i : [1..10];
```

```
PROCEDURE acht (VAR x : INTEGER);
BEGIN
  i := 8;
  x := 0
END acht;

BEGIN (* Hauptmodul *)
  ...
  i := 2;
  acht (A[i])
  (* setzt A[2] auf 0, nicht A[8] *)
  ...
```

Die Verwendung globaler Variablen kann zu unerwünschten Seiten-
effekten führen.

Beispiel 4-9:   Seiteneffekt

```
MODULE Seiteneffekt;
FROM InOut IMPORT
  WriteLn, WriteInt, WriteString, ReadInt;
VAR
  r, s, wert : INTEGER;

PROCEDURE hoch (x, y : INTEGER;
                VAR ergebnis : INTEGER);
    (* ergebnis := x hoch y = x*x*x*...*x (y mal) *)
VAR
  i : INTEGER;
BEGIN
  r := 1;
  FOR i := 1 TO y DO
    r := r * x
  END; (* FOR *)
  ergebnis := r
END hoch;

BEGIN  (* Seiteneffekt *)
  WriteString('Basis eingeben');
  ReadInt(s); WriteLn;
  WriteString('Exponent eingeben');
  ReadInt(r); WriteLn;
  hoch(s, r, wert);
  WriteInt(s, 3); WriteString(' hoch ');
  WriteInt(r, 3);
  WriteString(' ist '); WriteInt(wert, 6)
END Seiteneffekt.
```

Die Prozedur hoch verändert die globale Variable r, so daß nach dem
Aufruf z.B. mit s = 5 und r = 3 folgender Text ausgedruckt wird:

```
5 hoch 125 ist 125
```
                                                                    ♦

Prozeduren sollten so geschrieben werden, daß Seiteneffekte ausblei-
ben. Die Verwendung von globalen Variablen ist deshalb zu unterlassen
oder stark einzuschränken und in jedem Fall ausführlich zu kommen-
tieren. In obigem Beispiel ist vermutlich einfach in der Prozedur hoch
die Vereinbarung einer lokalen Variablen r vergessen worden!

Prozedurabbruch durch die RETURN-Anweisung

In einer Prozedur können alle Anweisungen wie in einem Hauptprogramm auftreten; zusätzlich gibt es noch die RETURN-Anweisung, die
zu einem regulären Abbruch der Prozedurausführung führt (d.h. es
wird dann wieder im rufenden Programm weitergemacht).

38-11a RETURN-Anweisung (für Prozeduren)

→─(RETURN)─→

Dadurch sind beliebig viele Ausgänge für Prozeduren möglich (ver-
gleiche LOOP – EXIT). Jedoch ist die sparsame Verwendung von
RETURN sinnvoll, da sonst die Gefahr des Verlustes einer klaren
Programmstruktur besteht. Als Faustregel kann gelten, daß RETURN-
Anweisungen zum Verlassen von eigentlichen Prozeduren nur im
Fehler- oder Ausnahmefall verwendet werden.

4.4   Funktionsprozeduren

Prozeduren, die als Ergebnis einen **Ausgabeparameter** liefern, können als **Funktionen** implementiert werden. Der Aufruf geschieht
durch Angabe des Funktionsnamens mit Argumenten innerhalb von
Ausdrücken (Schreibweise wie in der Mathematik), z.B.:

```
y := 3. * SIN(X) + 7.4;
```

Bei der Vereinbarung muß im Prozedurkopf der Typ des Funktionswerts (Wertebereich) angegeben werden. Als Ergebnistypen dürfen in den meisten Implementierungen nur die einfachen Datentypen und Pointertypen auftreten. Nach dem neuen Sprachstandard darf das Ergebnis einer Funktionsprozedur aber auch ein strukturierter Datentyp sein. Eine Funktionsprozedur muß mindestens eine RETURN-Anweisung enthalten, in der der Rückgabewert angegeben wird. Die Ausführung dieser Anweisung bewirkt den regulären Abbruch der Prozedur; der Prozedurname im Ausdruck des rufenden Programms erhält den Rückgabewert der RETURN-Anweisung.

38-11b RETURN-Anweisung (für Funktionsprozeduren)

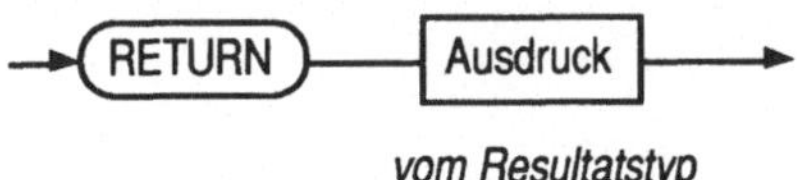

vom Resultatstyp

Der Wert des Ausdrucks muß zuweisungskompatibel zum Typ des Funktionswerts (Ergebnistyp) sein. Funktionsprozeduren ohne Parameter müssen mit einer leeren Parameterliste „()" aufgerufen werden (sonst besteht Verwechslungsgefahr mit Namen für Objekte; vgl. dazu auch das Syntaxdiagramm 13 Prozedurkopf in Abschnitt 4.2).

Beispiel 4-10: Standard-Funktionsprozeduren (Aufruf)

siehe auch Kapitel 2.5.5; hier z.B. VAL:

```
...
TYPE
   Tag = (Mo, Di, Mi, Do, Fr, Sa, So);
VAR
   Gestern, Heute : Tag;

BEGIN
...
   IF ORD(Gestern) <= 5
   THEN Heute := VAL(Tag, ORD(Gestern) + 1)
   ELSE Heute := Mo
   END (* IF *)
END;
...
```

Beispiel 4-11:   Selbstdefinierte Funktionsprozeduren und deren Aufruf

```
...
PROCEDURE Fakultaet(n : CARDINAL) : CARDINAL;
VAR
  i, hilf : CARDINAL;
BEGIN
  hilf := 1;
  FOR i := 1 TO n DO
    hilf := hilf * i
  END;
  RETURN hilf
END Fakultaet;
...
...
  m := Fakultaet(n);
...
```

```
...
PROCEDURE pi() : REAL;
BEGIN
  RETURN 3.1415926
END pi;
...
  n := 2.* r * pi();
...
```

```
...
PROCEDURE max(x, y : REAL) : REAL;
BEGIN
  IF x >= y
  THEN RETURN x
  ELSE RETURN y
  END
END max;
...
  Maximum := max(z,a);
...
```

```
...
PROCEDURE positiv(z : REAL) : BOOLEAN;
BEGIN
  RETURN z >= 0
END positiv;
...
  IF positiv(x)
  THEN WriteString('...positiv...')
  ELSE WriteString('...negativ...')
  END; (* IF *)
...
```

Beispiel 4-12:   Prozeduren: Überprüfen von Daten

Es sollen nacheinander Tag, Monat und Jahr eines Datums dieses
Jahrhunderts eingelesen werden. Bei der Eingabe ist zu überprüfen, ob
ein korrektes Datum vorliegt.

```
MODULE DATUM;
FROM InOut IMPORT WriteString,WriteLn,ReadCard;

TYPE
  Datum = RECORD
    Tag   : [1..31];
    Monat : [1..12];
    Jahr  : [0..99]
  END; (* Datum *)

VAR
  D: Datum;

FUNCTION Schaltjahr(Jahr : CARDINAL): BOOLEAN;
BEGIN
  RETURN (Jahr MOD 4 = 0) AND (Jahr <> 0)
END; (* Schaltjahr *)

PROCEDURE LeseDatum(VAR D : Datum);
VAR
  Tag, Monat, Jahr : CARDINAL;

(* lokale Prozedur von LeseDatum *)
  FUNCTION MonatsLaenge(Monat, Jahr : CARDINAL)
                    : CARDINAL;
```

```modula2
    BEGIN
      CASE Monat OF
         1,3,5,7,8,10,12 : RETURN 31
       | 4,6,9,11        : RETURN 30
       | 2 : IF Schaltjahr(Jahr)
              THEN RETURN 29
              ELSE RETURN 28
              END (* IF *)
      END (* CASE *)
    END MonatsLaenge;

BEGIN (* LeseDatum *)
  REPEAT
    WriteString("Tag zwischen 1 und 31 eingeben");
    ReadCard(Tag)
  UNTIL Tag IN {1..31};   (* BITSET *)

  REPEAT
   WriteString("Monat zwischen 1 und 12 eingeben");
   ReadCard()
  UNTIL Monat IN {1..12};

  REPEAT
   WriteString("Jahr zwischen 0 und 99 eingeben");
   ReadCard(Jahr)
  UNTIL Jahr <= 99;

  IF Tag <= MonatsLaenge(Monat,Jahr)
  THEN
    D.Tag := Tag;
    D.Monat := Monat;
    D.Jahr := Jahr
  ELSE WriteLn("illegales Datum")
  END; (* IF *)
END LeseDatum;

BEGIN (* DATUM *)
    LeseDatum(D)
END DATUM.                                        ♦
```

Beispiel 1-4 g: Prozeduren: Telefonbuchbeispiel

Das Hauptprogramm unseres Telefonlistenprogramms können wir nun
vollständig formulieren.

```
MODULE Telefonlisten;

FROM Listen IMPORT
  Textfeld, Elementtyp, Liste, leer, FindeNummer,
  ZeigeElemente, InitialisiereVerzeichnis,
  FuegeElementEin;

FROM InOut IMPORT
  WriteLn, ReadString, WriteString, Read, Write,
  ReadCard, WriteCard;

(* Prozeduren für Bildschirmsteuerung *)
(* Implementierungsabhängig;
   hier: Logitech für MS-DOS*)

PROCEDURE ClearScreen;
(* löscht den Bildschirm *)
BEGIN
  Write(14C)
END ClearScreen;

PROCEDURE HoldScreen;
(* wartet auf beliebige Eingabe *)
VAR c: CHAR;
BEGIN
  WriteString(" Beliebige Taste drücken ");
  WriteLn;
  Read(c);
END HoldScreen;

TYPE
  Staedte  = (Karlsruhe, Worms, Wuerzburg);
  TBuchTyp = ARRAY Staedte OF Liste;
  CHARSET = SET OF CHAR;

VAR
  c: CHAR;
  ok: BOOLEAN;
  Stadt: Staedte;
  TBuch: TBuchTyp;
```

```
PROCEDURE StadtEingabe (VAR s: Staedte);
(* Liest Buchstaben K, k (KA); W, w (WO); G, g (WÜ)
zur Auswahl einer Stadt ein *)

VAR
  c: CHAR;

BEGIN
  WriteString ("K(arlsruhe, W(orms, Würzbur(G ");
  WriteLn;
  REPEAT
    Read (c);
  UNTIL c IN CHARSET{"K","k","W","w","G","g"};
  WriteLn;
  CASE c OF
    "K","k" : s := Karlsruhe;
  | "W","w" : s := Worms;
  | "G","g" : s := Wuerzburg
  END (* CASE *)
END StadtEingabe;


PROCEDURE LiesText (VAR Text: Textfeld);
(* Liest ein Textfeld ein, bis Benutzer mit der
Eingabe zufrieden ist *)

VAR
  c: CHAR;
  ok: BOOLEAN;

BEGIN
  REPEAT
    WriteString ("Eingabe (nur die ersten zwanzig
                  Buchstaben werden akzeptiert): ");
    WriteLn;
    ReadString (Text); WriteLn;
    WriteString ("Die Eingabe lautet: ");
    WriteString (Text);
    WriteLn;
    WriteString ("Ist die Eingabe ok? (J/N) ");
    WriteLn;
    REPEAT
      Read (c);
      ok := (c = "j") OR (c = "J")
    UNTIL ok OR (c = "n") OR (c = "N")
  UNTIL ok
END LiesText;
```

```
PROCEDURE LiesNummer (VAR Nummer: CARDINAL);
(* Liest eine CARDINAL-Zahl ein, bis Benutzer mit
der Eingabe zufrieden ist *)

VAR
  c: CHAR;
  ok: BOOLEAN;

BEGIN
  REPEAT
    WriteString ("Eingabe (maximal ");
    WriteCard (MAX(CARDINAL), 14);
    WriteString ("): ");
    WriteLn;
    ReadCard (Nummer);   WriteLn;
    WriteString ("Die Eingabe lautet: ");
    WriteCard (Nummer, 14);
    WriteLn;
    WriteString ("Ist die Eingabe ok? (J/N) ");
    WriteLn;
    REPEAT
      Read (c);
      ok := (c = "j") OR (c = "J");
      UNTIL ok OR (c = "n") OR (c = "N")
  UNTIL ok
END LiesNummer;



PROCEDURE EintragHinzu (VAR TBuch: TBuchTyp);
(* EintragHinzu erfragt zunächst den Ort, dann den
neuen Datensatz und läßt ihn dann in die richtige
Liste einfügen. *)

VAR
  Stadt: Staedte;
  NeuesElement: Elementtyp;

BEGIN
  WriteString (" welche Stadt? ");
  StadtEingabe (Stadt);
  WriteString ("Bitte geben Sie den Namen des
                Teilnehmers ein!"); WriteLn;
  LiesText (NeuesElement.Name);
  WriteString ("Bitte geben Sie die Telefonnummer
                des Teilnehmers ein!"); WriteLn;
  LiesNummer (NeuesElement.Nummer);
  FuegeElementEin (TBuch[Stadt],NeuesElement)
END EintragHinzu;
```

```modula2
PROCEDURE ListeHer (TBuch: TBuchTyp);
(* Gibt Telefonliste für eine Stadt aus *)

VAR
   Stadt: Staedte;

BEGIN
   WriteString ("Welche Liste möchten Sie
                anzeigen lassen? ");
   StadtEingabe (Stadt);
   ZeigeElemente (TBuch[Stadt]);
   HoldScreen
END ListeHer;


PROCEDURE NummerHer (TBuch: TBuchTyp);
(* Gibt nach Eingabe von Wohnort und Name eines
Teilnehmers dessen Telefonnummer aus *)

VAR
   gesName: Textfeld;
   Stadt: Staedte;
   TelNummer: CARDINAL;

BEGIN
   WriteString ("Bitte geben Sie den Wohnort des
                gesuchten Teilnehmers ein! ");
   StadtEingabe (Stadt);
   WriteString ("Bitte geben Sie den Namen des
                gesuchten Teilnehmers ein!"); WriteLn;
   LiesText (gesName);
   TelNummer := FindeNummer (TBuch[Stadt],gesName);
   IF TelNummer = 0
   THEN
     WriteString ("Kein Eintrag gefunden!")
   ELSE
     WriteString ("Die Telefonnummer lautet: ");
     WriteCard (TelNummer, 14)
   END; (* IF *)
   WriteLn;
   HoldScreen;
END NummerHer;
```

```
BEGIN (* Hauptprogramm *)
FOR Stadt := Karlsruhe TO Wuerzburg DO
  InitialisiereVerzeichnis(TBuch[Stadt])
END (* FOR *);

REPEAT
  ClearScreen;
  WriteString ("Was wollen Sie tun?"); WriteLn;
  WriteString ("    Z(eigen eines
                Stadtverzeichnisses)");WriteLn;
  WriteString ("    H(inzufügen eines Eintrages) ");
  WriteLn;
  WriteString ("    F(inden einer
                Telefonnummer)");WriteLn;
  WriteString ("    B(eenden des Programms");
  WriteLn; WriteLn;

  REPEAT
    ok := TRUE;
    Read (c);
    WriteLn;
    IF NOT(c IN CHARSET
        {"Z","z","H","h","F","f","B","b"})
    THEN
      ok := FALSE;
      WriteString ("Unzulässige Auswahl");
      WriteLn
    END (* IF *)
  UNTIL ok;

  CASE c OF
    "Z", "z": ListeHer (TBuch);
  | "H", "h": EintragHinzu (TBuch);
  | "F", "f": NummerHer (TBuch);
  | "B", "b":
  END (* CASE *)
UNTIL (c = "B") OR (c = "b")
END Telefonlisten.                              ◆
```

**Ein Beispiel für Funktionsprozeduren mit strukturiertem Ergebnistyp
wird im Beispiel 6-2 nachgeholt.**

4.5   Offene Array-Parameter

Modula-2 stellt strenge Anforderungen an Objekte bei Verknüpfung, Zuweisung oder Parameterübergabe (wie Typkompatibilität, Ausdruckskompatibilität oder Typgleichheit). Als Vorteil hiervon werden Flüchtigkeitsfehler zum Teil vom Compiler erkannt. Als Nachteil treten jedoch Unbequemlichkeiten beim Programmieren auf.

Beispiel 4-13:   offene Array-Parameter

Für die vereinbarten Datentypen

```
Vektor      = ARRAY[1..20] OF INTEGER;
Zahlen      = ARRAY[0..99] OF INTEGER;
Nummern     = ARRAY['A'..'Z'] OF INTEGER;
```

soll eine Prozedur geschrieben werden, die nach einer bestimmten Zahl in Variablen der obigen Datentypen sucht. Wegen der strengen Typkompatiblität sind drei Prozeduren nötig:

```
PROCEDURE IstInVektor
  (x : Vektor; h : INTEGER): BOOLEAN;
PROCEDURE IstInZahlen
  (x : Zahlen; h : INTEGER): BOOLEAN;
PROCEDURE IstInNummern
  (x : Nummern; h : INTEGER): BOOLEAN;
```

Der einzige Unterschied zwischen den Prozeduren besteht in dem Intervall, in dem die Suche stattfindet:

```
1..20      (IstInVektor)
0..99      (IstInZahlen)
'A'..'Z'   (IstInNummern)
```

Sonst sind die Prozeduren identisch.

Mit Hilfe der offenen Array-Parameter lassen sich diese Prozeduren vereinigen zur Prozedur `IstInFeld`:

```
PROCEDURE IstInFeld
  (x: ARRAY OF INTEGER; h: INTEGER): BOOLEAN;
VAR
  i: CARDINAL;
BEGIN
  FOR i := 0 TO HIGH(x) DO
    IF x[i] = h THEN RETURN TRUE END
  END (* FOR *);
  RETURN FALSE
END IstInFeld;
```

♦

Mit den Variablendeklarationen

```
V: Vektor; Z: Zahlen; N: Nummern
```

sind dann z. B. folgende Anweisungen möglich:

```
IF IstInFeld (V, 317) THEN …
IF IstInZahlen (Z, 317) THEN …
IF IstInNummern (N, 317) THEN …
```

Die Syntax der offenen Array-Parameter wird im Diagramm 14 beschrieben:

14 Formale Parameterliste (For Par L)

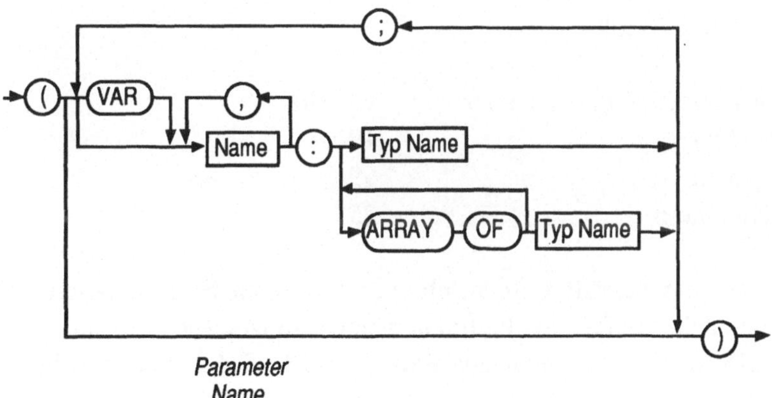

Bedeutung:

- Für Formalparameter, die als ARRAY OF T vereinbart wurden, kann als aktueller Parameter eine Größe vom Typ `ARRAY I OF T` mit beliebigem Indextyp I angegeben werden.
- Innerhalb der Prozedur werden offene Arrays behandelt, als ob sie mit unterer Indexgrenze 0 vereinbart worden seien. Die Bereichsobergrenze wird durch die Standardfunktion HIGH bestimmt.
- Sie dürfen nur elementweise (indiziert) oder als aktuelle Parameter in weiteren Prozeduraufrufen verwendet werden.
- HIGH(a) liefert die Ordinalzahl (vom Typ CARDINAL) des oberen Grenzindex des formalen Arrays a (unterer Grenzindex = 0); dies entspricht der um eins verminderten Anzahl der Elemente des aktuellen Parameters.
- Ist der aktuelle Parameter a vom Typ ARRAY [min..max] OF T, so ist HIGH(a) = ORD(max) - ORD (min).
- Der Indexbereich des aktuellen Parameters wird durch Subtraktion von ORD(min) auf den des formalen Parameters transformiert.
- Eine Rücktransformation des Indexbereichs wird nicht durchgeführt, d.h. daß eine Prozedur, die einen Index als Ergebnis berechnet, immer den Indexwert des formalen Arguments zurückgibt.

In Beispiel 4-13 gilt:

Typ des aktuellen Parameters a	HIGH(a)
Vektor	19
Zahlen	99
Nummern	25

Soll nicht nur geprüft werden, ob eine Zahl x im Feld enthalten ist, sondern auch ihre Position bestimmt werden, so ist diese stets vom Typ CARDINAL. Die Prozedur aus Beispiel 4-13 wird dementsprechend geändert zu:

```
PROCEDURE IstInFeld
  (x: ARRAY OF INTEGER; h: INTEGER;
   VAR pos: CARDINAL): BOOLEAN;
```

```
...
    IF x[i] = h
    THEN
      pos := i;
      RETURN TRUE
    END;  (* IF *)
...
END IstInFeld;
```

Ein Aufruf dieser Prozedur, z.B. IstInFeld (N, x, p) liefert also den
Wert TRUE und für p den Wert 1, falls N vom Typ Nummern und
N['B'] = x ist.

Beispiel 4-14:   Addition der Elemente eines Feldes a

```
MODULE Addition; (* äußerer Programmblock *)
...
CONST
  n = 20;
  m = 10;

TYPE
  intfeld = ARRAY[1..n] OF INTEGER;

VAR
  sum : INTEGER;
  a   : intfeld;
  b   : ARRAY[1..m] OF INTEGER;
  i   : CARDINAL;
...
PROCEDURE Addiere(x : ARRAY OF INTEGER) : INTEGER;
VAR s,i : CARDINAL;

BEGIN
  s := 0;
  FOR i :=0 TO HIGH(x) DO
    s := x[i] + s
  END; (* FOR *)
  RETURN s
END Addiere;
...
BEGIN
  FOR i := 1 TO n DO
    ReadInt(a[i])
  END; (* FOR *)

  sum := Addiere(a);
```

```
    WriteLn;
    WriteString('Die Summe beträgt: ');
    WriteInt(sum, 4);

    FOR i := 1 TO m DO
      ReadInt(b[i])
    END; (* FOR *)

    sum := Addiere(b);
    WriteLn;
    WriteString('Die Summe beträgt: ');
    WriteInt(sum, 4);
    ...
END Addition.                                          ◆
```

Während bisher nur eindimensionale Felder als offene Arrays übergeben werden konnten, wurde die Funktionalität im neuen Standard auf mehrdimensionale Felder übertragen. Um die Anzahl der Elemente in den Dimensionen zwei, drei, usw. zu bestimmen, ruft man die Funktion HIGH auf für a[0], a[0,0], usw., wobei a der Name des offenen Array-Parameters ist.

Beispiel 4-15: mehrdimensionale offene Array-Parameter

```
TYPE farbe = (rot, gelb, grün);

VAR a:   ARRAY [-7..-2] OF ARRAY BOOLEAN OF
         ARRAY farbe OF REAL;

PROCEDURE p (f: ARRAY OF ARRAY OF ARRAY OF REAL);
BEGIN
  WriteCard (HIGH (f), 5);
  WriteCard (HIGH (f[0]), 5);
  WriteCard (HIGH (f[0,0]), 5)
  (* HIGH (f[0,0,0]) ist illegal *)
END p;
```

p(a) druckt 5   1   2 aus.   ◆

4.6   Blockstruktur; Gültigkeit und Lebensdauer von Objekten

Die Deklaration von Prozeduren und Funktionsprozeduren besteht aus einem Kopf und einem Block. Ein Block kann einen Vereinbarungsteil haben, in dem Konstanten- und Typdefinitionen sowie Variablen-, Prozedur- und Funktionsprozedurdeklarationen vorkommen. Wir wollen in diesem Abschnitt die Konsequenzen, die sich aus dieser Blockstruktur ergeben, näher behandeln. Dazu betrachten wir zunächst das folgende Beispiel.

Beispiel 4-16: Blockstruktur: Matrixmultiplikation

```
MODULE Haupt;

CONST
  n = 3;
Type
  Matrix = ARRAY[1..n],[1..n] OF REAL;

PROCEDURE MatrixMult(m1,m2 : Matrix;
                     VAR m3 : Matrix);
  (* Multiplikation zweier n x n - Matrizen m1, m2.
   Das Ergebnis wird in der Matrix m3 ausgegeben *)
VAR zeile,spalte : CARDINAL;

(* lokale Prozedur von MatrixMult *)
  PROCEDURE Mult(zeile,spalte : CARDINAL) : REAL;
    (* Multiplikation der Zeile "zeile" aus der
    Matrix1 mit der Spalte "spalte"
    aus der Matrix2. Das Ergebnis wird als
    Funktionswert zurückgegeben *)
  VAR
    i   : CARDINAL;  (* Laufvariable *)
    sum : REAL;  (* Ergebnis der Multiplikation *)

  BEGIN (* Mult *)
    sum := 0.0;
    FOR i := 1 TO n DO
      sum := sum + m1[zeile,i] * m2[i,spalte]
    END; (* FOR *)
```

```
      RETURN sum
   END Mult;
BEGIN (* MatrixMult *)
   FOR zeile := 1 TO n DO
     FOR spalte := 1 TO n DO
        m3[zeile,spalte] := Mult(zeile,spalte)
     END (* FOR spalte *)
   END (* FOR zeile *)
END MatrixMult;
...
```

◆

Blockstruktur:

Wir verwenden, wie allgemein üblich, geschlossene Kästchen, um die Blockstruktur zu verdeutlichen.

MODULE Haupt;

Haupt

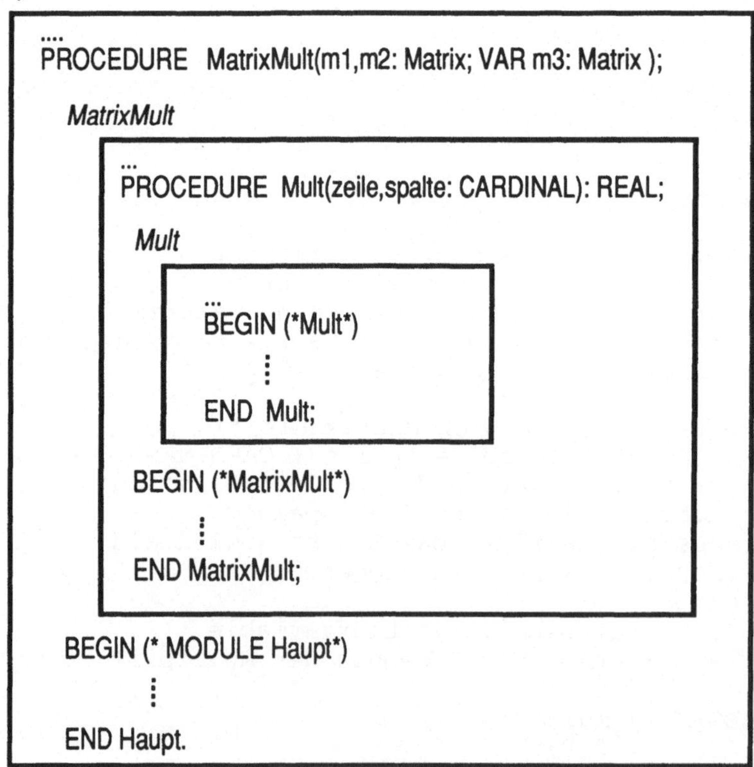

Abbildung 4-1:   Blockstruktur

Der äußere Block Haupt enthält zwei ineinander geschachtelte Blöcke:
* MatrixMult
* Mult

Diese Schachtelung bedingt eine hierarchische Anordnung der Blöcke –
d.h. der Block *Mult* ist dem Block *MatrixMult*, dieser wiederum dem
Block *Haupt* „untergeordnet". Die Unterordnung wird dadurch angedeutet, daß der untergeordnete Block im übergeordneten enthalten ist.

Gültigkeit von Objektnamen

* Jedem deklarierten Objekt ist ein *Gültigkeitsbereich* zugeordnet,
  der abhängt von der Stellung der Deklaration beim
  Niederschreiben des Programms (*statische Blockstruktur*). Dieser
  Gültigkeitsbereich bestimmt sich nach den folgenden Regeln für
  die Gültigkeit von Namen:
  Vereinbarte Namen sind gültig
  — in dem Block, in dem sie vereinbart sind, sobald sie dort ver-
    einbart sind (d.h. ab der Stelle, an der sie vereinbart sind),
  — sowie in denjenigen untergeordneten Blöcken, in denen sie
    nicht wieder vereinbart sind.
* Vordeklarierte Namen gelten als in einem fiktiven, das gesamte
  Programmodul umfassenden äußersten Block vereinbart (z.B. Na-
  men der vordeklarierten Datentypen). Wir nennen diesen Block
  Standardnamen.
* Zwischen dem fiktiven äußersten Block und dem eigentlichen
  Modulblock liegt ein fiktiver äußerer Block für die Angabe
  importierter Namen, den wir als *Importblock* bezeichnen.
* Formale Parameter gelten als im zugehörigen Unterprogramm-
  block vereinbart.
* Die Regeln über die Gültigkeit von Namen gelten entsprechend
  auch für die Unterprogramme.

Beispiel 4-17:   Gültigkeit von Namen

```
MODULE Gueltigkeit;
FROM irgendModul IMPORT
    irgendKonst, irgendTyp, irgendVar, irgendProz;
VAR
  C : CHAR;
  I : INTEGER;

PROCEDURE aenderglobVar;
TYPE
  irgendTyp = CARDINAL;
VAR ...;

BEGIN
  C := 'G'
  ...
END aenderglobVar;

PROCEDURE aenderlokVar;
VAR
  C : CHAR;

BEGIN
  C := 'L'
END aenderlokVar;

PROCEDURE aeussere(B : INTEGER);
CONST
  irgendKonst = 12;

  PROCEDURE innere(B : INTEGER);
  VAR
    X : CARDINAL;
    C : CHAR;

  BEGIN
      ...
  END innere;

BEGIN
  ...
END aeussere;

BEGIN (* Gueltigkeit *)
  ...
END Gueltigkeit.
```

Vereinbart:

Standardnamen (fiktiver Block)

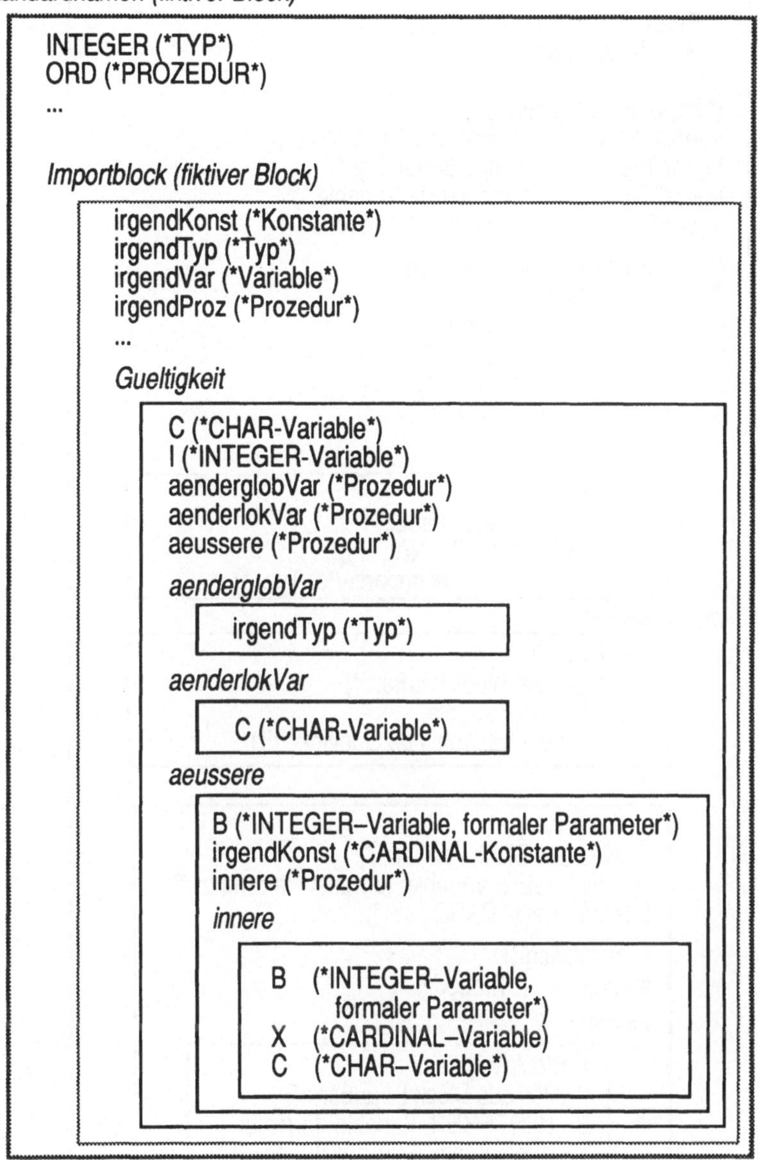

Abbildung 4-2:   Vereinbarung von Namen

Gültig:
Gueltigkeit

```
(* Block I*)
(* Standardnamen *)

...
(* importierte Namen *)
irgendKonst      (* importierte Konstante *)
irgendTyp        (* importierter Typ *)
irgendVar        (* importierte Variable *)
irgendProz       (* importierte Prozedur *)

(* im Modul vereinbarte Namen *)
C      (* CHAR–Variable *)
I      (* INTEGER–Variable *)
aenderglobVar  (* Prozedur *)
aenderlokVar   (* Prozedur *)
auessere         (* Prozedur *)
```
aenderglobVar
```
        (* Block II *)
        (* alles aus Block I außer : *)
        irgendTyp (* CARDINAL–Typ,
                     nicht importierter Typ! *)
```
aenderlokVar
```
        (* Block III *)
        (* alles aus Block I außer: *)
        C (*CHAR–Variable,
              nicht Variable aus Gueltigkeit!*)
```
aeussere
```
        (* Block IV *)
        (* alles aus Block I außer : *)
        B (* INTEGER–Variable, formaler Parameter *)
        irgendKonst (* CARD ... *)

        (* zusätzlich *)
        innere       (* Prozedur *)
```
innere
```
            (* Block V *)
            (* alles aus Block IV außer : *)
            B  (* INTEGER–Variable, formaler
                  Parameter, ≠ B aus auessere *)
            X  (* zusätzl. CARDINAL–Variable *)
            C  (* CHAR–Variable, nicht Variable
                  aus Gueltigkeit! *)
```

Abbildung 4-3:   Gültigkeit von Namen

Lebensdauer von Objekten

Der Gültigkeitsbereich ist eine statische Eigenschaften von Objekten (s. Abbildung 4-3), die nur abhängig vom Quelltext ist. Die Lebensdauer beschreibt dagegen eine dynamische Eigenschaft von Variablen, abhängig vom Programmablauf. Für die Lebensdauer von globalen bzw. lokalen Variablen gelten die folgenden Regeln:

Globale Variable
* werden bei Beginn des Programmablaufs angelegt, d.h. es wird Speicherplatz beschafft oder ein Platzhalter für Werte bereitgestellt,
* haben zunächst einen undefinierten Wert
* und werden nach der letzten Programmanweisung „vernichtet".

Wird eine Prozedur aufgerufen, so
* werden lokale Variable und formale Parameter (mit Ausnahme VAR–Parameter) angelegt,
* ist der Wert der lokalen Variablen zunächst undefiniert
* und der Wert der formalen Parameter ist gleich dem Wert der aktuellen Parameter (evtl. undefiniert).

Ist eine Prozedur aktiv (d.h. sie läuft selbst oder hat eine andere Prozedur aufgerufen), so sind globale und lokale Variable sowie formale Value-Parameter vorhanden.

Endet die Prozedur (nach letzter Anweisung oder RETURN), so werden lokale Variable und Value-Parameter „vernichtet".

Beispiel 4-18:   Lebensdauer von Objekten

```
MODULE PQ ...
VAR   x
...
PROCEDURE P (...);
BEGIN
  ...
  x
  ...
END P;

PROCEDURE Q (...);
VAR   x
BEGIN
  ...
  P (...);(* Bild
        unten rechts *)
  ...
END Q;

BEGIN (*PQ*)
  ...
  P(...);(* Bild unten links  *)
  Q(...);
  ...
END PQ.
```


Die in einem Block vereinbarten Variablen stehen am oberen Rand der
Schachtel, die den Block symbolisiert. Das x, welches von P
angesprochen wird, ist stets das x des Moduls PQ – auch beim Aufruf
innerhalb von Q.   ♦

4.7   Rekursion

Die Anweisungen und Ausdrücke, die innerhalb eines Prozedurrumpfes stehen können, sind nicht eingeschränkt. Es ist also nicht verboten, die Prozedur selbst aufzurufen. Man spricht dann von einem *rekursiven Aufruf*. Viele Probleme legen in ihrer Formulierung ein rekursives Vorgehen nahe.

Beispiel 4-19: rekursive Deklaration der Potenzfunktion[3]

Nach der rekursiven Berechnungsvorschrift für die Potenzfunktion

$$x^n = \begin{cases} 1 & \text{falls } n = 0 \\ x * x^{n-1} & \text{falls } n \geq 1 \end{cases}$$

ergibt sich die analoge Deklaration der Funktionsprozedur:

```
PROCEDURE xhoch (x, n : CARDINAL): CARDINAL;

BEGIN
  IF n = 0  (* Abbruchbedingung *)
  THEN RETURN 1
  ELSE RETURN x * xhoch(x, n - 1)
         (* rekursiver Aufruf *)
  END (* IF *)
END xhoch;
```

Im Block der Funktionsdeklaration wird die deklarierte Funktionsprozedur selbst wieder aufgerufen;

Beispielhafter Ablauf der Berechnung von xhoch(3):

---

[3]   Ein ähnliches Beispiel zur rekursiven Berechnung der Zweierpotenz findet sich bei [OtW86].

```
MODULE xhochRekursiv;
VAR
  x, arg, Wert : CARDINAL;

PROCEDURE xhoch (x, n : CARDINAL):CARDINAL;

...
(* siehe oben *)

BEGIN
  x := 2;
  arg := 3;
  Wert := xhoch(x,arg);
  (* Ausgabe ... *)
END xhochRekursiv.
```

Im folgenden Bild wird für jeden Aufruf von xhoch eine „Speicherzelle" für das Ergebnis vorgesehen; um diese verschiedenen „xhochs" voneinander unterscheiden zu können, werden wir sie gegebenenfalls durchnumerieren.

- Ausgangssituation, bevor xhoch aufgerufen wird :

xhochRekursiv

<table>
<tr><td>x: 2</td><td></td></tr>
<tr><td>arg: 3</td><td rowspan="3">Speicherplätze ggf. mit entsprechenden Werten</td></tr>
<tr><td>Wert:</td></tr>
<tr><td>xhoch:</td></tr>
<tr><td>Berechne xhoch(x, arg);
(* liefert Wert für Speicherplatz xhoch *)

Wert := xhoch</td><td>noch auszuführendes Programmstück</td></tr>
</table>

- Aufruf von xhoch: Initialisierung der formalen Parameter:

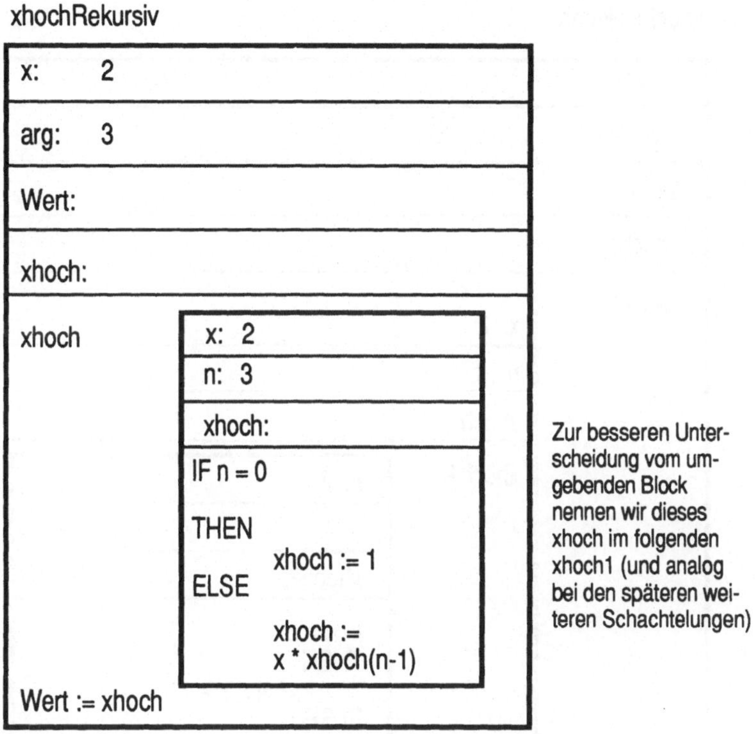

xhochRekursiv

x: 2
arg: 3
Wert:
xhoch:

xhoch

x: 2
n: 3
xhoch:

IF n = 0

THEN   xhoch := 1

ELSE

     xhoch := x * xhoch(n-1)

Wert := xhoch

Zur besseren Unterscheidung vom umgebenden Block nennen wir dieses xhoch im folgenden xhoch1 (und analog bei den späteren weiteren Schachtelungen)

- wegen n = 3, also n ≠ 0 wird der ELSE-Zweig ausgeführt:
```
RETURN x * xhoch(x, n-1)
```

Wirkung:
— Eintrag des Wertes des Ausdrucks
```
x * xhoch(x, n-1)
```
in die dafür vorgesehene Speicherstelle,
— dann Rücksprung in den übergeordneten Block

- **Vor dem Eintrag in die Speicherstelle** `xhoch` **wird** `xhoch(x, n-1)` **aufgerufen. Ein weiterer Block für** `xhoch` **entsteht. Zur Unterscheidung der Blöcke wird eine Nummer an den Blocknamen angehängt (zuerst 1, dann 2, 3, …).**

- erster rekursiver Aufruf von xhoch:

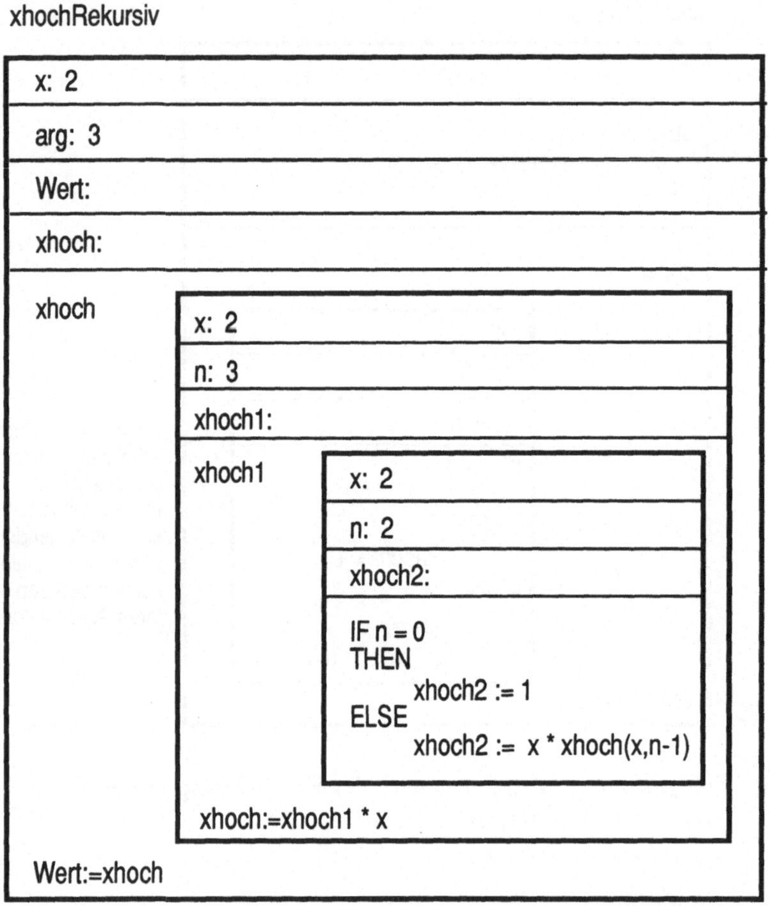

xhochRekursiv

- nach dem zweiten rekursiven Aufruf xhoch:

xhochRekursiv

<table>
<tr><td colspan="2">x: 2</td></tr>
<tr><td colspan="2">arg: 3</td></tr>
<tr><td colspan="2">Wert:</td></tr>
<tr><td colspan="2">xhoch:</td></tr>
<tr><td>xhoch</td><td>
<table>
<tr><td colspan="2">x: 2</td></tr>
<tr><td colspan="2">n: 3</td></tr>
<tr><td colspan="2">xhoch1:</td></tr>
<tr><td>xhoch1</td><td>
<table>
<tr><td colspan="2">x: 2</td></tr>
<tr><td colspan="2">n: 2</td></tr>
<tr><td colspan="2">xhoch2:</td></tr>
<tr><td>xhoch2</td><td>
<table>
<tr><td>x: 2</td></tr>
<tr><td>n: 1</td></tr>
<tr><td>xhoch3:</td></tr>
<tr><td><pre>IF n = 0
THEN
    xhoch3 := 1
ELSE
    xhoch3 := x * xhoch(x,n-1)</pre></td></tr>
</table>
</td></tr>
<tr><td colspan="2">xhoch1:=xhoch2 * x</td></tr>
</table>
</td></tr>
<tr><td colspan="2">xhoch:=xhoch1 * x</td></tr>
</table>
</td></tr>
<tr><td colspan="2">Wert:=xhoch</td></tr>
</table>

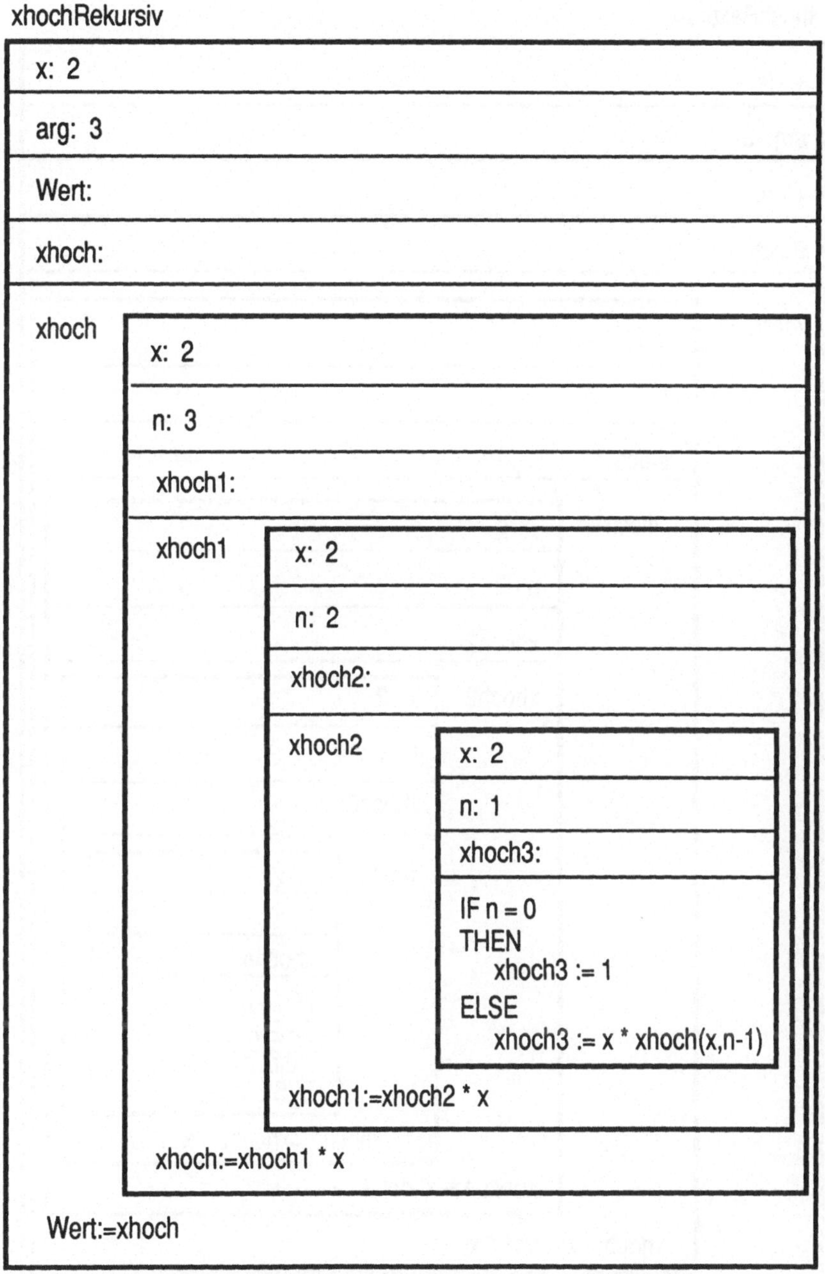

- nach dem dritten rekursiven Aufruf xhoch:

xhochRekursiv

- Der Abbruch der Rekursion erfolgt nach dem dritten rekursiven
  Aufruf:
  — In die Speicherstelle xhoch3 des Blocks xhoch2 wird eine 1
    eingetragen;
  — der Block xhoch3 wird entfernt;
  — Abarbeiten der restlichen Aktionen im Block xhoch2;
  — Entfernen des Blocks xhoch2;

  .

  .

  .

  — In die Speicherstelle xhoch des Blocks xhochRekursiv wird
    der Wert 8 eingetragen;
  — Abarbeiten der restlichen Aktionen im Block xhochRekursiv.

  ◆

Zur Vermeidung von Endlosaufrufen muß eine rekursive Prozedur
immer eine Abbruchbedingung enthalten, und es ist darauf zu achten,
daß diese auch schließlich erfüllt wird.

Das Beispiel der Potenzierung von x läßt sich noch effizienter lösen,
d. h. mit weniger Multiplikationen und weniger rekursiven Aufrufen.

Beispiel 4-20:   rekursive Deklaration der Potenzfunktion
                     (alternative Version mit weniger Multiplikationen)

Es gilt offenbar folgende Formel:

$$x^n = \begin{cases} 1 & \text{falls } n = 0 \\ x^{n/2} * x^{n/2} & \text{falls } n \text{ gerade} \\ x^{(n-1)/2} * x^{(n-1)/2} * x & \text{falls } n \text{ ungerade} \end{cases}$$

Wenn wir noch berücksichtigen, daß die Werte $x^{n/2}$ bzw. $x^{(n-1)/2}$
natürlich nur einmal berechnet zu werden brauchen, erhalten wir
direkt folgende Funktion.

```
PROCEDURE xhoch (x, n: CARDINAL): CARDINAL
VAR v: CARDINAL
BEGIN
  IF n = 0
  THEN RETURN 1
  ELSIF ODD(n) THEN
    v := xhoch (x,(n-1) DIV 2);
    RETURN x*v*v
  ELSE
    v := xhoch (x,n DIV 2);
    RETURN v
END xhoch;
```

Diese Funktion braucht für große n erheblich weniger rekursive Aufrufe und damit Multiplikationen.   ♦

Speicherplatzbedarf rekursiver Prozeduren

Beim rekursiven Aufruf einer Funktion oder Prozedur bleibt der Speicherplatz für alle lokalen Variablen und Parameterwerte erhalten, und ein neuer Block, also eine neue Inkarnation des Prozedurrumpfes, wird aufgemacht. Dadurch kann unter Umständen viel Speicherplatz benötigt werden. Deshalb arbeiten rekursive Prozeduren oft mit globalen Variablen oder VAR-Parametern. Die unterschiedliche Wirkung für Value- und VAR-Parameter erläutern die folgenden Beispiele.

Beispiel 4-21: rekursive Prozedur mit Value-Parameter

```
MODULE Folge;
FROM InOut IMPORT ReadInt, WriteInt, WriteLn;
VAR x, n : INTEGER;

PROCEDURE p (z : INTEGER);
VAR
  s : INTEGER;
BEGIN
  s := 2;
  IF z <= n
  THEN
    z := z + s;
    p(z)
  END (* IF *);
  WriteInt(z, 6)
END p;
```

```
BEGIN
  ReadInt(n);
  WriteLn;
  x := 2;
  p(x);
  WriteInt(x, 6)
END Folge.
```

Ablauf des Programmoduls `Folge`:
- Speicherzellen für x und n generieren;
  Einlesen von n (z.B. 4);
  Belegung von x mit 2;
- Aufruf der Prozedur p für den aktuellen Parameter x;
- Speicherzellen mit den lokalen Namen z und s;
- z wird **Kopie** von x
  s erhält den Wert 2;
- aktuelle Situation:

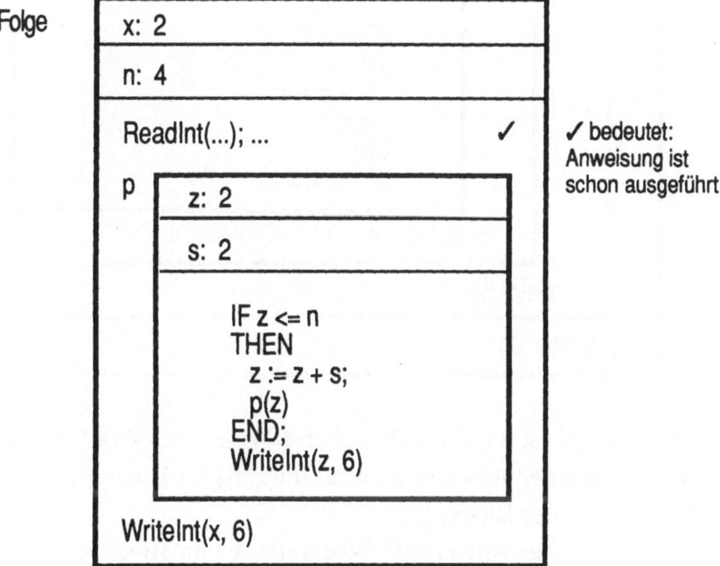

- $z \le n$: n ist globale Variable mit Wert 4, somit ist z (=2) $\le$ n.
- z := z + s
- p(z) wird zum ersten Mal rekursiv aufgerufen;
  ein Block p1 wird angelegt
- ...

- Nach zwei rekursiven Aufrufen von p ergibt sich folgende Situation:

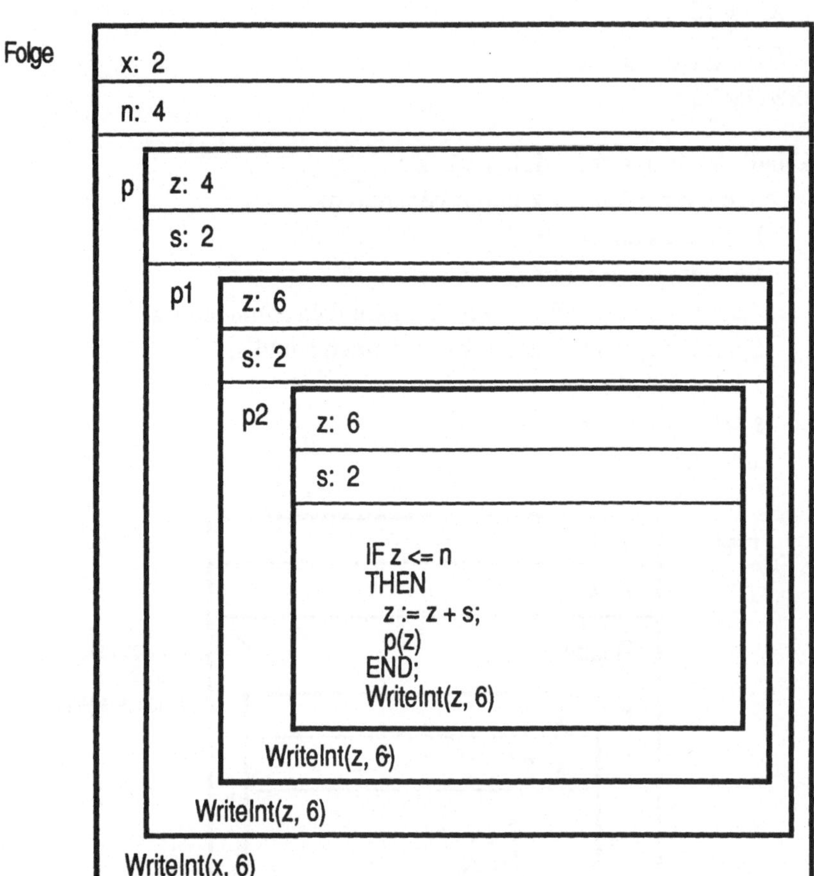

- Im Block p2 ist z (=6) größer als n (=4) im Block Folge, somit:
- Ausführung der Anweisung WriteInt(z, 6) im Block p2; Beseitigung des Blocks p2;
- Ausführung der Anweisung WriteInt(z, 6) im Block p1; Beseitigung des Blocks p1;
- Ausführung der Anweisung WriteInt(z, 6) im Block p; Beseitigung des Blocks p;
- Ausführung der Anweisung WriteInt(x, 6) im Block Folge; Beenden des Programmoduls;
- Erzeugte Ausgabe: 6   6   4   2   ◆

Beispiel 4-22: rekursive Prozedur mit VAR-Parameter

```
MODULE Folge;
FROM InOut IMPORT ReadInt, WriteInt, WriteLn;
VAR
  x, n : INTEGER;

PROCEDURE p (VAR z : INTEGER);
(* Hinweis: Bis auf das obige VAR ist dieses
Programm identisch mit dem vorhergehenden *)

VAR
  s : INTEGER;
BEGIN
  s := 2;
  IF z <= n
  THEN
    z := z + s;
    p(z)
  END (* IF *);
  WriteInt(z, 6)
END p;

BEGIN
  ReadInt(n);
  WriteLn;
  x := 2;
  p(x);
  WriteInt(x, 6)
END Folge.
```

Ablauf des Programmoduls `Folge`:

- Nach Aufruf von p(x) im Block `Folge`:
  neuer Block p mit Speicherzellen z und s;
- in z steht jetzt nicht die Kopie des aktuellen Parameters,
  sondern ein Verweis auf die Speicherzelle x (Adresse);
  (d. h. eine Zuweisung an z verändert x)
- aktuelle Situation:

- Nach zwei rekursiven Aufrufen von p liegt folgende Situation vor:

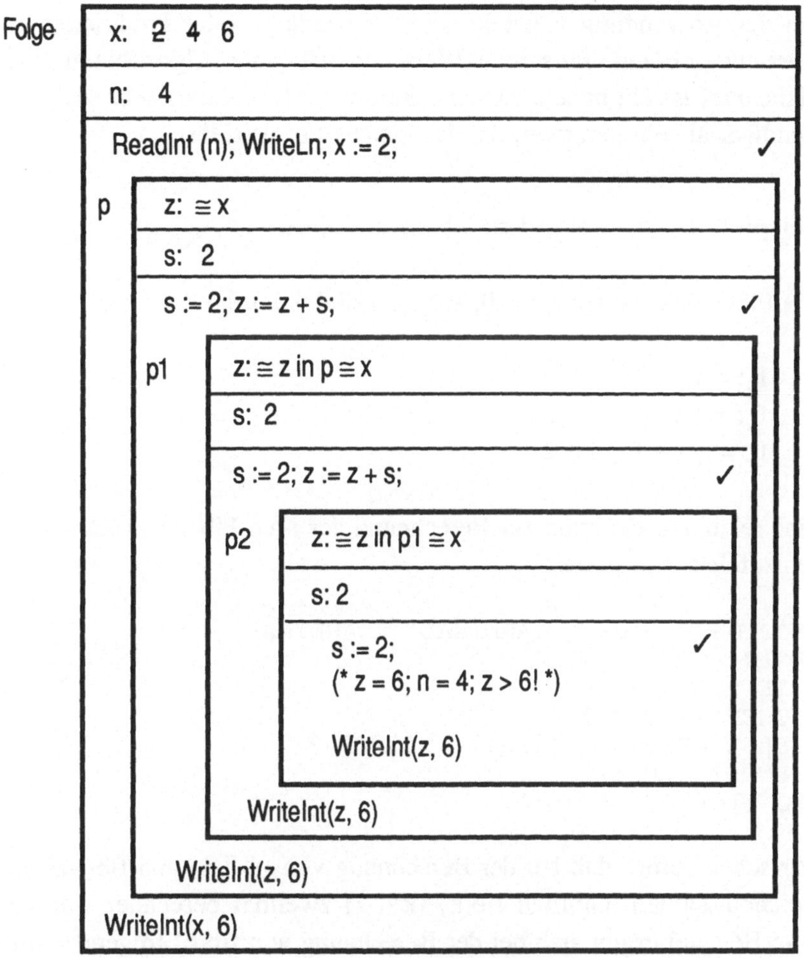

Folge

```
x:  2  4  6

n:   4

ReadInt (n); WriteLn; x := 2;                                    ✓

p   │ z: ≅ x
    │
    │ s: 2
    │
    │ s := 2; z := z + s;                                        ✓
    │
    │ p1  │ z: ≅ z in p ≅ x
    │     │
    │     │ s: 2
    │     │
    │     │ s := 2; z := z + s;                                  ✓
    │     │
    │     │ p2  │ z: ≅ z in p1 ≅ x
    │     │     │
    │     │     │ s: 2
    │     │     │
    │     │     │ s := 2;                                        ✓
    │     │     │ (* z = 6; n = 4; z > 6! *)
    │     │     │
    │     │     │ WriteInt(z, 6)
    │     │
    │     │ WriteInt(z, 6)
    │
    │ WriteInt(z, 6)

WriteInt(x, 6)
```

- Im Block p2: $z <\, = n$ jetzt nicht mehr erfüllt;
  Ausführung der Anweisung WriteInt(z, 6);
  Beseitigung des Blocks p2;
  ...
- Ausführen der Anweisung WriteInt(x, 6) im Block Folge;
  Beenden des Programmoduls;
- da über die jeweiligen **Parameter z** der Blöcke p, p1, p2 der
  zugehörige aktuelle Parameter x direkt angesprochen wird, wird
  jeweils der Wert der Speicherzelle x ausgegeben;
- erzeugte Ausgabe: 6   6   6   6   ◆

Effizienz rekursiver Prozeduren

Bei der Anwendung von rekursiven Prozeduren oder Funktionen ist Vorsicht geboten, falls man Wert auf effiziente Algorithmen legt. Manchmal ist ein naheliegender rekursiver Algorithmus sehr viel aufwendiger als ein iterativer, der das gleiche Problem löst.

Beispiel 4-23: Rekursion: Fibonacci-Zahlen

Die Fibonacci-Zahlen f_i (i= 0, 1, 2, ...) sind wie folgt definiert:

$$f_0: = 1$$
$$f_1: = 1$$
$$f_i: = f_{i-1} + f_{i-2} \quad i \geq 2$$

Eine rekursive Funktion zur Berechnung der i-ten Fibonacci-Zahl kann demzufolge so aussehen:

```
PROCEDURE fib(i: CARDINAL): CARDINAL;
BEGIN
  IF i <= 1
  THEN RETURN 1
  ELSE RETURN fib(i-1) + fib(i-2)
  END (* IF *)
END fib;
```

Wir sehen sofort, daß bei der Berechnung von fib(i-1) und fib(i-2) die gleichen Zahlen, nämlich fib(k) (k≤i-2) zweimal berechnet werden. Zum Beispiel ergibt sich bei der Berechnung von fib(6) folgende Aufrufstruktur:

```
fib(6):=fib(5)+fib(4)
   =fib(4)+fib(3)+fib(3)+fib(2)
   =fib(3)+fib(2)+fib(2)+fib(1)+fib(2)+fib(1)+fib(1)+fib(0)
   =fib(2)+fib(1)+fib(1)+fib(0)+fib(1)+fib(0)+1+fib(1)+fib(0)+1+1+1
   =fib(1)+fib(0)+1+1+1+1+1+1+1+1+1+1
   =1+1+1+1+1+1+1+1+1+1+1+1+1
   =13
```

Durch eine iterative Prozedur, die einen Wert zwischenspeichert, vermindert sich die Anzahl der Additionen und der Funktionsaufrufe.

```
PROCEDURE fibIt(i:CARDINAL): CARDINAL;
VAR j, fib_neu, fib_alt: CARDINAL;

BEGIN
  fib_alt:= 1;
  fib_neu:= 1;
  FOR j:= 2 TO i DO
    fib_neu:= fib_alt + fib_neu;
    fib_alt:= fib_neu
  END (* FOR *)
  RETURN fib_neu
END fib;
```

◆

Beispiel 4-24:   Rekursion: Binomialkoeffizienten

*   Berechnungsformel

$$(a + b)^n = \sum_{k=0}^{n} \binom{n}{k} * a^k * b^{n-k}$$

$$\text{bin}(n, k) = \binom{n}{k} = \frac{n!}{k! * (n - k)!} = \frac{n * (n - 1) * \ldots * (n - k + 1)}{1 * 2 * \ldots * k} =$$

$$= \begin{cases} 1, & \text{falls } k = 0 \text{ oder } k = n \\ \binom{n-1}{k-1} + \binom{n-1}{k} & \text{falls } 0 < k < n \end{cases}$$

- grafische Darstellung durch Pascalsches Dreieck

```
   k →
n                 1
↓              1    1
            1     2    1
         1     3    3    1
      1    4    6    4    1
   1    5   10   10   5    1
      .  .  .
```

- rekursive Funktionsdeklaration

```
PROCEDURE bin (n, k : CARDINAL) : CARDINAL;
BEGIN
  (* Vor.: k <= n *)
  IF (n = k) OR (k = 0)
  THEN RETURN 1
  ELSE RETURN bin(n - 1, k - 1) + bin(n - 1, k)
  END (* IF *)
END bin;
```

Die Binomialkoeffizienten durch Fakultätsberechnung und Division zu bestimmen, ist aus zwei Gründen schlecht. Erstens wird bei jedem der drei Fakultätsaufrufe die gleiche Anfangsfolge (min(n, k, n - k)!) bestimmt. Zweitens besteht die Gefahr des Überlaufes (schon $12! > 2^{15}$).

Die Programmierung des Bruches durch eine Iteration ist effizienter. Falls Multiplikationen und Divisionen teuer sind im Vergleich zu Additionen, so ist die Rechnung mit Hilfe des Pascalschen Dreiecks, welche nur Additionen erfordert, vorzuziehen. Durch Abspeichern aller Werte oder wenigstens einer Zeile läßt sich die Rechenzeit nochmal beschleunigen. ♦

Beispiel 4-25:   Rekursion: Ackermann-Funktion

- Berechnungsformel

$$A(m, n) = \begin{cases} n + 1, & \text{falls } m = 0 \\ A(m - 1, 1) & \text{falls } m > 0, n = 0 \\ A(m - 1, A(m, n - 1)) & \text{falls } m, n > 0 \end{cases}$$

- rekursive Funktionsdeklaration

```
PROCEDURE A(m, n : CARDINAL) : CARDINAL;
BEGIN
  IF m = 0
  THEN RETURN n + 1
  ELSIF n = 0
  THEN RETURN A(m - 1, 1)
  ELSE RETURN A(m - 1, A(m, n - 1))
  END (* IF *)
END A;
```

Vorsicht: Schon für kleine Argumente kann eine sehr hohe Rekursionstiefe erreicht werden: A(3, 4) erfordert 10306 rekursive Aufrufe; Ergebnis: 125. Als Folge der hohen Rekursionstiefe kann der Speicherplatz des Rechners zu gering sein. Dadurch werden unerwartete Laufzeitfehler verursacht.   ♦

Indirekte Rekursion

Unter indirekter Rekursion verstehen wir folgenden Sachverhalt:
A, B, C, ..., X seien Prozeduren und es gilt:
A ruft B, B ruft C, ..., X ruft A.

Im Widerspruch zu den Vereinbarungsregeln müßte also z.B. die Prozedur B vor ihrer Deklaration verwendet werden. Auch ein Umordnen der Prozedurvereinbarungen hilft nicht. Abhilfe bringt die FORWARD-Deklaration:

12 Prozedurvereinbarung

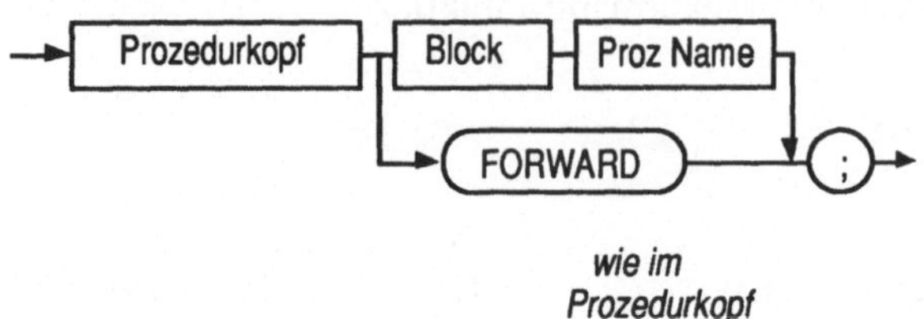

Durch die Angabe des Prozedurkopfs, gefolgt von FORWARD, wird
der Name bekanntgemacht, die Implementation, d.h. der eigentliche
Rumpf, kann später im gleichen Vereinbarungsteil stehen. Dort ist
keine Parameterliste mehr anzugeben.

Beispiel 4-26:   Indirekte Rekursion: Test einer ganzen Zahl $n \geq 0$
auf gerade bzw. ungerade

- Berechnungsmodus:

  n gerade $\Leftrightarrow$ $n = 0$ oder $n - 1$ ungerade

  n ungerade $\Leftrightarrow$ $n > 0$ und $n - 1$ gerade

- rekursive Funktionsdeklaration:

```
PROCEDURE ungerade (n : CARDINAL) : BOOLEAN;
FORWARD;

PROCEDURE gerade (n : CARDINAL) : BOOLEAN;
BEGIN
  RETURN (n = 0) OR ungerade(n - 1)
END gerade;

PROCEDURE ungerade;(* Parameterliste muß fehlen! *)
BEGIN
  RETURN (n > 0) AND gerade(n - 1)
END ungerade;
```

Anwendungen von Rekursion treten vor allem in folgenden Bereichen auf:

- Algorithmen, die durch Versuch und Irrtum („trial and error") ein Ergebnis berechnen; z.B. das Durchsuchen eines Labyrinths,
- Syntaxprüfung,
- Suchen und Einfügen in rekursiv definierten Datenstrukturen (z.B. Bäumen),
- Auswertung eines Ausdrucks
- Algorithmen, die nach dem Prinzip des *Divide & Conquer* funktionieren:

    Zerlege ein Problem in Teilprobleme mit weniger Daten.
    Löse die Teilprobleme.
    Setze die Lösung aus den Teillösungen zusammen.

Als Beispiel dafür betrachten wir das „Sortieren durch Verschmelzen".

Beispiel 4-27: Sortieren einer Folge durch Verschmelzen zweier sortierter Teilfolgen

Das Sortieren einer Folge durch Verschmelzen zweier sortierter Teilfolgen mit Hilfe der rekursiven Prozedur `VerschmelzSort` geht wie folgt vor:

(1) Zerlege die zu sortierende Folge in 2 etwa gleich große Teilfolgen (Divide-Schritt).
(2) Sortiere jede der beiden Teilfolgen (wenn sie mehr als ein Element enthält) mit Hilfe von *VerschmelzSort* (Conquer-Schritt).
(3) Füge die sortierten Teilfolgen mit Hilfe einer Prozedur *Verschmelze* zusammen.

Es seien folgende Typdefinitionen gegeben:

```
CONST
  n = 100;

TYPE
  Elementtyp = CARDINAL;
  Folge = ARRAY [1..n] OF Elementtyp;
```

Eine mögliche Realisation der Prozedur `Verschmelze` sieht folgendermaßen aus:

```
PROCEDURE Verschmelze
  (VAR f:Folge;
   links, mitte, rechts : INTEGER);
(* Verschmilzt die sortierten Folgenhälften
 f[links]..f[mitte] und f[mitte + 1]..f[rechts]
 zu einer Folge *)
VAR g : Folge; (* Hilfsfeld zum Verschmelzen *)
    h, i, j, k : INTEGER;

BEGIN
  i := links; j := mitte + 1; k := links;

  WHILE (i <= mitte) AND (j <= rechts) DO
  (* Teilfolgen noch nicht abgearbeitet *)
    IF f[i] <= f [j]
    THEN (* Übernimm f[i] nach g[k] *)
      g[k] := f[i];
      INC (i)
    ELSE (* Übernimm f[j] *)
      g[k] := f[j];
      INC (j)
    END (* IF *);
    INC (k)
  END (* WHILE *);

  IF i > mitte
  THEN (* linke Teilfolge abgearbeitet, übernimm
         Rest der rechten Teilfolge *)
    FOR h := j TO rechts DO
      g[k+h-j] := f [h]
    END
  ELSE (* rechte Teilfolge abgearbeitet, übernimm
         der Rest der linken Teilfolge *)
    FOR h := i TO mitte DO
      g[k+h-i] := f [h]
    END
  END; (* IF *)
  f := g
END Verschmelze;
```

Die rekursive Prozedur `VerschmelzSort` ist ganz kurz:

```
PROCEDURE VerschmelzSort
  (VAR f: Folge; links,rechts :INTEGER);
(* sortiert die Folge f durch Verschmelzen *)
VAR mitte: INTEGER;

BEGIN
  IF (links < rechts) (* sonst leere oder
                         einelementige Folge *)
  THEN
    mitte := (links + rechts) DIV 2;
      (* ermittle Mitte der Folge);
    VerschmelzSort (f, links, mitte);
    VerschmelzSort (f, mitte+1, rechts);
    (* f[links]..f[mitte] und
       f[mitte+1]..f[rechts] sind sortiert *)
    Verschmelze (f, links, mitte, rechts)
  END (*IF *)
END VerschmelzSort;
```
◆

Beispiel 4-28:   Suchen eines Wertes in einer sortierten Liste

Die Funktion `Suche` sucht nach dem *Divide & Conquer-Prinzip* nach dem Element `wert` in der (aufsteigend sortierten) Liste `l`.

```
...
CONST
  n = 100;

TYPE
  Elementtyp = CARDINAL;
  Liste = ARRAY [1..n] OF Elementtyp;

PROCEDURE Suche
  (VAR l : liste; VAR wert: Elementtyp;
   links, rechts : INTEGER):INTEGER;
(* sucht in der Liste l zwischen Position links und
   Position rechts nach dem Element wert;
   zurückgegeben wird die Position von wert, falls
   wert in der Liste vorkommt, 0 sonst *)

VAR
  k : INTEGER;
```

```
BEGIN
  IF links > rechts
  THEN RETURN 0 (* wert nicht in Liste *)
  ELSE
    k := (links + rechts) DIV 2;
    IF l[k] = wert
    THEN RETURN k(* gefunden *)
    ELSIF l[k] < wert(* betrachte rechte
                        Listenhälfte *)
    THEN Suche (l, wert, k+1, rechts)
    ELSE (* betrachte linke Listenhälfte *)
      Suche (l, wert, links, k-1)
    END (* IF *)
  END (* IF *)
END Suche;
```

4.8   Prozedurtypen und -variablen

4.8.1   Ein einführendes Beispiel: Nullstellenberechnung

Das binäre Suchverfahren aus Beispiel 4-28 läßt sich auch verwenden, um die Nullstelle einer Funktion f(x) in einem Intervall [a,b] zu finden. Falls f(a) und f(b) unterschiedliche Vorzeichen besitzen, so enthält das Intervall [a,b] mindestens eine Nullstelle x_0 von f. Diese läßt sich durch fortgesetzte Intervallhalbierung gewinnen.

Algorithmus: Nullstelle (f, a, b)
Voraussetzung f(a) * f(b) < 0
(1)   m := (a + b) / 2
(2)   Falls f(m) * f(a) < 0
      dann
            Nullstelle (f, a, m)
      sonst
            Nullstelle (f, m, b)
(3)   Wiederhole (1), (2) solange bis $b - a < 10^{-6}$
(4)   RETURN m := (b - a) / 2

Bemerkung: Wie bei der Nullstellenbestimmung üblich, wird nicht iteriert, bis der Funktionswert, sondern bis der Abstand zweier Abszissen klein geworden ist. Wir sehen, daß der Ablauf des Verfahrens von der speziellen Funktion f(x) nicht abhängt. Die Funktion f wird genau wie a und b an die Funktion Nullstelle übergeben. In Modula-2 wird dieses Problem durch Einführung eines Prozedurtyps gelöst.

Beispiel 4-29:   Prozedurtypen: Nullstellenberechnung

```modula2
MODULE Nullstellenberechnung;

TYPE realfunc = PROCEDURE (REAL): REAL;
  (* Typdefinition für Funktionen mit einem
     REAL-Parameter und dem Ergebnistyp REAL *)

PROCEDURE Nullstelle (f: realfunc; a,b: REAL):REAL;
  (* f dient als formale Funktion
     im Rumpf von Nullstelle *)
  (* Nullstelle setzt f(a) * f(b) < 0 voraus *)

  VAR m: REAL;

  BEGIN
    (* iterative Version *)
    WHILE b - a >= 1.0E-6 DO
      m := 0.5 * (b + a);
      IF f(m) * f(a) <= 0.0
      THEN b := m  (*Nullstelle zwischen a und m*)
      ELSE a := m  (*Nullstelle zwischen m und b*)
      END (* IF *)
    END; (*WHILE*)
    RETURN (b + a) * 0.5
END Nullstelle;

PROCEDURE f(x: REAL): REAL;
  (*Prozedur(konstante) vom Typ realfunc*)
  BEGIN
    RETURN   sin(x / 3.0) - 0.2 * x + 1.0
  END f;

VAR func: realfunc;   (*Prozedurvariable*)
    x0: REAL;
BEGIN
  func := f;   (*Zuweisung ist möglich*)
  x0 := Nullstelle (func, 0.0, 10.0)
              (*Aufruf mit aktueller Funktion*)
  ...
END Nullstellenberechnung.
```

♦

4.8.2   Vereinbarung

19 Prozedur Typ

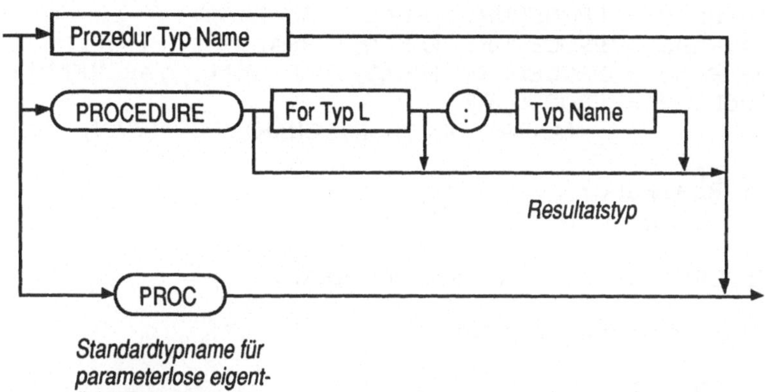

20 Formale Typliste (For Typ L)

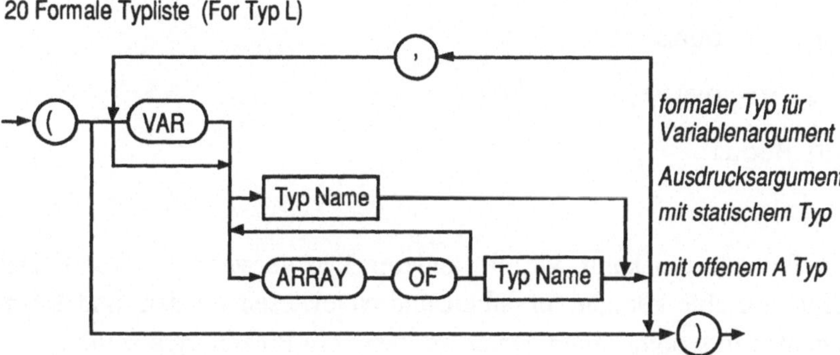

Ein *Prozedurtyp* wird durch die *Anzahl, Art und Reihenfolge der Parametertypen*, angegeben in der formalen Typliste, charakterisiert. Fehlen formale Typliste und Ergebnistyp, so handelt es sich um eine eigentliche parameterlose Prozedur. Für diesen Typ gibt es den Standardtypnamen PROC. Für Funktionsprozeduren kommt der Ergebnistyp hinzu. Parameterlose Funktionsprozedurtypen weisen eine leere formale Typliste auf.

Beispiel 4-30: Prozedurtypvereinbarung

```
MODULE Modul;
...
TYPE
  RealProc = PROCEDURE (REAL, VAR REAL);
  RealFunc = PROCEDURE (REAL): REAL;
  MeanProc = PROCEDURE (REAL, VAR REAL, VAR REAL);
  FindFunc = PROCEDURE
                  (ARRAY OF CHAR, CHAR): BOOLEAN;
VAR
  pv: RealFunc;
  q:   REAL;

PROCEDURE Quadrat (x: REAL): REAL;
...
BEGIN (*Quadrat, berechnet x hoch 2 *)
  ...
END Quadrat;

BEGIN (*Modul*)
  ...
  pv := Quadrat;
  ...
  q  := pv(x);
  ...
END Modul.
```
                                                        ♦

Ein Prozedurtyp kann wie ein anderer Typ verwendet werden. Das
heißt, Variable können vereinbart und zugewiesen werden, und Komponenten in strukturierten Typen können vom Prozedurtyp sein.

Beachte:

- Einer Prozedurvariablen dürfen nur Prozeduren zugewiesen
  werden, die nicht lokal in anderen Prozeduren deklariert sind.
- Einer Prozedurvariablen dürfen keine Standardprozeduren zugewiesen werden.
- Prozedurvariable und zugewiesene Prozedur müssen prozedur-
  kompatibel sein (s.u.).
- Die zugewiesene Prozedur darf in der Wertzuweisung nur durch
  ihren Namen bezeichnet sein (sonst wäre es ein Prozeduraufruf).

Die **Prozedurkompatibilität** zwischen Prozedurvariable pv und Prozedur P ist wie folgt definiert:

- pv und P haben die gleiche Anzahl von Formalparametern.
- Die formalen Parameter von pv und P stimmen paarweise überein, d.h. der i-te Parameter von pv und der i-te Parameter von P sind
  — vom selben Datentyp und
  — entweder beide Variable- oder beide Value-Parameter.
- Falls pv eine Funktionsprozedurvariable und P eine Funktionsprozedur ist, dann sind die Datentypen der Funktionswerte gleich.

Beispiel 4-31: Prozedurtypen: Studentendateiverwaltung

Die Studentendatei einer Universität soll
- einmal alphabetisch nach Namen,
- ein anderes Mal aufsteigend nach Matrikelnummern

sortiert werden.

Typdefinition und Variablenvereinbarung

```
TYPE
  Student = RECORD
              matrikelnr:  CARDINAL;
              name:        ARRAY [1..30] OF CHAR;
            END;
  Studentendatei = ARRAY [1..1000] OF Student;

VAR
  Datei : Studentendatei;
```


Wir verwenden folgendes Sortierverfahren
(Sortieren durch Auswahl eines Minimums):

- Das Feld `Datei` wird in einen sortierten Teil $s_1, \ldots, s_n$ und einen unsortierten Teil $u_0, \ldots, u_m$ getrennt, und zwar so, daß alle Werte des sortierten Teils kleiner oder gleich sind als alle Werte des unsortierten Teils. Das heißt, es gilt: $s_n \leq u_i$ $(i \in \{0 .. m\})$.

- Das sortierte Teilfeld wird nun um ein Element verlängert, indem das kleinste Element des unsortierten Felds mit dem ersten Element des unsortierten Felds vertauscht wird.

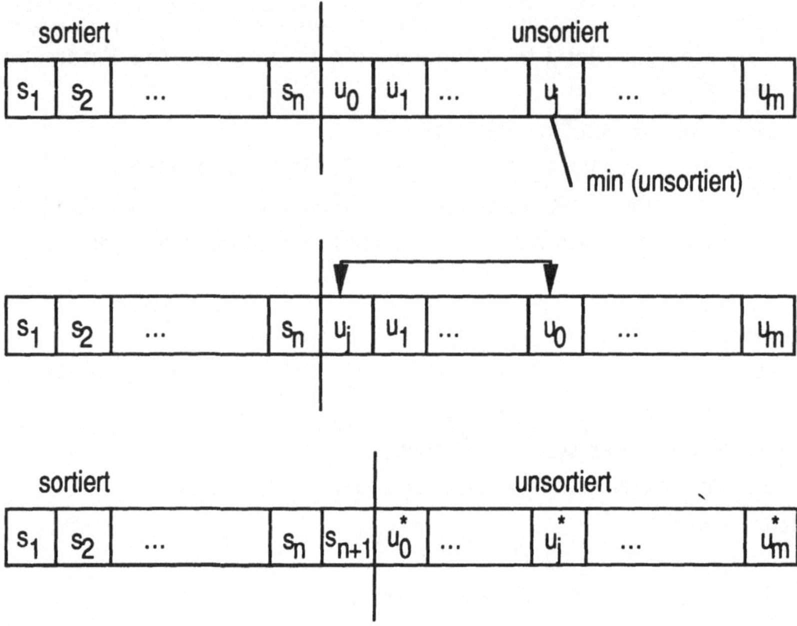

Für den Vergleich zweier Elemente verwenden wir die Funktionsprozedur `vor`:

```
vor (x, y) = TRUE       gdw. 1. Parameter (x) < 2. Parameter (y)
```

Die Sortierreihenfolge ist nicht vom Algorithmus vorgegeben, sondern wird von der Vergleichsprozedur `vor` bestimmt. Da zwei verschiedene Prozeduren gewünscht sind, vereinbaren wir einen Prozedurtyp:

```
TYPE
  Vergleich = PROCEDURE(Student, Student): BOOLEAN;
```

Die Parameterliste von `Sortiere` enthält eine Vergleichsprozedur:

```
PROCEDURE Sortiere (VAR Datei: Studentendatei;
                    vor: Vergleich);
```

Wir überlassen die Formulierung dem Leser.

Die zwei Vergleichsprozeduren sind im Hauptmodul zu definieren:

```
PROCEDURE NachNamen (a1, a2: Student): BOOLEAN;
VAR i : [1..30];

BEGIN
  i := 1;
  WHILE (a1.name[i] = a2.name[i]) AND (i < 30)
        AND (a1.name[i] # OC) (*String-Ende*) DO
    INC(i)
  END (*WHILE*);
  RETURN a1.name[i] < a2.name[i]
END NachNamen;

PROCEDURE NachMatrikelnummern
            (a1, a2: Student): BOOLEAN;
BEGIN
  RETURN a1.matrikelnr < a2.matrikelnr
END NachMatrikelnummern;
```

Die zwei Aufrufe der Prozedur sortiere gestalten sich nun wie folgt:
```
    Sortiere (Datei, NachNamen);
    Sortiere (Datei, NachMatrikelnummern);
```
◆

4.8.3   Prozeduren als Komponentenvariable

Die bisher behandelten Datentypen waren Kollektionen von einfachen Datentypen. Für Recordtypen kann man die einzelnen Komponenten als Attribute sehen, die ein Objekt auszeichnen. Zur Beschreibung von Objekten können nun Aktionen oder Operationen, also Prozeduren ebenso dienen wie reine Datenattribute. Durch Komponenten vom Prozedurtyp lassen sich diese Vergleiche direkt in die Datenstruktur aufnehmen und brauchen nicht als separate Funktionen behandelt zu werden. Diese Einheit von Daten und Aktionen ist ein wesentliches Merkmal der objektorientierten Programmierung.

Beispiel 4-32:   Prozeduren als Record-Komponenten:
Tabelleneintrag für verschiedene Sportarten

Vorsicht:

Dieses Beispiel ist **kein** korrektes Modula-2-Programmfragment.

```
TYPE
   Vergleich = PROCEDURE
        (Tabelleneintrag, Tabelleneintrag): BOOLEAN;
   Tabelleneintrag = RECORD
                       Name: ARRAY[0...20] OF CHAR;
                       Pluspunkte:  CARDINAL;
                       geschTore:   CARDINAL;
                       erhTore:     CARDINAL;
                          ...
                       Ver: Vergleich
                     END;


PROCEDURE Tordifferenz
   (a,b: Tabelleneintrag): BOOLEAN;
BEGIN
   IF a.Pluspunkte > b.Pluspunkte
   THEN RETURN TRUE
   ELSIF a.Pluspunkte < b.Pluspunkte
   THEN RETURN FALSE
   ELSIF a.Pluspunkte = b.Pluspunkte
   THEN RETURN a.geschTore - a.erhTore
             >= b.geschTore - b.erhTore
   END (* IF *)
END Tordifferenz;


PROCEDURE Torquotient
   (a,b: Tabelleneintrag): BOOLEAN;
BEGIN
   IF a.Pluspunkte > b.Pluspunkte
   THEN RETURN TRUE
   ELSIF a.Pluspunkte < b.Pluspunkte
   THEN RETURN FALSE
   ELSIF a.Pluspunkte = b.Pluspunkte
   THEN RETURN a.geschTore / a.erhTore
             >= b.geschTore / b.erhTore
END Torquotient;


VAR Eishockey, Fussball: Tabelleneintrag;
...
   Eishockey.Ver     := Torquotient;
   Fussball.Ver      := Tordifferenz;

...
```

◆

In diesem Beispiel verwendet der Prozedurtyp `Vergleich` den Recordtyp `Tabelleneintrag`, in dem er als Komponente auftritt und der zum Definitionszeitpunkt noch nicht bekannt ist. Auch die umgekehrte Definitionsreihenfolge würde gegen die Regel verstoßen, daß ein Name erst dann verwendet werden darf, wenn er bekannt ist. Diese Schwierigkeit tritt auch bei den dynamischen Datentypen auf, wo eine Lösung mit Hilfe des Typs Pointer ermöglicht wird. Dazu wird die Definitionsreihenfolgeregel bei Pointern abgeschwächt (siehe Kapitel 5).

Die korrekte Typdefinition für Beispiel 4-32 lautet also:

```
TYPE
   Tabellenzeiger = POINTER TO Tabelleneintrag;
   Vergleich = PROCEDURE
        (Tabellenzeiger, Tabellenzeiger): BOOLEAN;
   Tabelleneintrag = RECORD
                   Name: ARRAY[0...20] OF CHAR;
                   Pluspunkte:  CARDINAL;
                   geschTore:   CARDINAL;
                   erhTore:     CARDINAL;
                     ...
                   Ver: Vergleich
                END;
```

5 Dynamische Datenstrukturen

5.1 Ein einführendes Beispiel: Dynamische Listen

In unserem Telefonbuchbeispiel hatten wir für jede Stadt eine Liste von beliebig vielen Teilnehmern anlegen wollen. Dieses Problem wollen wir jetzt näher betrachten.

Wir wollen also einen Datentyp *Liste* mit folgenden Operationen definieren:

    Liste anlegen
    Element einfügen
    Element suchen
    Element löschen
    Liste durchlaufen
    Liste löschen

Die Liste soll dabei dynamisch wachsen oder schrumpfen, d.h. immer nur so viel Speicherplatz belegen wie nötig.

Von den bekannten Datenstrukturen eignet sich höchstens der Typ Array. Da der Speicherplatz für Arrays allerdings zur Übersetzungszeit festgelegt wird, ist die letzte Bedingung sicher verletzt. Man müßte eine Maximalzahl von Elementen vorgeben.

Die Definition eines umfangreichen Feldes (z.B. für 1000 Datensätze) ist vorzunehmen:

```
Textfeld    = ARRAY[0..19] OF CHAR;

Feldtyp     = RECORD
                 Name      :   Textfeld;
                 Nummer    :   CARDINAL;
                 ...
              END;

Telefonverzeichnis = ARRAY[0..999] OF Feldtyp;
```

Dieses Programm verschwendet viel Speicherplatz, falls die Listen nur ca. zehn Einträge enthalten. Andererseits ist es unbrauchbar, falls eine Liste mehr als 1000 Elemente aufnehmen soll.

5.2 Der Datentyp POINTER

5.2.1 Die Idee

Abhilfe wird hier durch Einführung eines Datentyps *Zeiger* geschaffen, mit dessen Hilfe beliebig lange Listen, aber auch andere Strukturen aufgebaut werden können. Ein **Pointer** oder **Zeiger** ist dabei eine Größe, die auf eine andere Variable verweist. So können Listen aufgebaut werden, indem jedes Element neben den eigentlichen Daten einen Verweis auf seinen direkten Nachfolger enthält. Kennt man den Anfang der Liste, so läßt sie sich Element für Element durchlaufen.

Wichtige Eigenschaften von Pointern

- Pointer enthalten selbst keinen Wert, sondern zeigen auf Variablen, die Daten enthalten können.
- Diese Variablen heißen auch **referierte Variable** oder **Bezugsvariable.** Ihr Typ wird *Bezugstyp* genannt.

- Ein Pointer ist vorstellbar als Speicherplatzadresse der referierten Variablen.
- Der Speicherplatz für die Bezugsvariablen wird dynamisch während der Laufzeit des Programms durch einen Prozeduraufruf erzeugt und wieder freigegeben.
- Die Bezugsvariablen sind also **dynamische Variablen**, im Gegensatz zu den bisher bekannten Variablen, deren Speicherplatz zu Blockbeginn angelegt wurde und dann bis zum Blockende bestehen blieb.
- Mehrere Pointer können auf die gleiche Bezugsvariable verweisen.
- Es ist vom Programmierer dafür zu sorgen, daß noch benötigte dynamische Variable tatsächlich über einen Pointer erreicht werden können und daß der Speicherplatz für nicht mehr benötigte freigegeben wird.

5.2.2   Definition von Pointertypen

Syntax:

Ausschnitt aus: 15 Typ

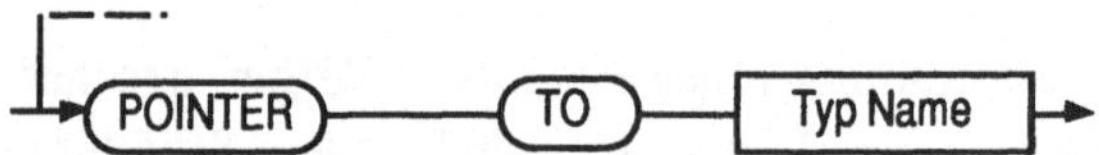

Jeder Pointertyp hat einen und nur einen referierten Typ. Es gelten die gleichen Typkompatibilitätsregeln wie für andere Typen, d.h. nur gleiche (oder in einer Typdefinition gleichgesetzte) Typnamen sind kompatibel.

Beispiel 5-1:   Variable vom Typ POINTER

```
TYPE   ptInt = POINTER TO INTEGER;

VAR    p : ptInt;
```
♦

Beispiel 5-2:   Liste

```
TYPE   Liste   =   POINTER TO element;

       element =  RECORD
                     wert : INTEGER;
                     next : Liste
                  END;

VAR    l : Liste;
```
♦

Das zweite Beispiel zeigt die Definition eines Datentyps *Liste*, in dem jedes Element auf seinen Nachfolger verweist. Der Typ `Liste` hat als referierten Typ den Typ `element`, der als Komponententyp den Typ `Liste` besitzt. Die Regel, daß alle Namen vor ihrer Verwendung vereinbart sein müssen, ist hier also verletzt. Diese gegenseitige Verwendung ist nicht zu umgehen. Sie wird aufgelöst, indem bei der Pointertypdefinition die Verwendung eines noch nicht bekannten Bezugstyps erlaubt ist. Der muß aber noch im selben Vereinbarungsteil definiert werden.

Pointertypen können in Datenstrukturen auftauchen. In den meisten Fällen wird der referierte Typ ein Recordtyp sein, von dem mindestens eine Komponente vom Typ POINTER ist, um entsprechende Listen aufbauen zu können.

5.2.3   Pointervariable und Bezugsvariable

Vorbemerkung:
   Statt „Variable vom Typ POINTER" wird häufig „Pointervariable" geschrieben. Diese Begriffe sind synonym.

Die Bezugsvariable von p wird durch p^ angesprochen.

Pointer und Listenstrukturen werden häufig durch graphische Symbole veranschaulicht:

Es muß sorgfältig zwischen Pointervariable und Bezugsvariable unterschieden werden. Insbesondere sind die verschiedenen Situationen bei der dynamischen Erzeugung von Bezugsvariablen zu beachten.

Variable vom Typ POINTER werden angelegt wie alle anderen bisher eingeführten Variablen. Sie sind anfangs undefiniert. Die **Erzeugung einer Variablen des Bezugstyps** geschieht durch Aufruf der Prozedur NEW:

Ist p eine Pointer-Variable, dann bewirkt der Prozeduraufruf NEW (p) das Anlegen einer referierten Variablen p^, deren Wert unbestimmt ist. Der Wert von p ist nun ein Verweis auf diese Variable p^.

Die Prozedur NEW (p) ruft ihrerseits die Prozedur ALLOCATE (p, SIZE (Bezugstyp) auf. Diese reserviert den für eine Variable des Bezugstyps benötigten Speicherplatz und weist dessen Adresse p zu.

Der Wert der referierten Variablen kann nun – wie bisher auch – durch Zuweisungen oder Eingabeanweisungen bestimmt werden.

Pointer können wie alle anderen Größen einander zugewiesen werden.

38-1 Wertzuweisung

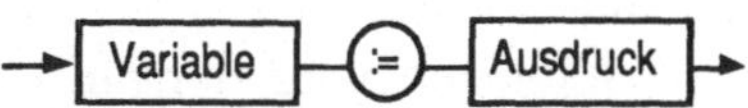

35 [Konst] P Ausdruck (P Ausdruck, PA)

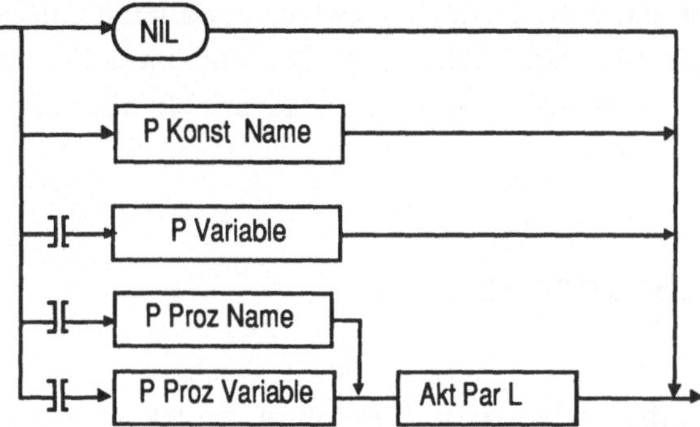

Durch die Zuweisung p := q erhält eine Pointervariable p den Wert der Pointervariablen q, d.h. beide zeigen auf die gleiche Bezugsvariable, also gilt p^ = q^. Trotzdem hat sich der Wert der von q *vor* der Zuweisung referierten Variable nicht geändert. Er ist allerdings, sofern nicht eine weitere Pointervariable darauf verweist, nicht mehr zugänglich. Liegt dies in der Absicht des Programmierers, so sollte der Speicherplatz vorher zurückgegeben werden.

Die **Freigabe einer Variable des Bezugstyps** geschieht durch Aufruf der Prozedur DISPOSE, die die Prozedur DEALLOCATE aufruft.

Sei p eine Pointer-Variable und p^ eine Variable des Bezugstyps. Dann wird durch die Prozedur DEALLOCATE(p, SIZE(Bezugstyp)) der Speicherbereich der Bezugsvariablen p^ im Speicher des Rechners zur weiteren Verwendung freigegeben; p hat anschließend den Wert NIL.

Anmerkung:

ALLOCATE und DEALLOCATE müssen aus dem Modul Storage importiert werden, auch wenn NEW oder DISPOSE verwendet werden. In vielen Implementierungen müssen ALLOCATE und DEALLOCATE direkt verwendet werden. Diese sind teilweise auch im Modul System zu finden.

Der **Gültigkeitsbereich** einer Pointervariablen ist gemäß Blockstruktur statisch, also wie bei allen anderen Variablen. Der Gültigkeitsbereich der referierten Variablen p^ hingegen wird dynamisch
festgelegt, d.h. er reicht explizit von ALLOCATE bis DEALLOCATE.

Die einzige **Operation**, die **auf Pointer** angewendet werden kann, ist
der Test auf Gleichheit oder Ungleichheit. Dabei sind zwei Pointer
genau dann gleich, wenn sie auf dieselbe Bezugsvariable verweisen
oder beide NIL sind.

5.2.4   Veranschaulichung

Wir veranschaulichen das Arbeiten mit Pointern zuerst an einem
einfachen syntaktischen Beispiel, bevor wir die Hauptanwendung von
Pointern zur Verwaltung dynamischer Listenstrukturen behandeln.

Beispiel 5-3:   Pointeroperationen

```
TYPE   IntPtr = POINTER TO INTEGER;
VAR
  p1, p2 : IntPtr;

  i : INTEGER;
```

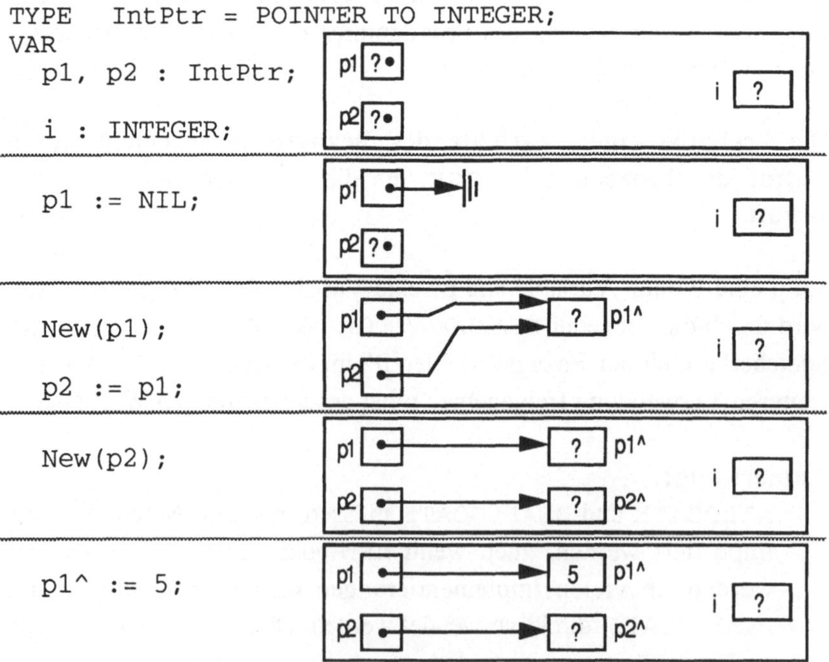

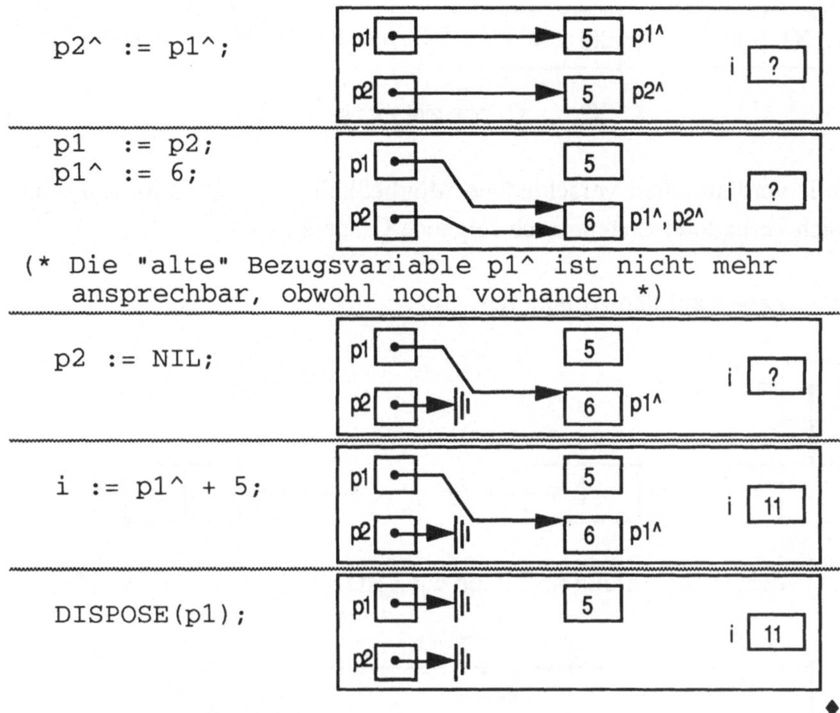

(* Die "alte" Bezugsvariable p1^ ist nicht mehr
  ansprechbar, obwohl noch vorhanden *)

5.3   Einfach verkettete lineare Listen mit Pointern

5.3.1   Grundoperationen für abstrakten Datentyp

Eine **einfach verkettete Liste** ist eine Folge von beliebig vielen Elementen desselben Typs („Grundtyps"). Dabei verweist jedes Element auf seinen Nachfolger.

X1, X2, ..., XN sind alle vom selben Typ

Wir verdeutlichen verschiedene Möglichkeiten der Organisation einfach verketteter Listen durch folgende Graphik:

1)   Zeiger auf den Anfang der Liste

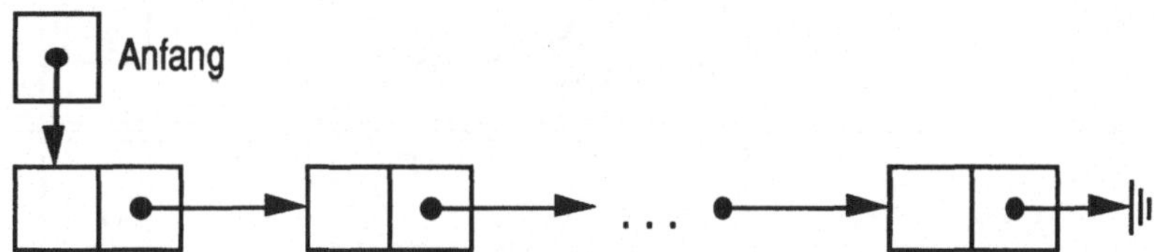

2)   Zeiger auf Anfang und Ende der Liste

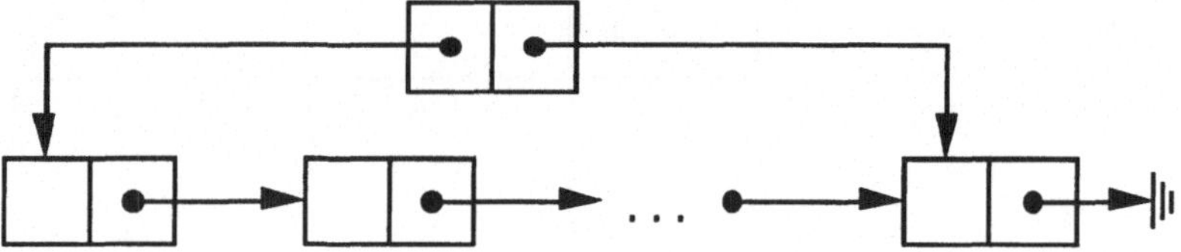

3)   Dummy(Pseudo)-Elemente am Anfang und Ende

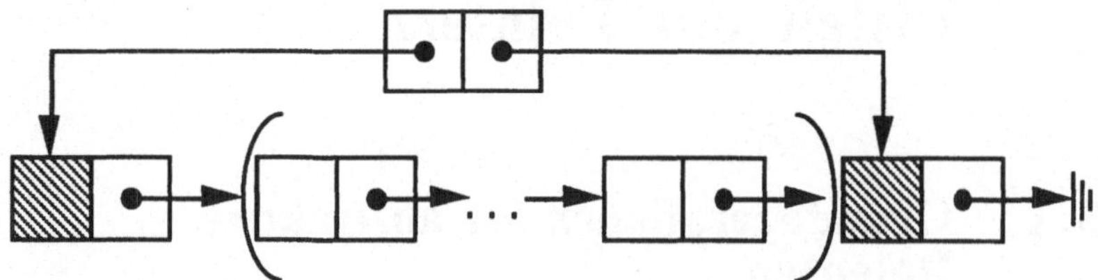

(Das Anfangs- und das Endelement gehören nicht zur Liste.)

4)   ringförmige Verkettung

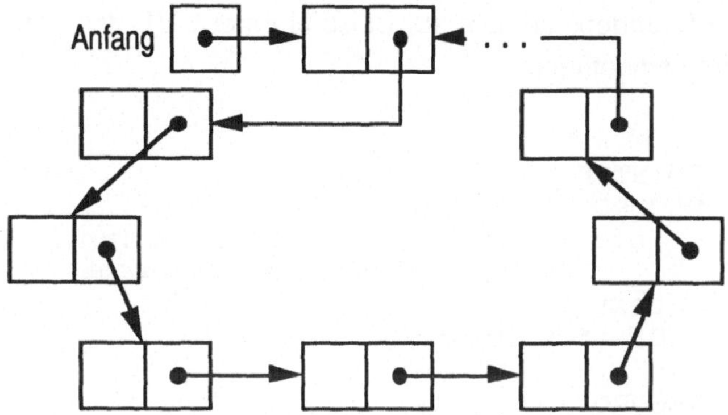

Grundoperationen für einfach verkettete Listen (EVL) erledigen die
Verwaltung der Listenstruktur. Sie können unabhängig vom eigentlichen Informationsgehalt der Listenelemente betrachtet werden. Im
einzelnen betrachten wir 6 Grundoperationen.

EVL 1:   Liste initialisieren

EVL 2:   Neues Listenelement einfügen
- am Anfang
- am Ende
- nach einem Listenelement
- vor einem Listenelement

EVL 3:   Listenelement löschen
- am Anfang
- nach einem Listenelement
- am Ende

EVL 4:   Liste durchlaufen

EVL 5:   Listenelement suchen
- Listenelement selbst
- Vorgänger eines Listenelements

EVL 6:   Liste löschen

Diese Operationen beschreiben zusammen mit der Definition der Datenstruktur den abstrakten Datentyp *einfach verkettete Liste* (EVL). Wir wollen diese Grundoperationen am Beispiel einer EVL des Typs 2) in Modula-2 implementieren.

```
TYPE
  Zeiger   = POINTER TO Element;
  Element  = RECORD
                Info : InfoTyp; (* irgendein Typ,
                            hier nicht relevant *)
                next :    Zeiger
             END; (* Element *)

  EVLListe = RECORD
                Anfang,
                Ende : Zeiger
             END; (* EVLListe *)

VAR
  Liste    : EVLListe;
```

zu EVL 1:   Liste initialisieren

```
PROCEDURE EVLinit (VAR  Liste : EVLListe);

(* initialisiert Liste als leere Liste *)

BEGIN
  Liste.Anfang := NIL;
  Liste.Ende := NIL
END EVLinit;
```

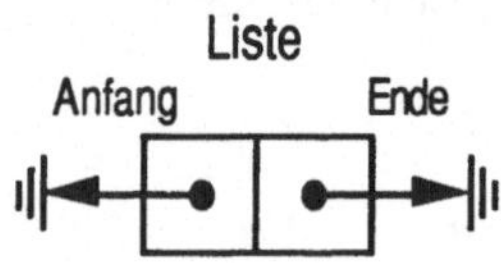

zu EVL 2:   Neues Listenelement am Listen*anfang* einfügen

```
PROCEDURE  EVLeinfuegenA
  (x : InfoTyp; VAR  Liste : EVListe);

(* fügt am Anfang von Liste ein neues  *)
(* Listenelement ein und weist dessen  *)
(* Info-Komponente den Wert von x zu    *)

VAR p : Zeiger;

BEGIN
  p := Liste.Anfang;
  NEW (Liste.Anfang);
  Liste.Anfang^.Info := x;
  Liste.Anfang^.next := p;
  IF Liste.Ende = NIL
  (* Liste war vorher leer und hat jetzt
     genau ein Element *)
  THEN
    Liste.Ende := Liste.Anfang
  END (* IF *)
END EVLeinfuegenA;
```

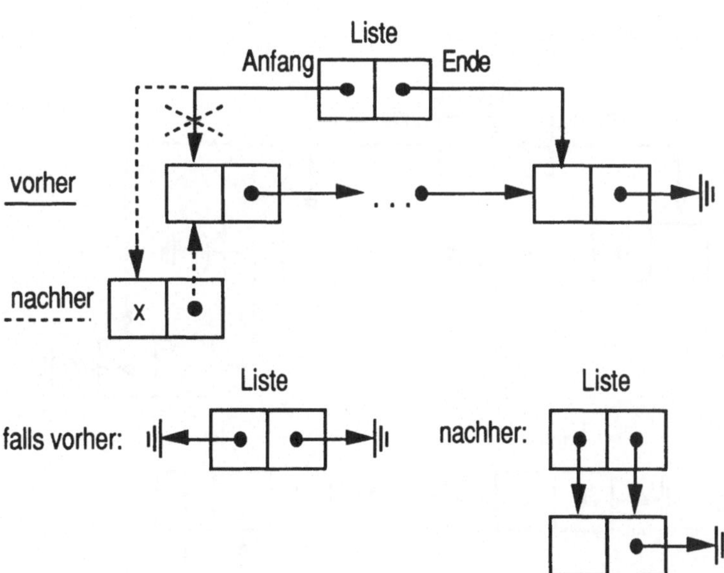

zu EVL 2: Neues Listenelement am Listen*ende* einfügen

```
PROCEDURE EVLeinfuegenE
  (x : InfoTyp; VAR Liste : EVListe);

(* fügt am Ende von Liste ein neues   *)
(* Listenelement ein und weist dessen  *)
(* Info-Komponente den Wert von x zu    *)

VAR p : Zeiger;

BEGIN
  p := Liste.Ende;
  NEW (Liste.Ende);
  Liste.Ende^.Info := x;
  Liste.Ende^.next := NIL;
  IF Liste.Anfang = NIL
  (* Liste war vorher leer und hat jetzt
     genau ein Element *)
  THEN
    Liste.Anfang := Liste.Ende
  ELSE
    p^.next := Liste.Ende
  END (* IF *)
END EVLeinfuegenE;
```

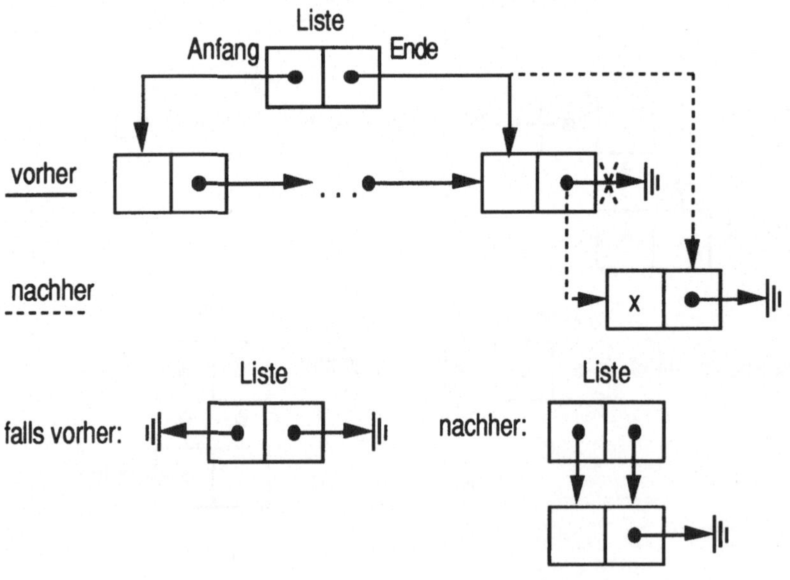

zu EVL 2:

Neues Listenelement *nach* einem Listenelement einfügen

```
PROCEDURE EVLeinfuegenMn
   (x: InfoTyp; Vorgänger: Zeiger;
    VAR Liste : EVListe);

(* fügt nach dem Listenelement Vorgänger^ von    *)
(* Liste ein neues Listenelement ein und weist   *)
(* dessen Info-Komponente den Wert von x zu.      *)

VAR p : Zeiger;

BEGIN
   NEW (p);
   p^.Info := x;
   p^.next := Vorgänger^.next;
   Vorgänger^.next := p;(* Reihenfolge wichtig *)
   IF Vorgänger = Liste.Ende
   THEN
     Liste.Ende := p
   END (* IF *)
END EVLeinfuegenMn;
```

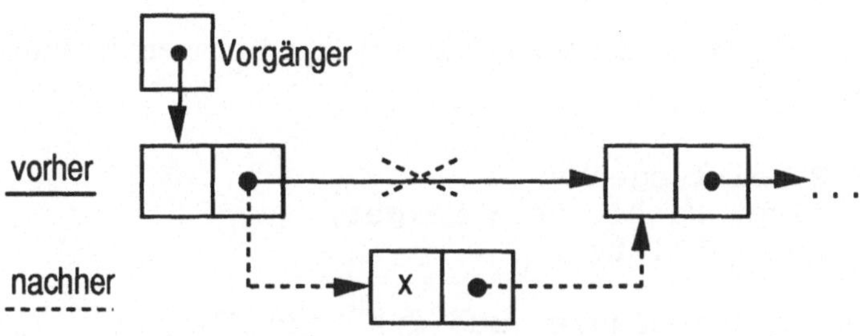

zu EVL 2:
Neues Listenelement *vor* einem Listenelement einfügen

Da jedes Element nur einen Verweis auf den Nachfolger enthält, ist es einfacher, das neue Element **nach** dem Listenelement einzufügen und dann die Werte der Info-Komponenten der beiden Listenelemente zu vertauschen.

```
PROCEDURE EVLeinfuegenMv
   (x : InfoTyp; Nachfolger: Zeiger;
   VAR Liste : EVListe);

(* fügt vor dem Listenelement Nachfolger^ von     *)
(* Liste ein neues Listenelement ein und weist    *)
(* dessen Info-Komponente den Wert von x zu;      *)
(* verwendet "Einfügen nach einem Listenelement" *)

BEGIN
   EVLeinfuegenMn (x, Nachfolger, Liste);
   Nachfolger^.next^.Info := Nachfolger^.Info;
   Nachfolger^.Info := x
END EVLeinfuegenMv;
```

Eine andere Lösung vermeidet das u.U. kostspielige Kopieren der Info-Komponenten:

```
PROCEDURE EVLeinfuegenMv
   (x : InfoTyp; Nachfolger: Zeiger;
   VAR Liste : EVListe);

(* Liste wird durchlaufen und das neue Element   *)
(* wird vor dem Nachfolger eingefuegt; verwendet *)
(* "Suche des Vorgängers eines Listenelements"   *)
(* (siehe EVL 5)                                 *)

VAR p  : Zeiger;

BEGIN
   p := EVLsucheVorg (Nachfolger^.Info, Liste);
   EVLeinfuegeMn (x, p, Liste)
END EVLeinfuegenMv;
```

zu EVL 3:   Listenelement am Listenanfang löschen

```
PROCEDURE EVLloeschenA (VAR  Liste : EVListe);

(* löscht das erste Element von Liste *)

VAR p  : Zeiger;

BEGIN
  IF Liste.Anfang <> NIL
  THEN
    p:= Liste.Anfang;
    Liste.Anfang := Liste.Anfang^.next;
    Dispose(p);
    IF Liste.Anfang = NIL
    THEN Liste.Ende := NIL
    END (* IF *)
  END (* IF *)
END EVLloeschenA;
```

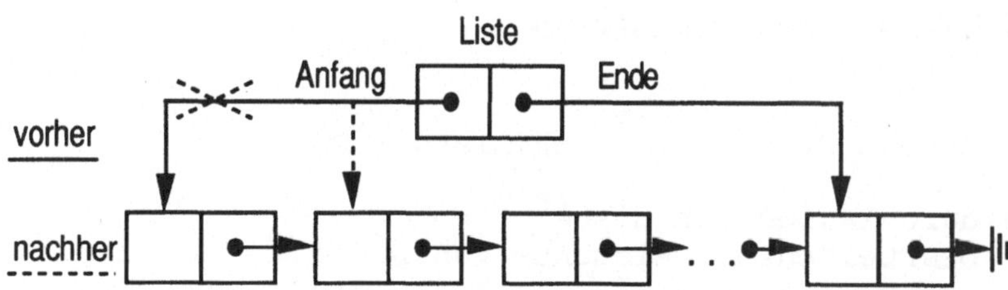

zu EVL 3:   Listenelement nach einem Listenelement löschen

```
PROCEDURE EVLloeschenMn
          (Vorgänger: Zeiger;VAR  Liste: EVListe);

(* löscht das Listenelement Vorgänger^.next von  *)
(* Liste, falls es existiert                     *)

VAR p  : Zeiger;

BEGIN
  IF Vorgaenger^.next = Liste.Ende
  THEN
  (* Liste.Ende aktualisieren *)
```

```
      Liste.Ende := Vorgaenger
  END (* IF *);
  IF Vorgaenger^.next <> NIL
  THEN
    p:= Vorgaenger^.next ;
    Vorgaenger^.next := Vorgaenger^.next^.next;
    DISPOSE (p)
  END (* IF *)
END EVLloeschenMn;
```

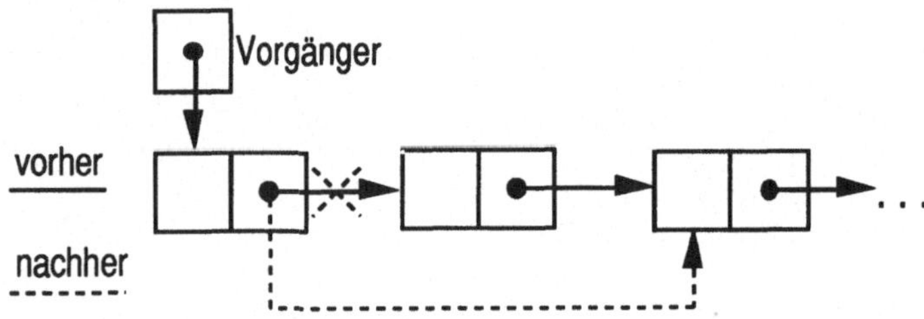

zu EVL 4:   Liste durchlaufen

```
PROCEDURE EVLdurchlaufen (Liste : EVLliste);

(* durchlaufen von Liste;                        *)
(* bearbeiten der Elemente von Liste             *)

VAR p : Zeiger;

BEGIN
  p := Liste.Anfang;
  WHILE p <> NIL DO
    "bearbeite p^.Info";
    p := p^.next
  END (* WHILE *)
END EVLdurchlaufen;
```

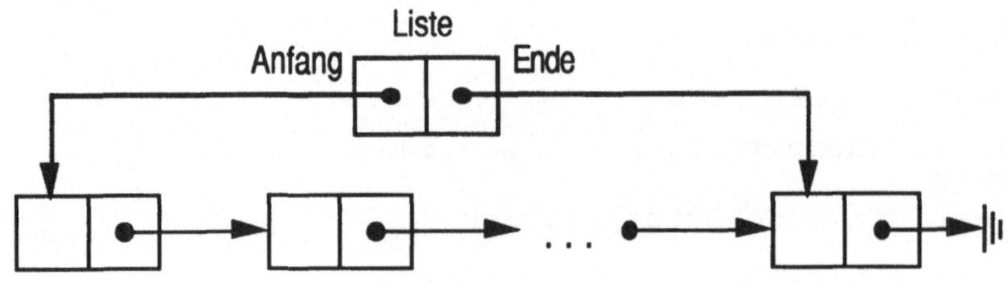

zu EVL 5:   Listenelement suchen

Wir suchen nach einem Listenelement mit einer vorgegebenen Info-Komponente. Falls mehrere Elemente mit dieser Info-Komponente existieren, wird das erste gefunden.

In einer unsortierten Liste dient die Suche nach einem Listenelement p^ mit der Info-Komponente x dem Lesen oder Manipulieren von p^.Info.

Die Suche des Vorgängers p^ eines Listenelements q^ mit Info-Komponente x läßt sich verwenden, um q^ (= p^.next) zu löschen oder um ein neues Element vor dem Listenelement q^ einzufügen.

Bemerkung:
> Als Grundoperation ist die letztere ausreichend, da von einem Vorgänger p^ stets auch dessen Nachfolger p^.next in der Liste zur Verfügung steht.

Suche des Vorgängers eines Listenelements in einer unsortierten Liste

```
PROCEDURE EVLsucheVorg
            (x: InfoTyp;Liste : EVListe) : Zeiger;

(* liefert einen Verweis auf das erste          *)
(* Listenelement p^ von Liste mit               *)
(* p^.next^.Info  =  x, falls p^ so existiert    *)
(*                 NIL, sonst.                   *)

VAR p  : Zeiger;

BEGIN
  IF  Liste.Anfang = NIL
  THEN (* Liste ist leer *)
    RETURN NIL
  ELSE
    p := Liste.Anfang;
    WHILE (p # Liste.Ende)AND(p^.next^.Info # x) DO
      p := p^.next
    END; (* WHILE *)
```

```
      IF p = Liste.Ende
      THEN (* Element nicht gefunden *)
        RETURN NIL
      ELSE
        RETURN p
      END (* IF *)
    END (* IF *)
END EVLsucheVorg;
```

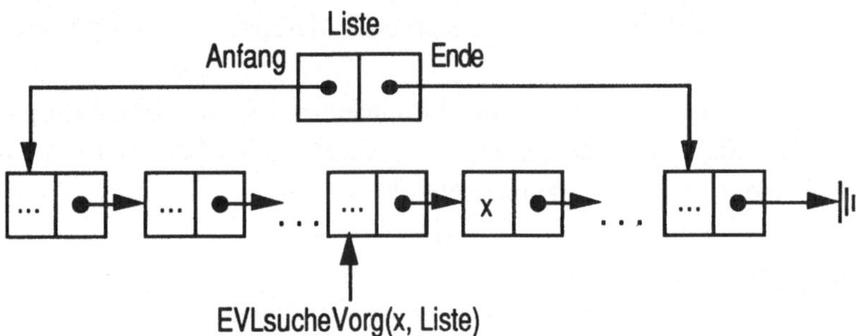

zu EVL 6:   Liste löschen (vgl. EVL 1 : Liste initialisieren)

```
PROCEDURE  EVLloeschen (VAR  Liste : EVLliste);

(* kennzeichnet Liste als leere Liste und gibt    *)
(* den vorher belegten Speicherplatz frei.        *)

VAR
  p, q : Zeiger

BEGIN
  p := Liste.Anfang
  Liste.Anfang := NIL;
  WHILE p <> NIL DO
    q := P;
    p := p^.next
    DISPOSE (q)
  END; (*WHILE*)
  Liste.Ende := NIL
END EVLloeschen;
```

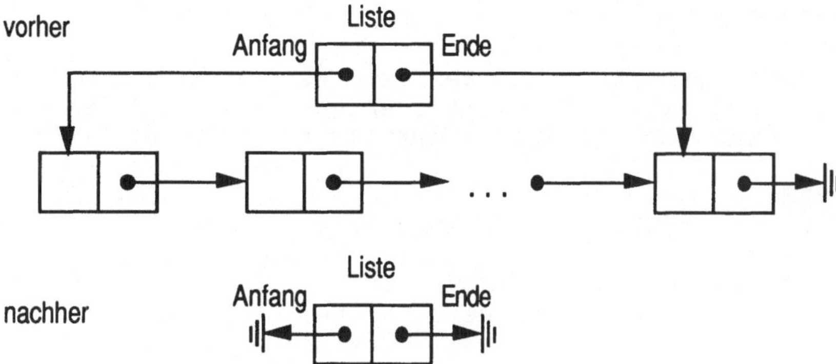

Die Prozeduren zeigen die verschiedenen Möglichkeiten auf, die bei der Zeigerbehandlung gegeben sind. Man beachte etwa das Durchgreifen auf den übernächsten Nachfolger in EVL 3, die Rückgabe eines Zeigers als Ergebnis in EVL 5 oder die Verwendung von VAR-Parametern beim Einfügen und Löschen. Außerdem wird deutlich, daß eine Prozedur – etwa Einfügen in der Mitte – durchaus globale Wirkungen haben kann (neuen Speicherplatz allokieren), ohne daß ihre Parameter oder globale Größen verändert werden.

5.3.2 Telefonverzeichnis als einfach verkettete Liste

Wir stellen als weiteres Beispiel die Listenoperationen für unser Telefonverzeichnis vor. Dabei wählen wir im Unterschied zu den oben besprochenen Listenoperationen eine Listenstruktur mit Zeiger auf den Anfang (Typ 1) und bauen eine alphabetisch sortierte Liste auf. Dazu verwenden wir die Funktion `CompareStr` aus dem Modul `Strings` (siehe Kapitel 7.4.4).

Beispiel 1-4 h: Listenoperationen für Telefonverzeichnisse

```
MODULE Listen;

FROM InOut IMPORT
  Write, WriteString, WriteCard, WriteLn;
FROM Strings IMPORT CompareStr;
FROM SYSTEM IMPORT TSIZE;
```

```modula2
FROM Storage IMPORT ALLOCATE, DEALLOCATE;
FROM Listentypen IMPORT Textfeld, Elementtyp;
    (* Elementtyp und Textfeld werden in einem
     Definitionsmodul "Listentypen" vereinbart
     und von dort importiert (siehe Kapitel 6) *)

TYPE
  Liste = POINTER TO Elementtyp;

  (* Elementtyp =  RECORD
                     next: Liste;
                     Name: Textfeld;
                     Nummer: LONGCARD
                   END; *)



PROCEDURE agleichb (a, b: ARRAY OF CHAR): BOOLEAN;
BEGIN
  RETURN CompareStr(a,b) = 0;
END agleichb;


PROCEDURE avorb (a, b: ARRAY OF CHAR): BOOLEAN;
BEGIN
  RETURN CompareStr(a,b) = -1
END avorb;


PROCEDURE leer (l: Liste): BOOLEAN;
(* Diese Funktionsprozedur prüft, ob die Liste l
   leer ist *)
BEGIN
  RETURN l = NIL
END leer;


PROCEDURE InitialisiereVerzeichnis (VAR l: Liste);
(* Initialisiert das Verzeichnis l *)
BEGIN
  l := NIL
END InitialisiereVerzeichnis;


PROCEDURE ZeigeElemente (l: Liste);
(* Diese Prozedur zeigt sequentiell alle Elemente
   der Liste l an *)
VAR
  p: Liste;
  i: INTEGER;
```

```
BEGIN
  p := l;
  IF (p = NIL)
  THEN
    WriteString ("Liste leer");
    WriteLn;
  ELSE
    REPEAT
      i := 0;
      REPEAT
        WriteString ("Name: ");
        WriteString (p^.Name);
        WriteLn;
        WriteString ("                    Nummer: ");
        WriteCard (p^.Nummer, 14);
        WriteLn;
        WriteLn;
        i := i + 1;
        p := p^.next
      UNTIL (p = NIL) OR (i = 10);
      WriteLn;
    UNTIL p = NIL
  END; (*IF*)
END ZeigeElemente;


PROCEDURE FindeNummer
  (l: Liste; gesName: ARRAY OF CHAR): CARDINAL;
(* Diese Funktionsprozedur liefert die Nummer des
 ersten Elements e der Liste l, für das gilt:
            e.Name = gesName.
 Falls kein Element, das diese Bedingungen erfüllt,
 existiert, wird die Nummer 0 zurückgegeben. *)
VAR
  p: Liste;
BEGIN
  p := l;
  WHILE (p <> NIL) AND NOT
        agleichb(p^.Name, gesName) DO
    p := p^.next
  END; (* WHILE *)
  IF p <> NIL
  THEN
    RETURN p^.Nummer
  ELSE
    RETURN 0
  END (* IF *)
END FindeNummer;
```

```modula2
PROCEDURE FuegeElementEin
  (VAR l: Liste; x: Elementtyp);
(* Diese Prozedur fügt das neue Element x nach
  alphabetischer Ordnung in die Liste l ein. *)
VAR p, q: Liste;
BEGIN
  p := l;
  IF (l = NIL) OR avorb(x.Name, l^.Name)
  THEN
    ALLOCATE (l, TSIZE(Elementtyp));
    l^.Name := x.Name;
    l^.Nummer := x.Nummer;
    l^.next := p
  ELSE
    WHILE (p^.next <> NIL) AND
            avorb(p^.next^.Name, x.Name) DO
      p := p^.next
    END (* WHILE *);
    ALLOCATE (q, TSIZE(Elementtyp));
    q^.Name := x.Name;
    q^.Nummer := x.Nummer;
    q^.next := p^.next;
    p^.next := q
  END (* IF *)
END FuegeElementEin;


PROCEDURE FirstElement
  (l: Liste; VAR x: Elementtyp);
(* liefert 1.Element der Liste l *)
BEGIN
  x := l^
END FirstElement;


PROCEDURE NextElement (VAR l: Liste);
(* l ist Liste ohne 1. Element *)
BEGIN
  l := l^.next
END NextElement;

END Listen.
```

6 Module

6.1 Einführung

Die Methode der schrittweisen Verfeinerung führte uns auf der Daten-
seite zu den strukturierten Datentypen und auf der Algorithmenseite zu
den Prozeduren. Durch Parameterlisten werden Prozeduren zu einem
flexiblen, wiederverwendbaren Konstrukt. Eine Prozedur läßt sich
also, sofern sie nur allgemein genug geschrieben ist, in mehreren Programmen verwenden.

Wiederverwendbarkeit von Prozeduren erfordert, daß keine Veränderung oder Verwendung globaler Größen vorkommt, daß alle Parametertypen bekannt sind und daß die Prozeduren im verwendenden
Programm neu übersetzt werden.

Sowohl vom Schreiber der Prozedur als auch von ihrem Verwender
wird also Programmierdisziplin gefordert, da eine Prozedur nicht
immer unabhängig von ihrer Umgebung ist. Diese Schwächen werden
durch Module beseitigt, die noch die wertvolle Eigenschaft mitbringen,
die Zerlegbarkeit (Modularisierung) des Programms in einzelne, voneinander unabhängige Teile zu unterstützen.

Stellen wir uns vor, es soll ein größeres Softwareprojekt mit mehreren
Mitarbeitern durchgeführt werden. Mit dem gegenwärtigen Kenntnis-
stand würde man wie folgt vorgehen:

- Zu Beginn eines Softwareprojekts erfolgt die Festlegung der wichtigsten Datenstrukturen,
- dann werden die Teilprobleme getrennt bearbeitet (d.h. die Strukturen werden auf unterschiedliche Weise manipuliert).

Die Manipulation der Strukturen erfolgt durch eine Reihe von Prozeduren, deren Quelltext vom Entwerfer den anderen Gruppen zur Verfügung gestellt werden muß. Da die verschiedenen Prozeduren gleichzeitig entwickelt werden, muß zwischenzeitlich mit leeren Prozedurrümpfen gearbeitet werden. Liegt der Quelltext vor, so besteht die Gefahr, daß eine Gruppe Prozeduren ändert, die eigentlich in der Zuständigkeit einer anderen Gruppe liegen, um so für ihre Teilaufgabe die Effizienz zu steigern. Außerdem kann der Zugriff auf Einzelheiten der benutzten Datenstrukturen nicht unterbunden werden. Dieser Zugriff bedeutet aber, daß ein Programm an vielen Stellen und von mehreren Gruppen geändert werden muß, falls die Struktur geändert wird.

Dieser Mangel wird beseitigt durch die Festlegung von abstrakten Datentypen, deren Schnittstelle nach außen – zu anderen Datentypen – nur aus den Typnamen (notwendig zur Variablendeklaration) und den Prozedurköpfen der Operationen (notwendig für deren Aufruf) besteht.

Nun lernt der Programmierer (des Anwendungsprogramms) die Implementation des Datentyps (= interne Datenstruktur) nicht kennen. Eine Änderung der Implementation ist ohne Änderung des Anwendungsprogrammes möglich, und umgekehrt kann der Anwendungsprogrammierer die Implementation des Datentyps nicht ändern. Diese Vorgehensweise wird durch das Modulkonzept unterstützt.

Bevor wir Einzelheiten betrachten, fassen wir kurz die wichtigsten Eigenschaften von Modulen zusammen:

- Module sind wie Prozeduren eine Zusammenfassung von Programmelementen.
- Module können getrennt übersetzt werden, müssen also nicht wie Prozeduren textueller Bestandteil der Umgebung (Programm) sein, in der sie eingesetzt werden. Die Vorteile, die daraus resultieren, sind die Verkleinerung des Quellprogramms und damit kürzere Übersetzungszeiten.

- Module unterstützen ihre Verwendung in unterschiedlichen Programmen und damit die unabhängige, arbeitsteilige Programmentwicklung.
- Module bilden eine Hülle um die in ihnen vorkommenden Objekte. Der Modulprogrammierer bestimmt die Durchlässigkeit der Hülle explizit. Sie dienen also der **Datenkapselung**.
- Durch Aufteilung in Definition und Implementation und das mögliche Verbergen von internen Datenstrukturen unterstützen Module die Programmierung **abstrakter Datentypen.**
- Die Verwendung von in Modulen zusammengefaßten Objekten geschieht durch expliziten Import in das aktuelle Programm (Modul). Wir kennen diese Vorgehensweise bereits von den Ein- und Ausgabeprozeduren oder mathematischen Standardfunktionen, die nichts anderes als in Standardmodulen vereinbarte Prozeduren darstellen.
- In diesem Sinn erlauben Module auch das Verbergen von maschinenabhängigen Implementationsdetails und erhöhen so die Portabilität der Programme.
- Vom syntaktischen Standpunkt aus betrachtet gibt es drei Kategorien von Modulen:
  — Programm-Module (jedes Modula-Programm)
  — interne Module (lokale Module):
    Module, die textuell in andere Module integriert sind
  — externe Module (Library Modules, Bibliotheksmodule):
    Module, die vorübersetzt vorliegen und in anderen Modulen beliebig oft benutzt werden können.

Bevor wir uns die syntaktischen Einzelheiten ansehen, geben wir für jede neue Kategorie ein Beispiel.

Interne Module stellen durch die feste Hülle und die gegenüber Prozeduren geänderten Gültigkeits- und Lebensdauerregeln ein wirkungsvolles Konstrukt zur Strukturierung von Algorithmen dar.

Beispiel 6-1:   internes Modul: Zufallszahlengenerator

Ein einfacher Zufallszahlengenerator produziert ganze Zahlen zwischen 0 und `Limit` nach folgendem Algorithmus:

Sei u die letzte produzierte Zufallszahl, so ist u := (u + increment) MOD Limit die nächste Zufallszahl; dabei ist increment
eine zu Limit teilerfremde Zahl.

Wir schreiben ein einfaches Programm, das eine parameterlose Funktion enthält.

```
MODULE Hauptprogramm;
FROM InOut IMPORT WriteInt;
VAR i, u: INTEGER;
CONST
  Startwert = 17;

PROCEDURE Random (): INTEGER;
  CONST
    Limit = 75;
    increment = 53;
  BEGIN
    u := (u + increment) MOD Limit;
    RETURN u
  END Random;

BEGIN
  u := Startwert;
  FOR i := 1 TO 10 DO
    WriteInt (Random (), 7)
  END (* FOR i *)
END Hauptprogramm.
```

Die globale Größe u muß initialisiert werden und darf außerhalb der
Prozedur Random nicht verändert werden. Dies muß der Anwender
und nicht der Entwerfer von Random beachten. Eigentlich gehört aber
die Variable u zur Prozedur Random und sollte nur dort manipuliert
werden. Bei jedem Aufruf von Random sollte u den beim vorherigen
Aufruf erhaltenen Wert noch besitzen. Die Lebensdauer und der Gültigkeitsbereich von u im obigen Programm entsprechen jedoch denen
des Hauptprogramms; u könnte also nach jedem Aufruf wieder gelöscht
oder verändert werden. Eine Variable, deren Lebensdauer gleich der
des Hauptprogramms ist, deren Gültigkeitsbereich aber dem der Prozedur entspricht heißt *statisch*. Der Begriff statisch wird hier anders
verwendet als bisher (bisher: fester Speicherbedarf; jetzt zusätzlich:
alter Wert bei neuem Aufruf vorhanden). Um diesen Schwierigkeiten
abzuhelfen, packen wir jetzt die Variable u zusammen mit der Funktion Random in ein Modul.

```
MODULE Hauptprogramm;
CONST Startwert = 17;
MODULE Zufallszahlen;
   IMPORT Startwert;
     (*Startwert wird von außen importiert*)
   EXPORT Random;
     (*die Funktion Random wird exportiert, d.h.
       der Umgebung des Moduls bekannt gemacht*)
   CONST Limit = 75;
         increment = 53;
   VAR u: INTEGER;
     (*nur im Modul Zufallszahlen sichtbar*)
   PROCEDURE Random () : INTEGER;
     BEGIN
       u := (u + increment) MOD Limit;
       RETURN u
     END Random;
   BEGIN
     u := Startwert (*einmalige Initialisierung*)
   END Zufallszahlen;

VAR i: INTEGER;
BEGIN
   FOR i := 1 TO 10 DO
     WriteInt (Random (), 7)
   END (*FOR*)
END Hauptprogramm.
```

Die Variable u ist im Hauptprogramm nicht sichtbar und kann deshalb auch nur von der Funktion Random verändert werden. Die Initialisierung erfolgt einmal bei der Aktivierung des Moduls, ist also in jedem Fall sichergestellt. Die zusammengehörenden Größen u und Random werden tatsächlich zusammengefaßt.   ♦

Externe Module erlauben den Aufbau von Programmbibliotheken.

Beispiel 6-2:   Bibliotheksmodul: Komplexe Arithmetik

Aufgabe:
Erstellen einer Bibliothek für Arithmetik mit komplexen Zahlen

Die *Realisierung* erfolgt mit einem „externen Modul", das Datentyp und Operationen bereitstellt. Dieses besteht aus zwei Teilen: dem Definitionsmodul und dem Implementationsmodul. Das *Definitionsmodul* enthält die Typdefinitionen und die Schnittstellen der Prozeduren, d.h. die Information, die zum Aufruf nötig ist.

```
DEFINITION MODULE komplZahlen;

TYPE
  komplex =  RECORD
                Re : REAL;
                Im : REAL;
             END (*Record*);

PROCEDURE addiere (a, b : komplex): komplex;
    (* c := a+b *)
PROCEDURE subtrahiere (a, b : komplex): komplex;
    (* c := a-b *)
PROCEDURE multipliziere (a, b : komplex): komplex;
    (* c := a*b *)
PROCEDURE dividiere (a, b : komplex): komplex;
    (* c := a/b *)
END komplZahlen.
```

Bemerkung: Wir lassen hier strukturierte Datentypen als Ergebnis von Funktionsprozeduren zu.

Das *Implementationsmodul* enthält die vollständigen Prozeduren:

```
IMPLEMENTATION MODULE komplZahlen;

PROCEDURE addiere (a, b : komplex): komplex;
VAR c: komplex;
BEGIN
   c.Re := a.Re + b.Re;
   c.Im := a.Im + b.Im;
   RETURN c
END addiere;

PROCEDURE subtrahiere (a, b : komplex): komplex;
VAR c: komplex;
BEGIN
   c.Re := a.Re - b.Re;
   c.Im := a.Im - b.Im;
   RETURN c
END subtrahiere;
```

```
PROCEDURE multipliziere (a, b : komplex): komplex;
VAR c: komplex;
BEGIN
  c.Re := a.Re * b.Re - a.Im * b.Im;
  c.Im := a.Re * b.Im + a.Im * b.Re;
  RETURN c
END multipliziere;

PROCEDURE dividiere (a, b : komplex): komplex;
VAR c: komplex;
BEGIN
  c.Re := (a.Re * b.Re + a.Im * b.Im) /
          (b.Re * b.Re + b.Im * b.Im)
  c.Im := (a.Im * b.Re - a.Re * b.Im) /
          (b.Re * b.Re + b.Im * b.Im)
  RETURN c
END dividiere;

END komplZahlen.
```
◆

Beachte:
Die Typdefinition wird im Implementationsteil nicht wiederholt,
da sie im Definitionsteil bereits vollständig ausgeführt ist.

Beispiel 6-3:   Nutzung eines Bibliotheksmoduls

Ein Anwendungsprogramm, das das Bibliotheksmodul für komplexe
Arithmetik komplZahlen verwendet, könnte folgendermaßen aussehen:

```
MODULE AnwendungFuerKomplexeZahlen;
FROM komplZahlen IMPORT komplex,
  addiere, subtrahiere, multipliziere, dividiere;
FROM InOut IMPORT WriteLn, WriteString;
FROM RealInOut IMPORT WriteReal;

VAR
  k1, k2, k3 : komplexeZahl;

PROCEDURE gibaus (k: komplex);
  BEGIN
    WriteString("Realteil --> ");
    WriteReal(k.Re, 14); WriteLn;
    WriteString("Imaginaerteil --> ");
    WriteReal(k.Im, 14); WriteLn
  END gibaus;
```

```
BEGIN (*AnwendungFuerKomplexeZahlen*)
  k1.Re := 3.0;
  k1.Im := 4.0;
  k2.Re := 3.0;
  k2.Im := 4.0;
  k3 := addiere (k1, k2);
  gibaus(k3);
  k3 := subtrahiere (k1, k2);
  gibaus(k3);
  gibaus(multipliziere (k1, k2));
  k3 := dividiere (k1, k2);
  gibaus(k3)
END AnwendungFuerKomplexeZahlen.
```
◆

6.2   Interne (lokale) Module

6.2.1   Vereinbarung und Ausführung

In jedem Block können interne Module definiert werden.

5 Modulvereinbarung

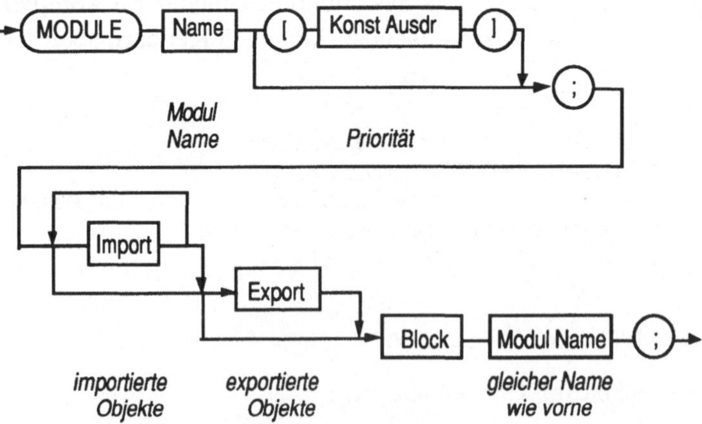

- Der im Modulkopf auftauchende konstante Ausdruck dient der
  möglichen Angabe von Prioritäten, die für die Steuerung von Pro-
  zeßunterbrechungen benötigt werden (wird hier nicht behandelt).

- Im Block müssen alle exportierten Größen vereinbart werden. Der Block umfaßt die Beschreibung der Objekte und Prozeduren, die nicht von der Umgebung importiert werden (inklusive derer, die exportiert werden), sowie optional eine Folge von Aktionen, die bei der erstmaligen Aktivierung des Moduls ausgeführt werden sollen.
- Vor Ausführung des Blocks B, in dem das Modul M deklariert ist (bzw. in den es importiert ist), werden für das Modul M ein Block mit entsprechenden Speicherzellen erzeugt und die Anweisungen des Modulrumpfes ausgeführt (Initialisierung des Moduls).
- Auf die einem Modul M zugeordneten Speicherzellen kann dann z.B. über exportierte Variablen vom umgebenden Block B zugegriffen werden.
- Die für die Ausführung des Moduls bereitgestellten Speicherzellen bleiben – im Gegensatz zu Prozeduren – für die Lebensdauer des Blocks, in dem das Modul deklariert ist, bestehen.

6.2.2   Import-Anweisung

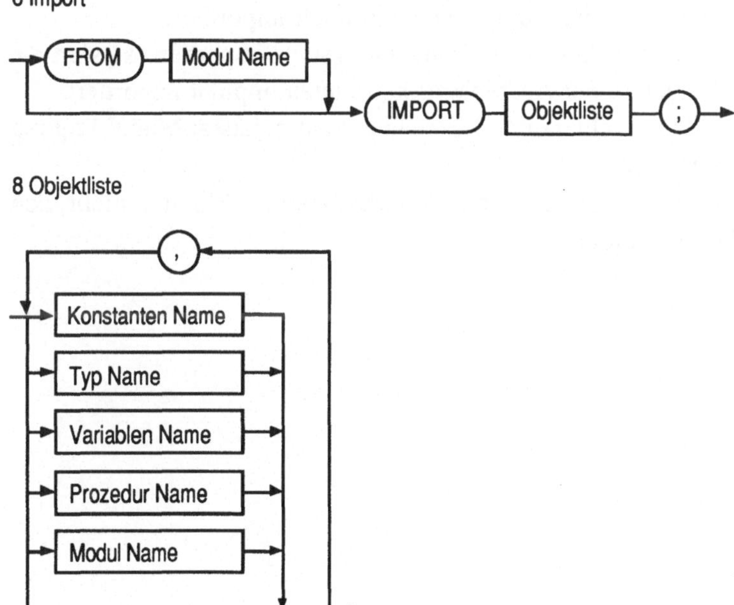

- Für interne Module ist die *Import-Anweisung ohne FROM* gebräuchlich.

  z.B.:   `MODULE Mod;`

  `IMPORT M;`

  In der Objektliste werden die Namen aufgezählt, die in der Umgebung bekannt sind und im Modul verwendet werden sollen.

  Wird ein Modulname M importiert, können innerhalb des Moduls Mod, in dem die Import-Anweisung steht, alle Namen, die das Modul M exportiert, benutzt werden: Es ist möglich, diese Namen mit dem Modulnamen zu qualifizieren.

- *Import-Anweisung mit FROM* (in einem Modul Mod):

  z.B.:   `MODULE Mod;`

  `FROM M IMPORT P;`

  Nach IMPORT müssen alle Namen aufgezählt werden, die von M exportiert und im Modul Mod benutzt werden sollen.

  Alle aus dem Modul M exportierten und in der Objektliste genannten Namen werden in Mod deklariert und direkt sichtbar. Eine Qualifizierung ist nicht möglich.

- Neben den explizit durch die Importliste importierten Namen werden einige Namen implizit importiert:

  — Wird der Name eines Record-Typs importiert, so sind die Namen seiner Komponenten implizit importiert.

  — Wird der Name eines Aufzählungstyps importiert, so sind die Namen seiner Aufzählungskonstanten implizit importiert.

  — Alle vordeklarierten Bezeichner sind in jedem Modul implizit importiert.

- Importierte Namen dürfen innerhalb eines Moduls nicht neu deklariert werden.

Beispiel 6-4:   Importe in interne Module

```
MODULE Haupt;
VAR A: INTEGER;

MODULE EINS;
   EXPORT DREI, C;
   VAR B, C: INTEGER;

   MODULE DREI;
     EXPORT D;
     VAR D: INTEGER;
     (* sichtbar: D aus DREI *)
   END DREI;

   (* sichtbar: D aus DREI; B, C, aus EINS *)
END EINS;

MODULE ZWEI;
   IMPORT A, DREI;
   FROM EINS IMPORT C;
   (*sichtbar: A aus HAUPT; D aus DREI, C aus EINS*)

   BEGIN (* ZWEI *)
     C := DREI.D + D * A;
   END ZWEI;

BEGIN (* HAUPT *)
   (*sichtbar: A aus HAUPT; D aus DREI, C aus EINS*)
   D := 1 + DREI.D
END HAUPT.                                              ◆
```

6.2.3   Export-Anweisung

7 Export

8 Objektliste

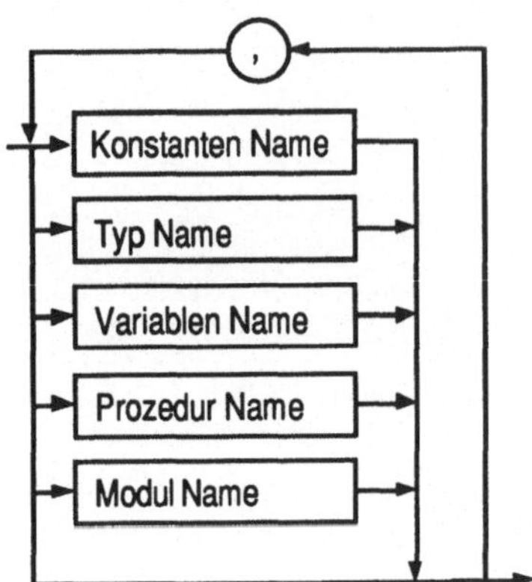

- Die Namen der Exportliste werden der Umgebung, in der das Modul deklariert ist oder in die es importiert ist, bekannt gemacht.
- Wird das Schlüsselwort QUALIFIED benutzt, müssen die exportierten Namen außerhalb des Moduls M mit dem Namen des Moduls M qualifiziert werden. Das ist sinnvoll, um Namenskonflikte zu vermeiden.
- Alle Namen in der Exportliste müssen im Block des exportierenden Moduls deklariert sein oder von einem darin enthaltenen internen Modul unqualifiziert exportiert werden.

Syntaxbeschreibung qualifizierter (vollständiger) Namen:

45a Vollständiger Name

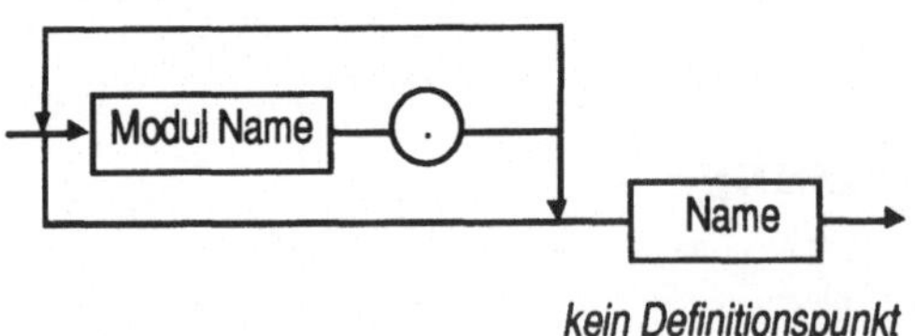

kein Definitionspunkt

Eine aus einem anderen Modul importierte Größe, die direkt sichtbar ist, kann sowohl mit ihrem eigentlichen Namen (unqualifiziert) als auch mit dem vollständigen Namen (qualifiziert) angesprochen werden.

Beispiel 6-5:   Import/Export

```
MODULE Beispiel;

FROM InOut IMPORT Read, WriteInt, WriteLn;

MODULE inneres1;
  IMPORT Read
       (*aus "Beispiel" und nicht aus "InOut"
         importiert*)

  EXPORT a, b, c, tunix;

  TYPE
    a = RECORD
           a1 : CARDINAL;
           a2 : BOOLEAN
        END;
    b = (rot, weiss, gruen);

  VAR
    c : INTEGER;
    d : REAL;

  PROCEDURE tunix;
    BEGIN
    END tunix;

  END inneres1;


MODULE inneres2;
  EXPORT QUALIFIED a, b, tuwas;

  TYPE
    a = ARRAY [1 .. 20] OF CARDINAL;

  VAR
    b : REAL;

  PROCEDURE tuwas (zahl : INTEGER);
    BEGIN
      zahl := zahl DIV 1
    END tuwas;

  END inneres2;
```

```
VAR
  feld  : a;
  farbe : b;
  folge : inneres2.a;

BEGIN (*Beispiel*)
  feld.a1 := 2;
  feld.a2 := TRUE;
  farbe := weiss;
  folge[2] := 30;
  inneres1.c := 0;
      (*Qualifikation kann angegeben werden*)
  inneres2.b := 23.5668;
      (*Qualifikation muß angegeben werden*)
  tunix;
  inneres2.tuwas(c)
      (*Qualifikation muß angegeben werden*)
END Beispiel.
```

◆

6.2.4   Gültigkeitsbereich und Lebensdauer von Objekten

Wir stellen die Sichtbarkeitsregeln für Prozeduren und Module gegenüber:

- Prozeduren „sehen" alle Objekte ihrer Umgebung.
- Module „sehen" nichts von ihrer Umgebung, außer es wird ihnen explizit mitgeteilt.
- Lokale Objekte von Prozeduren sind für die Umgebung in jedem Fall unsichtbar.
- Lokale Objekte von Modulen sind für die Umgebung unsichtbar, außer sie werden der Umgebung explizit mitgeteilt.
- Mit diesen Unterscheidungen gelten die Regeln über die Gültigkeit der Namen von Objekten in geschachtelten Blöcken hier entsprechend.
- Lokale Variablen in Prozeduren „existieren" nur solange, bis die Abarbeitung des aktuellen Aufrufs beendet ist.
- Die lokalen Variablen eines Moduls „existieren" solange wie die lokalen Variablen des Blocks, in dem das Modul deklariert ist.

Beispiel 6-6:   internes Modul: Statistik

Im Modul statistik soll eine vorgegebene Anzahl Zahlen eingelesen werden. Für diese Zahlen sind Mittelwert und Varianz zu ermitteln.

Diese Funktionalität soll durch Prozeduren zur Verfügung gestellt werden, die in einem internen Modul vereinbart worden sind.

```modula
MODULE statistik;

FROM InOut IMPORT
  Read, ReadCard, WriteString, WriteLn;
FROM RealInOut IMPORT ReadReal, WriteReal;

VAR
  i, Anzahl : CARDINAL;
  Zahl, Mittelwert, Varianz : REAL;
  ch : CHAR;

MODULE berechnungen;
  IMPORT ReadReal;
      (* Nicht aus "RealInOut", sondern aus
        "statistik" importiert *)
  EXPORT werteinles, statpara;

  VAR
    Mittel,Var, Sum, QuadSum : REAL;
    Anzahl : CARDINAL;

  PROCEDURE werteinles (VAR x : REAL);

  BEGIN
    ReadReal(x);
    Sum := Sum + x;
    QuadSum := QuadSum + x * x;
    Anzahl := Anzahl + 1;
    Mittel := Sum / FLOAT(Anzahl);
    IF Anzahl > 1
    THEN
      Var := (QuadSum - Sum * Mittel) /
              FLOAT(Anzahl - 1)
    ELSE
      Var := 0.0
    END (* IF *)
  END werteinles;
```

```
PROCEDURE statpara
  (VAR arithMittel, Varianz : REAL );
BEGIN
  arithMittel := Mittel;
  Varianz := Var
END statpara;


BEGIN (* berechnungen *)
  Sum := 0.0;
  QuadSum := 0.0;
  Anzahl := 0
END berechnungen;

BEGIN (* statistik *)
  WriteString("Anzahl der Werte eingeben: ");
  ReadCard( Anzahl );
  WriteLn;
  FOR i := 1 TO Anzahl DO
    WriteString("Wert: ");
    werteinles(Zahl);
    WriteLn
  END; (* FOR *)
  WriteLn;
  statpara(Mittelwert, Varianz);
  WriteString("Mittelwert: ");
  WriteReal(Mittelwert, 20);
  WriteLn;
  WriteString("Varianz: ");
  WriteReal(Varianz, 20);
  Read(ch)
END statistik.
```

Für dieses Beispiel wollen wir anhand von einigen Momentaufnahmen den Ablauf der Modulaktivierung sowie der Lebensdauer- und Gültigkeitsregeln erläutern.

Ausgangssituation bei Eintritt in das Programmodul statistik (d.h. vor Ausführung der ersten Anweisung im Block des Programmoduls):

statistik

i:
Anzahl:
Zahl:
Mittelwert:
Varianz:
ch:

berechnungen

Mittel:
Var:
Sum:
QuadSum:
Anzahl:

```
Sum := 0.0;
QuadSum := 0.0;
Anzahl := 0
```

```
WriteString("Anzahl der Werte eingeben: ");
ReadCard( Anzahl );
    •
    •
    •
```

Im inneren Kästchen stehen die Initialisierungen des Moduls `berech-nungen` **an,** ...

statistik

<table>
<tr><td>i:</td></tr>
<tr><td>Anzahl:</td></tr>
<tr><td>Zahl:</td></tr>
<tr><td>Mittelwert:</td></tr>
<tr><td>Varianz:</td></tr>
<tr><td>ch:</td></tr>
</table>

berechnungen

<table>
<tr><td>Mittel:</td></tr>
<tr><td>Var:</td></tr>
<tr><td>Sum: 0.0</td></tr>
<tr><td>QuadSum: 0.0</td></tr>
<tr><td>Anzahl: 0</td></tr>
</table>

```
WriteString("Anzahl der Werte eingeben: ");
ReadCard( Anzahl );
   •
   •
   •
```

..., die jetzt ausgeführt sind.

Die Speicherstellen für die im Modul deklarierten Variablen bleiben
nach Ausführung des Modulrumpfes erhalten.

Situation beim ersten Aufruf der im internen Modul deklarierten Prozedur `werteinles`:

statistik

i:
Anzahl: 10
Zahl:
Mittelwert:
Varianz:
ch:

berechnungen

Mittel:
Var:
Sum: 0.0000000E+00
QuadSum: 0.0000000E+00
Anzahl: 0

werteinles

x: $\cong$ Zahl

```
ReadReal(x);
Sum := Sum + x;
QuadSum := QuadSum + x * x;
Anzahl := Anzahl + 1;
Mittel := Sum / FLOAT(Anzahl);
IF Anzahl > 1
THEN Var :=(QuadSum - Sum * Mittel)
          /FLOAT(Anzahl - 1)
ELSE  Var := 0.0
END
```

```
FOR i := 1 TO Anzahl DO
...
```

Nach dem zehnten Durchlauf der FOR-Schleife und der
Eingabe der Werte: 10, 20, 30, 40, 50, 60, 70, 80, 90, 100:
erfolgt der Aufruf der Prozedur statpara ...

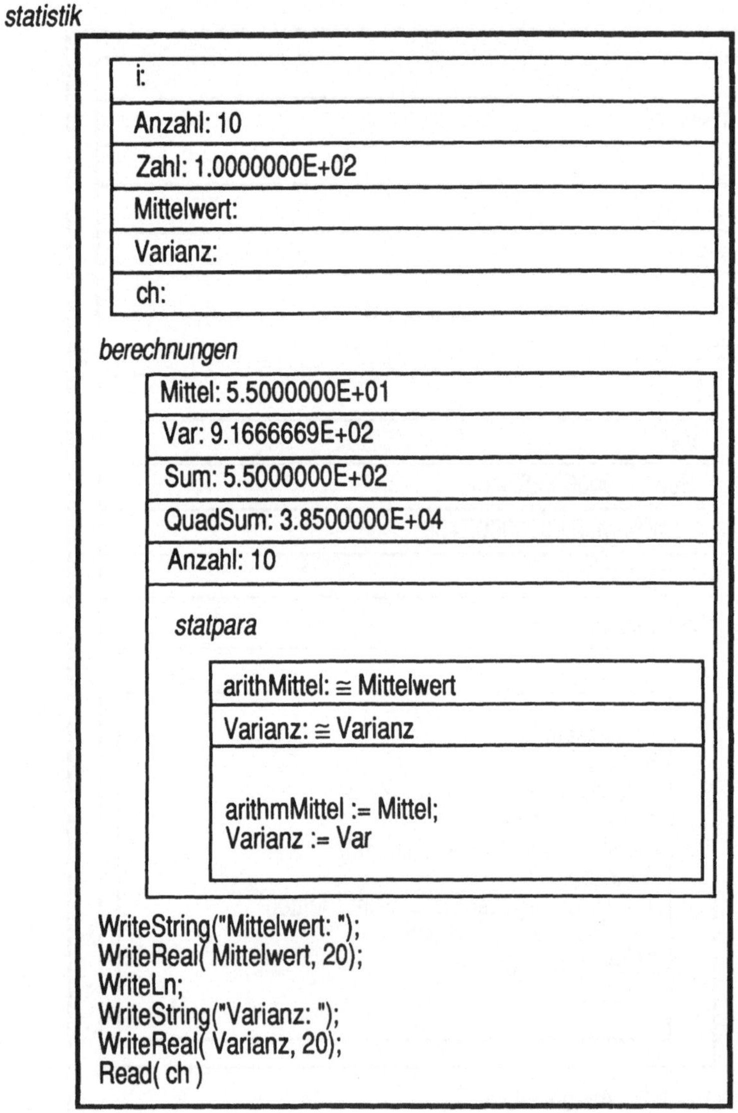

statistik

```
┌─────────────────────────────────────────────┐
│ ┌───────────────────────────────────────────┐ │
│ │ i:                                        │ │
│ ├───────────────────────────────────────────┤ │
│ │ Anzahl: 10                                │ │
│ ├───────────────────────────────────────────┤ │
│ │ Zahl: 1.0000000E+02                       │ │
│ ├───────────────────────────────────────────┤ │
│ │ Mittelwert:                               │ │
│ ├───────────────────────────────────────────┤ │
│ │ Varianz:                                  │ │
│ ├───────────────────────────────────────────┤ │
│ │ ch:                                       │ │
│ └───────────────────────────────────────────┘ │
│ berechnungen                                  │
│   ┌─────────────────────────────────────────┐ │
│   │ Mittel: 5.5000000E+01                   │ │
│   ├─────────────────────────────────────────┤ │
│   │ Var: 9.1666669E+02                      │ │
│   ├─────────────────────────────────────────┤ │
│   │ Sum: 5.5000000E+02                      │ │
│   ├─────────────────────────────────────────┤ │
│   │ QuadSum: 3.8500000E+04                  │ │
│   ├─────────────────────────────────────────┤ │
│   │ Anzahl: 10                              │ │
│   ├─────────────────────────────────────────┤ │
│   │   statpara                              │ │
│   │     ┌─────────────────────────────────┐ │ │
│   │     │ arithMittel: ≅ Mittelwert       │ │ │
│   │     ├─────────────────────────────────┤ │ │
│   │     │ Varianz: ≅ Varianz              │ │ │
│   │     ├─────────────────────────────────┤ │ │
│   │     │                                 │ │ │
│   │     │ arithmMittel := Mittel;         │ │ │
│   │     │ Varianz := Var                  │ │ │
│   │     └─────────────────────────────────┘ │ │
│   └─────────────────────────────────────────┘ │
│ WriteString("Mittelwert: ");                  │
│ WriteReal( Mittelwert, 20);                   │
│ WriteLn;                                       │
│ WriteString("Varianz: ");                     │
│ WriteReal( Varianz, 20);                      │
│ Read( ch )                                     │
└─────────────────────────────────────────────┘
```

..., die die Werte statistik.Mittelwert und
statistik.Varianz bestimmt, die dann ausgedruckt werden.   ◆

6.3   Externe Module (Bibliotheksmodule)

6.3.1   Übersetzungseinheiten

Wir kennen bereits die Verwendung von vorübersetzten Prozeduren aus Standardmodulen.

Beispiel 6-7:   Import aus Bibliotheksmodulen

```
MODULE sinus;
FROM RealInOut IMPORT ReadReal, WriteReal;
FROM MathLib IMPORT sin;
VAR x: REAL;

BEGIN
  ReadReal(x);
  WriteReal(sin(x),13)
END sinus.                                          ◆
```

Durch die IMPORT-Anweisungen wird die Existenz der Prozeduren `ReadReal`, `WriteReal` und `sin` mitgeteilt. Deren korrekter Aufruf muß bei der Übersetzung überprüft werden, d.h. die Parameterlisten (Reihenfolge, Art und Anzahl der Parameter) müssen bekannt sein. Erst bei der Ausführung ist dagegen der Rumpf der Prozeduren, der die Anweisungen enthält, wichtig. Die Aufteilung eines Bibliotheksmoduls in Definitions- und Implementationsteile ist also sinnvoll.

Mit einem selbstdefinierten Modul sieht das Beispiel so aus:

Beispiel 6-8:   Import aus selbstdefiniertem Modul

```
DEFINITION MODULE esel;
PROCEDURE asinus (x: REAL): REAL;
END esel.
```

```
IMPLEMENTATION MODULE esel;
PROCEDURE asinus(x: REAL): REAL;
  CONST pi = 3.141592654;
  BEGIN
    RETURN pi/3.0 * 11.0
  END asinus;
END esel.

MODULE benutzer;
FROM esel IMPORT asinus;
FROM RealInOut IMPORT ReadReal, WriteReal;
BEGIN
  ReadReal (x),
  WriteReal (asinus(x), 13)
END benutzer.                                              ♦
```

Ein Programm besteht aus mehreren Teilen, deren Abhängigkeit voneinander durch Importklauseln geregelt wird. Die einzelnen Teile Defi-
nitions- und Implementationsmodule sowie das benutzende Programm-
modul sind eigenständige Übersetzungseinheiten. Die Abhängigkeiten
müssen eine Übersetzungsreihenfolge der separaten Einheiten erlauben,
die folgende Punkte berücksichtigt:

- Wird eine Einheit übersetzt, die aus externen Modulen Objekte
  oder Prozeduren benutzt, braucht der Compiler Informationen
  über die zu importierenden Elemente, etwa um den korrekten
  Aufruf einer Prozedur überprüfen zu können. Die benötigten
  Informationen besorgt sich der Compiler aus bereits übersetzten
  Definitionsmodulen. Zum Zeitpunkt der Übersetzung einer Einheit müssen also nur die vorübersetzten Definitionsmodule der
  verwendeten Module vorhanden sein.

- Soll die so übersetzte Einheit ausgeführt werden, wird zusätzliche
  Information benötigt, die in einer entsprechenden Form vorliegt
  (Objekt-Code). Dazu müssen zunächst die zugehörigen Implementationsmodule übersetzt werden. Der so erzeugte Objekt-Code
  wird zur Ausführungszeit mit dem ausführenden Programm verknüpft.

- Die verwendende Einheit braucht keine Kenntnis der Realisierung
  der eingesetzten Module zu haben. Die Realisierung der verwendeten Module kann geändert werden, ohne eine Änderung oder

Neuübersetzung der verwendenden Programme nach sich zu ziehen. Damit wird eine Zerlegung großer Programme in „unabhängige Teile", die von unterschiedlichen Bearbeitern erstellt werden können, ermöglicht.

6.3.2   Vereinbarung von externen Modulen

Definitionsmodul

3 Definitionsmodul

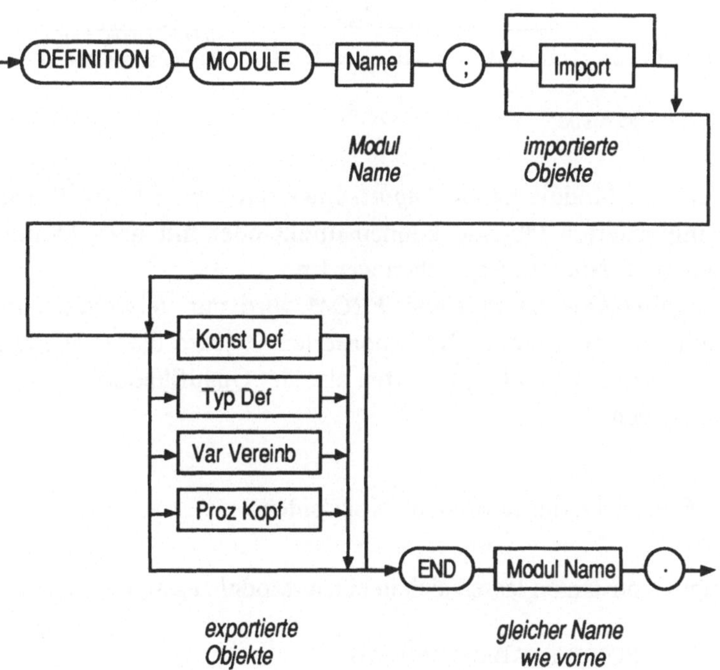

Zweck: Definition aller exportierten Namen

- Das Definitionsmodul beschreibt, wie ein Modul „von außen" benutzt werden kann. Die Bedeutung der Namen wird festgelegt (Deklaration).
- Die Konstantendefinition und Variablendeklaration erfolgt wie im Programmodul.

- Die Prozedurschnittstellendeklaration besteht nur aus dem Prozedurkopf. Damit ist festgelegt, wie die Prozedur aufgerufen werden kann.
- Die Typdefinition ist gegenüber dem Programmodul erweitert, da die Typangabe fehlen kann. Man spricht dann von **opaken Datentypen** (siehe 6.3.3).

10 Typdefinition (Typ Def)

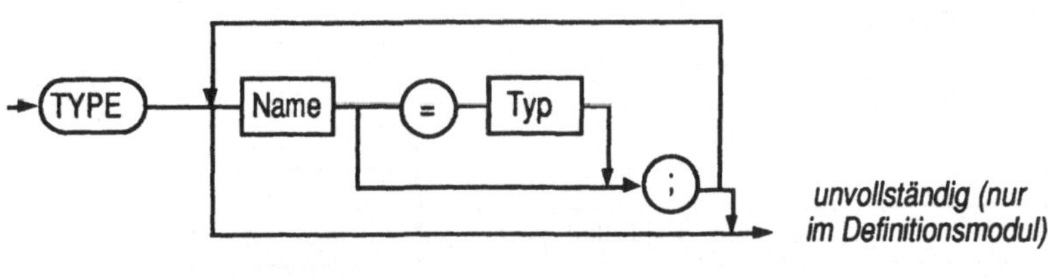

- Für externe Module ist die *Import-Anweisung mit FROM* üblich. Die importierten Objekte können direkt oder mit dem Modulnamen qualifiziert angesprochen werden.
- Die *Import-Anweisung ohne FROM* wird nur verwendet, um Module zu importieren. Die exportierten Objekte dieser Module sind nicht direkt sichtbar, bedürfen also der Qualifikation mit dem Modulnamen.

Beispiel 6-9:   Definitionsmodul: Konstanten

Oft benötigte Konstanten lassen sich in einem Modul zusammenfassen:

```
DEFINITION MODULE Abkuerzungen;

CONST
  Uni = "Universität";
  TH = "Technische Hochschule";
  D = "Diplom";
  St = "Studium";
  P = "Promotion"
END Abkuerzungen.
```

Hier ist kein Implementationsmodul nötig.   ◆

Beispiel 6-10:   zulässige und unzulässige Importe

```
MODULE Beispiel;
IMPORT MathLib;
     (* importiert das externe Modul "MathLib"
        in das Programmodul "Beispiel"              *)

(*nicht zulässig:
IMPORT WriteReal;
    denn die Prozedur "WriteReal"
    aus dem Modul "RealInOut" ist der Umgebung
    des Programmoduls nicht bekannt               *)

FROM RealInOut IMPORT WriteReal, ReadReal;
     (* importiert aus dem externen Modul
        "RealInOut" die beiden Prozeduren           *)

FROM InOut IMPORT Read, Write, WriteLn;

(*nicht zulässig:
FROM TerminalOut IMPORT Write, WriteLn;
    denn die Prozedurnamen Write, WriteLn sind
    schon für Prozeduren aus "InOut" vergeben    *)

(*statt dessen:*)
IMPORT TerminalOut;
     (* und Verwendung der Prozedurnamen Write,
        WriteLn etc. in der qualifizierten Form
        TerminalOut.Write etc.                       *)

VAR ...

(*nicht zulässig:
PROCEDURE Read;
  BEGIN
     ...
  END Read;
    denn die Namen importierter Objekte dürfen
    nicht für lokale Deklarationen im Gültigkeits-
    bereich der Import-Anweisung benutzt werden. *)

BEGIN (*Beispiel*)
   ...
   TerminalOut.WriteLn;
   ...
END Beispiel.                                        ♦
```

Implementationsmodul

Ausschnitt aus: 1 Übersetzungseinheit

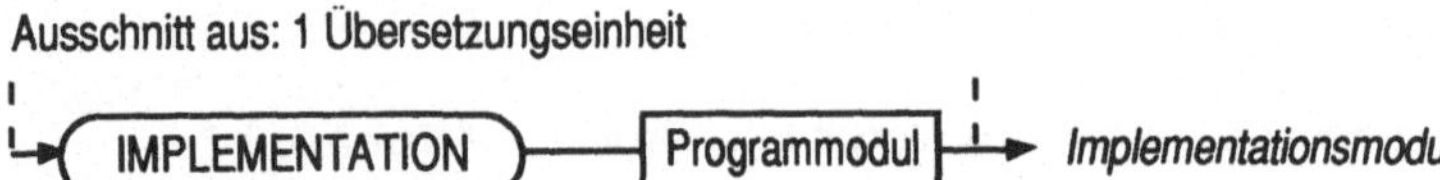

Das Implementationsmodul wird entsprechend den Regeln der Programmodule aufgebaut.

2 Programmodul

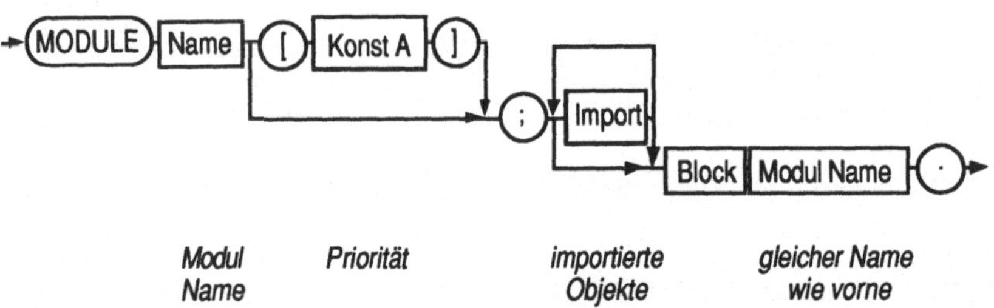

Das Implementationsmodul muß die vollständige Definition aller im Definitionsmodul aufgeführten opaken Datentypen und die vollständige Prozedurdeklaration aller im Definitionsmodul aufgeführten Prozedurköpfe enthalten. Alle anderen im Definitionsmodul aufgeführten Namen dürfen im Implementationsmodul nicht mehr deklariert werden, da sie durch das Definitionsmodul auch im Implementationsmodul deklariert sind.

Beispiel 6-11: Implementationsmodul: Stringoperationen

Es soll ein Modul geschrieben werden, das die folgenden Stringoperationen enthält.:

1.) SucheString:

Innerhalb einer Zeichenkette A soll ab einem gegebenen Index index (einschließlich) nach einer (kürzeren) Zeichenkette B gesucht werden. Falls B in dem Teil von A auftritt, der ab Index index beginnt, soll TRUE, sonst soll FALSE als Funktionswert geliefert werden.

2.) LoescheTeil:

Innerhalb einer Zeichenkette wird das Teilstück zwischen zwei gegebenen Indizes aus dem String herausgelöscht.

```modula2
DEFINITION MODULE Strings;
(* Enthält Operationen, die auf Strings wirken *)

PROCEDURE SucheString
   (VAR   A,B : ARRAY OF CHAR;
          index : CARDINAL)   : BOOLEAN;

PROCEDURE LoescheTeil
   (VAR A : ARRAY OF CHAR; anfang, ende: CARDINAL);

END Strings.



IMPLEMENTATION MODULE Strings;

(* Stringoperationen *)
PROCEDURE SucheString
   (VAR   A,B : ARRAY OF CHAR;
          index : CARDINAL)   : BOOLEAN;

VAR
   j:   CARDINAL; (* Laufvariable im String B *)
   pos: CARDINAL; (* Laufvariable im String A *)

BEGIN
   pos := index;  (* Anfang der Suche *)
   (* Durchlaufen aller Positionen in A *)
   WHILE (pos <= HIGH (A)) AND
         (A[pos] <> CHR(0)) DO
     (* Prüfen, ob B ab dieser Position steht *)
     j := 0;
     WHILE (j <= HIGH(B)) AND
           (B[j] <> CHR(0)) AND
           (pos + j <= HIGH(A)) AND
           (A[pos + j] <> CHR(0)) AND
           (A[pos + j] = B [j]) DO
       INC (j)
     END; (* WHILE *)
     IF (j > HIGH(B)) OR (B[j] = CHR(0))
     THEN RETURN TRUE (* B gefunden *)
     ELSE
        (* nächste Position in A suchen *)
        INC (pos)
     END (* IF *)
   END (* WHILE *);
   RETURN FALSE
END SucheString;
```

```
PROCEDURE LoescheTeil(VAR A : ARRAY OF CHAR;
                      anfang, ende: CARDINAL);

(* Innerhalb der Zeichenkette A wird der Teil von
Index "anfang" bis zum Index "ende" einschließlich
aus dem String herausgelöscht. *)
BEGIN
   IF   (ende     <= HIGH(A)) AND
        (anfang <= ende)
   THEN
     INC (ende);
     (* restlichen String vorschieben *)
     WHILE (ende <= HIGH(A)) AND
           (A[ende] <> CHR(0)) DO
       A[anfang] := A[ende];
       INC (anfang);
       INC (ende)
     END (* WHILE *);
     (* String abschließen *)
     IF anfang <= HIGH(A)
     THEN A[anfang] := CHR (0)
     END (*IF *)
   END (*IF *)
END LoescheTeil;
```

6.3.3   Datenabstraktion und -kapselung

Bei der schrittweisen Verfeinerung trifft man immer wieder Situationen an, bei denen Datenstrukturen (-typen) und die dazugehörigen Operationen nur durch abstrakte Funktionen oder Axiome definiert werden. Ein abstrakter Datentyp besteht also aus einem Wertebereich und einer Menge festgelegter Operationen. Die Repräsentation des Wertebereichs und die Implementierung der Operationen sind für den Benutzer an dieser Stelle unwichtig.

Zur Realisierung von abstrakten Datentypen in Modula-2[4] kann das Modulkonzept verwendet werden. Im Definitionsmodul wird lediglich der Typname und die Schnittstelle der Operationen vereinbart. Der Typ wird als *opaker Datentyp* exportiert, seine innere Struktur damit verborgen, und Manipulationen sind nur mittels der mitexportierten Operationen möglich.

Beispiel 1-4 i: Abstrakter Datentyp: Telefonteilnehmerlisten

```
DEFINITION MODULE Listen;
  (* Zusammenstellung der Listenoperationen *)

TYPE Liste;
(* genaue Definition des Typs wird verschoben auf
   Implementationsmodul *)

  Textfeld = ARRAY [0..19] OF CHAR;

  Elementtyp = RECORD
                 Name: Textfeld;
                 Nummer: CARDINAL;
                 next: Liste;
               END;

PROCEDURE leer (l: Liste): BOOLEAN;
  (* Diese Funktionsprozedur prüft, ob die Liste l
  leer ist *)

PROCEDURE InitialisiereVerzeichnis (VAR l: Liste);
  (* Initialisiert das Verzeichnis l *)

PROCEDURE ZeigeElemente (l: Liste);
  (* Diese Prozedur zeigt sequentiell alle
  Elemente der Liste l an *)

PROCEDURE FindeNummer
  (l: Liste; gesName: ARRAY OF CHAR): CARDINAL;
  (* Diese Funktionsprozedur liefert die Nummer
  des ersten Elements e der Liste l, für das gilt:
         e.Name = gesName
  Falls keines existiert, das diese Bedingungen
  erfüllt, wird die Nummer 0 zurückgegeben. *)
```

---

[4]   Eine detaillierte Beschreibung abstrakter Datentypen befindet sich im Band III dieses Grundkurses Angewandte Informatik [RSS92b].

```
PROCEDURE FuegeElementEin
  (VAR l: Liste; x: Elementtyp);
  (* Diese Prozedur fügt das neue Element x nach
  alphabetischer Ordnung in die Liste l ein. *)

PROCEDURE FirstElement
  (l: Liste; VAR x: Elementtyp);
  (* liefert 1.Element der Liste l *)

PROCEDURE NextElement (VAR l: Liste);
  (* l ist Liste ohne 1. Element *)

END Listen.                                          ♦
```

Fehlt im Definitionsmodul die Typangabe, so wird die Struktur des Datentyps verborgen. Sie muß im Implementationsmodul beschrieben werden. Es handelt sich um einen **opaken** (undurchsichtigen) Export dieses Typs (Gegensatz: transparenter Export).

Ein opaker Typ kann in einem importierenden Modul zur Variablendeklaration verwendet werden. Für Variable eines solchen Typs sind nur die Zuweisung, Prüfung auf Gleichheit bzw. Ungleichheit und Operationen, die von dem definierten Modul als exportierte Prozeduren zur Verfügung gestellt werden, erlaubt. Im Gegensatz dazu kann bei einem transparenten Export auf alle Komponenten eines Typs zugegriffen werden.

Modula-2 erlaubt die *Implementierung* opaker Datentypen im Implementationsmodul nur mittels des Datentyps Pointer.

Dient die Beschreibung eines abstrakten Datentyps nur dazu, ein oder wenige Exemplare dieses Typs anzulegen und zu verwalten, so ist es zweckmäßig, auch die Variablenvereinbarung im Modul vorzunehmen und diese Variablen somit total abzukapseln.

Beispiel 6-12:   Datenkapselung: Zähler

Ein Modul soll eine CARDINAL-Variable, die als Zähler dient, zur Verfügung stellen. Diese Variable darf nur inkrementiert und dekrementiert werden können. Sonst sollen keine Operationen möglich sein.

```
DEFINITION MODULE Zaehlmodul;

PROCEDURE increment;
PROCEDURE decrement;

END Zaehlmodul.


IMPLEMENTATION MODULE Zaehlmodul;

VAR Zaehler: CARDINAL;

PROCEDURE increment;
BEGIN
  INC(Zaehler)
END increment;

PROCEDURE decrement;
BEGIN
  DEC(Zaehler)
END decrement;

BEGIN
  Zaehler := 0
END Zaehlmodul.
```

◆

Das Modulkonzept erlaubt, durch Einführen neuer Typen und Operationen die Funktionalität der Sprache zu erweitern, ohne den Kern, d.h. den Compiler zu ändern. Außerdem lassen sich auch maschinenabhängige Details abkapseln und damit die Portabilität erhöhen. Eine erste Anwendung sind die Ein- und Ausgaberoutinen oder die mathematischen Standardfunktionen. Wir beschreiben diesen Aspekt im folgenden Kapitel.

7 Basis- und Bibliotheksmodule

7.1 Das Konzept

Im Kern der Programmiersprache Modula-2 kommen keine Befehle für Ein- und Ausgabe oder für andere elementare Operationen vor, deren Implementation sich mehr oder weniger direkt mit der Hardware des Rechners, der Betriebssoftware oder der Peripherie auseinanderzusetzen hätte. Dies ist einer der vielen Gründe für die gute Standardisierbarkeit dieser Programmiersprache. Allerdings wäre es zum einen vermessen zu behaupten, man käme ohne derartige Operationen aus, denn dann könnte man lediglich ein paar Deklarationen vornehmen und Programmstrukturen beschreiben; zum anderen wäre es nicht besonders sinnvoll, keine Empfehlungen für diese Operationen – d.h. deren Syntax und Semantik – vorzugeben, denn dann müßte jedes Modula-Programm völlig umgeschrieben werden, wenn es von einem Compiler zum anderen oder von einem Rechner zum anderen portiert werden soll, und jeder Programmierer müßte beim Wechsel des Compilers bzw. Rechners diese neuen Operationen erst kennenlernen. Wirth hat bei der Entwicklung von Modula-2 bereits die nach seiner Ansicht wichtigsten Konstanten, Typen, Variablen und Operationen beschrieben, die in externen Modulen zur Verfügung gestellt werden sollten. Im Lauf der Zeit haben sich einige der vorgeschlagenen Teile bewährt, andere wurden abgeändert, optimiert und ergänzt.

Grundsätzlich kann unterschieden werden zwischen zwei Klassen von Modulen, die Konstanten, Typen, Variablen und Operationen exportieren. Die erste Klasse beinhaltet Teile, deren Realisierung mit Modula-2 Konstrukten prinzipiell nicht möglich ist, da es sich um vollkommen rechnerabhängige Elementaroperationen bzw. Datenstrukturen handelt: z.B. Datenelemente des Hauptspeichers, Operationen zum Identifizieren, Lesen und Schreiben dieser Elemente, Operationen zur elementaren Koordination paralleler Prozesse. Diese Module sind daher in Wirklichkeit auch nicht in Modula-2 geschrieben, wenn sie uns auch zur einfachen und gewohnten Handhabung in Form von Definitionsmodulen bekannt gemacht werden; sie müssen vom Systementwickler direkt integriert werden. Die andere Klasse von Modulen sind Bibliotheksmodule, die regelmäßig benötigte Operationen standardisiert zur Verfügung stellen und damit den Anwendungsprogrammierer von Routinearbeiten entlasten.

In den bisherigen Implementationen der Sprache existiert – meist orientiert an den obengenannten Beschreibungen von Wirth – in der Regel ein Modul SYSTEM. Dieses beinhaltet die rechnerabhängigen Typdefinitionen sowie Variablen- und Prozedurvereinbarungen zur direkten Nutzung des Hauptspeichers und zur Prozeßkoordination bei paralleler Programmierung. Die übrigen Module sind in der „Library" zusammengefaßt, die aus den Modulen InOut (für allgemeine Ein- und Ausgabe), RealInOut (für die Ein- und Ausgabe reeller Zahlen), Storage (zur Speicherverwaltung bei Pointern), Files (zur elementaren Dateiverwaltung), MathLib (für zahlreiche mathematische Funktionen) und vielen weiteren Modulen besteht.

Der neue Modula-2-Standard (Working Draft 3 1990) sieht ein erweitertes Konzept vor, das den gestiegenen Anforderungen der Programmierer Rechnung tragen soll. Dieses Konzept wird im folgenden vorgestellt. Es besteht aus folgenden Teilen:

- den System-Modulen (SYSTEM-Modules),

- den notwendigen Zusatzmodulen (Required Separate Modules) und

- den Standardbibliotheken (Standard Libraries).

Wichtige Typen, Variablen und Prozeduren dieser Module werden genannt und deren Semantik kurz beschrieben. Die tatsächliche Implementation muß den Handbüchern der jeweiligen Compiler entnommen werden.

Der Begriff *Standard* ist so zu verstehen, daß zwar nicht alle der nachstehend beschriebenen Module implementiert sein müssen. Wenn aber Module, Konstanten, Typen oder Prozeduren implementiert werden, die den jeweiligen Namen der Standardkonstrukte tragen, so soll die Syntax und Semantik der Implementation dem Standard entsprechen. In dem obengenannten neuen Modula-Standard ist daher u. a. eine präzise formale Semantikbeschreibung für weite Teile des Standardisierungsvorschlags mitgegeben, um die Verifizierung der Standardkonformität einer Implementation zu ermöglichen.

7.2   Systemmodule

7.2.1   Das Modul SYSTEM

Das Modul SYSTEM dient der direkten Nutzung der Speicher des Rechners. Hierzu werden verschiedene Typen deklariert, insbesondere LOC, die kleinste adressierbare Speichereinheit des Rechners, und ADDRESS = POINTER TO LOC, die Adresse einer bestimmten Speichereinheit. Diverse Funktionen zur Ermittlung der Speicheradresse von deklarierten Variablen (ADR), zur Ermittlung des Speicherbedarfs von Variablen bestimmter Typen (TSIZE) u. v. a. m. stehen zur Verfügung.

Die Möglichkeiten, die dem Programmierer durch dieses Modul gegeben werden, sollten nur mit äußerster Vorsicht, nur im unbedingt benötigten Umfang und mit sehr guter Dokumentation ausgeschöpft werden. Da die Programmteile, die sich dieses Moduls bedienen, in den meisten Fällen maschinenspezifisch sind, ist anzuraten, sie in ein getrenntes Modul auszulagern, das bei Portierung der Software an den neuen Rechner anzupassen ist.

Es sei noch einmal angemerkt, daß es sich bei dem Modul SYSTEM um ein Systemmodul handelt, das fest im Compiler implementiert ist und für das kein Definitionsmodul vorliegt, wenn auch meist zur syntaktischen Beschreibung der Schnittstelle dieses Moduls ein Definitionsmodul herangezogen wird.

7.2.2   Das Modul COROUTINES

Das Modul COROUTINES ist ebenso wie SYSTEM ein Systemmodul. Es stellt dem Anwendungsprogrammierer Typen und Funktionen zur Verfügung, die zur Programmierung paralleler Prozesse benötigt werden. In früheren Implementationen war dieses Modul in das Modul SYSTEM integriert; zur Wahrung der Übersichtlichkeit wurde es im neuen Standard von SYSTEM getrennt.

Koroutinen[5] sind Unterprogramme, die sich gegenseitig aufrufen können und bei denen – anders als bei Prozeduren – die Ausführung bei einem erneuten Aufruf an der Stelle fortgesetzt wird, an dem die Koroutine vorher verlassen wurde. In dem Modul wird der Typ COROUTINE (früher PROCESS) vereinbart, der sich wie ein opaker Datentyp verhält, d.h. Zuweisung und Test auf Gleichheit sind möglich.

Eine Variable dieses Typs wird mittels der Prozedur NEWCOROUTINE kreiert:

```
PROCEDURE NEWCOROUTINE
    (body: PROC;   (* Ausführungscode der Koroutine *)
     workspace: ADDRESS; (* Adresse und *)
     size: CARDINAL;   (* Größe des Arbeitsbereichs *)
     initpriority: PRIORITY; (* Priorität *)
    VAR cr: COROUTINE); (* zu kreierende Koroutine *)
```

Koroutinen nehmen bzw. lösen mittels der Prozeduren ATTACH bzw. DETACH eine Verbindung mit Interrupts auf. Der entsprechende Interrupt wird als Parameter angegeben. Der Typ des Parameters ist implementationsabhängig.

Der gegenseitige Aufruf erfolgt mittels der Prozeduren TRANSFER und IOTRANSFER:

```
PROCEDURE TRANSFER (to: COROUTINE);
  (* ruft Koroutine auf *)
```

---

[5]   Eine tiefere Diskussion von Koroutinen und deren Einsatzmöglichkeiten findet man im Band III dieses Grundkurses Angewandte Informatik [RSS92b].

```
PROCEDURE IOTRANSFER
  (to: COROUTINE; VAR from: COROUTINE);
  (* ruft Koroutine to auf,
     schaltet bei der nächsten Unterbrechung
     dann auf Koroutine from um *)
```

7.2.3   Das Modul ReportExceptions

Das Systemmodul `ReportExceptions` ist eine Erweiterung des bisherigen Quasi-Standards. Es dient dazu, Fehlersituationen, die zum Beispiel zu Programmabbrüchen führen, erkennen zu können. In Verbindung mit dem „notwendigen Zusatzmodul" `HandleExceptions` soll dem Anwendungsprogrammierer die Möglichkeit gegeben werden, Programmabstürze zu vermeiden oder zumindest den dadurch entstehenden Schaden rechtzeitig begrenzen zu können.

Eine Reihe typischer Ausnahmezustände sind in dem Aufzählungstyp `StdExceptions` vorgesehen, z.B. `progAborted`, `indexError`, `rangeError`. Der Programmierer hat die Möglichkeit, weitere Fehlerzustände zu definieren. Diverse Prozeduren gestatten die Feststellung des Fehlerzustands mit dem Ziel, diesen Fehlerzustand durch das obengenannte Modul `HandleExceptions` zu beheben.

Nähere Beschreibungen dieses noch in der Definition befindlichen Moduls sind den Beschreibungen der Implementationen zu entnehmen.

7.3   Notwendige Zusatzmodule

7.3.1   Das Modul Storage

Das Modul Storage dient dazu, Speicherplatz zur Laufzeit eines Programms zur Verfügung zu stellen bzw. wieder freizugeben.

Das Definitionsmodul besitzt folgende Vereinbarungen:

```
DEFINITION MODULE Storage;
FROM SYSTEM IMPORT ADDRESS;

PROCEDURE ALLOCATE (VAR v: ADDRESS; n: CARDINAL);

PROCEDURE DEALLOCATE (VAR v: ADDRESS; n: CARDINAL);

END Storage.
```

Die Prozedur ALLOCATE stellt einen Speicherplatz von n aufeinanderfolgenden LOCs (siehe Abschnitt 7.2.1: Das Modul SYSTEM) zur Verfügung und weist die Anfangsadresse dieses Speicherbereichs der Variablen v zu.

Die Prozedur DEALLOCATE gibt einen Speicherbereich der Größe n LOCs frei, beginnend an der von der Variablen v beschriebenen Startadresse. Nach Prozedurausführung hat v den Wert NIL.

7.3.2   Das Modul HandleExceptions

Das neue Modul HandleExceptions soll dazu dienen, die vom Systemmodul ReportExceptions gelieferten Ausnahmezustände zu verarbeiten. Die Standardisierung des Moduls ist noch nicht abgeschlossen. Die Beschreibung von Syntax und Semantik der Modul-

elemente sind den Dokumentationen der jeweiligen Implementationen
zu entnehmen.

7.3.3   Die Module LowReal und LowLong

Die Module `LowReal` und `LowLong` dienen der individuellen Implementation von Prozeduren zur Verarbeitung von reellen Zahlen. Zu-
griffe auf implementationsabhängige Konstante (größte, kleinste Zahl;
maximale Anzahl von Stellen; ...) und Prozeduren (ermittle Exponent,
Mantisse; ...) erlauben die Formulierung von effizienten Algorithmen
auf „niederem", maschinennahem Niveau. In diesen Modulen werden
die gleichen Namen für REAL- und LONGREAL-Prozeduren verwendet. Die Unterscheidung geschieht durch den Argumenttyp.

Wichtige Prozeduren aus den Modulen `LowReal` (für REAL-Zahlen
bzw. `LowLong` (für LONGREAL-Zahlen) für die normale Anwendungsprogrammierung sind:

```
PROCEDURE Sig (x: REAL): REAL; bzw.
PROCEDURE Sig (x: LONGREAL): LONGREAL;
```

`Sig` liefert die Mantisse der REAL/LONGREAL-Zahl x.

```
PROCEDURE Expo (x: REAL): INTEGER; bzw.
PROCEDURE Expo (x: LONGREAL): INTEGER;
```

`Expo` liefert den Exponenten der REAL/LONGREAL-Zahl x.

```
PROCEDURE Synthesise
    (expo: INTEGER; sig: REAL): REAL; bzw.
PROCEDURE Synthesise
    (expo: INTEGER; sig: LONGREAL): LONGREAL;
```

`Synthesise` liefert die REAL/LONGREAL-Zahl, die aus der
Mantisse `sig` und dem Exponenten `expo` besteht.

7.4   Standardbibliotheken

7.4.1   Mathematische Bibliotheken

Die beiden mathematischen Bibliotheken `RealMath` und `LongMath`
stellen übliche mathematische Funktionen und Konstanten zur Verfügung.

Die Bibliothek `RealMath` ist für Argumente und Funktionsresultate
aus der Menge der „normalen" reellen Zahlen (REAL) geschrieben,
während die Bibliothek `LongMath` für LONGREAL-Zahlen definiert
ist und Ergebnisse vom Typ LONGREAL liefert. Einzige Ausnahme
ist die Funktionsprozedur `round`, deren Ergebnis vom Typ INTEGER
ist. Die größte bzw. kleinste Zahl dieser Standardtypen sowie deren
maximale Genauigkeit ist rechner- bzw. implementationsabhängig. Die
Vorbedingung aller Funktionen ist die Übergabe eines im Definitions-
bereich liegenden Arguments; die Nachbedingung steht nachfolgend als
Kommentar beim jeweiligen Funktionsprozedurkopf zur Beschreibung
der Semantik der Implementation. Ist die Vorbedingung nicht erfüllt,
so wird eine Ausnahme ausgelöst.

*   Das Definitionsmodul von `RealMath`:

```
DEFINITION MODULE RealMath;

CONST
   PI = 3.1415926535897932385;
   Exp1 = 2.7182818285450452354;

PROCEDURE sqrt(x: REAL): REAL;

(* Das Ergebnis ist eine implementationsabhängige
   Näherung der positiven Wurzel des Arguments x *)
```

```
PROCEDURE exp(x: REAL): REAL;
```

(* Das Ergebnis ist eine implementationsabhängige
Näherung der Exponentialfunktion des Arguments x *)

```
PROCEDURE ln(x: REAL): REAL;
```

(* Das Ergebnis ist eine implementationsabhängige
   Näherung des natürlichen Logarithmus des Arguments x *)

```
PROCEDURE sin(x: REAL): REAL;
```

(* Das Ergebnis ist eine implementationsabhängige
   Näherung des Sinus des Arguments x *)

```
PROCEDURE cos(x: REAL): REAL;
```

(* Das Ergebnis ist eine implementationsabhängige
   Näherung des Cosinus des Arguments x *)

```
PROCEDURE tan(x: REAL): REAL;
```

(* Das Ergebnis ist eine implementationsabhängige
   Näherung des Tangens des Arguments x *)

```
PROCEDURE arcsin(x: REAL): REAL;
```

(* Das Ergebnis ist eine implementationsabhängige
   Näherung des Arcus Sinus des Arguments x *)

```
PROCEDURE arccos(x: REAL): REAL;
```

(* Das Ergebnis ist eine implementationsabhängige
   Näherung des Arcus Cosinus des Arguments x *)

```
PROCEDURE arctan(x: REAL): REAL;
```

(* Das Ergebnis ist eine implementationsabhängige
   Näherung des Arcus Tangens des Arguments x *)

```
PROCEDURE power(x, y: REAL): REAL;
```

(* Das Ergebnis ist eine implementationsabhängige
   Näherung von x hoch y
   (1. Argument hoch 2. Argument) *)

```
PROCEDURE round(x: REAL): INTEGER;

(* Das Ergebnis ist der auf ganze Zahlen gerundete
   Wert von x, dabei ist die Behandlung von z.5
   nicht festgelegt,
   d.h. round(1.5) kann gleich 2 oder 1 sein *)

END RealMath.
```

Das Definitionsmodul von `LongMath` enthält die gleichen Objekte und Funktionen für den Typ LONGREAL.

7.4.2   Die Bibliothek für Ein- und Ausgabe

Die Ein-/Ausgabebibliothek steht zur Dateneingabe von beliebigen Eingabequellen und zur Datenausgabe an beliebige Ausgabeziele zur Verfügung. Es ist einerseits möglich, über bestimmte (Standard-) Einrichtungen (devices) die Ein- bzw. Ausgabe vorzunehmen (z.B. Terminal oder File) oder geräteunabhängigen Datentransfer über Kanäle (channels) zu wählen. Für diese zwei Arten des Datentransfers ist die im folgenden beschriebene Bibliothek konzipiert. Sie ist gegenüber früheren (quasi-) Standards beträchtlich angewachsen und besteht nach dem neuesten Standardisierungsvorschlag aus 23 Modulen, die in neun Kategorien aufgeteilt werden können. Das ist auch der Grund, weshalb wir in den Beispielen die alten Module verwendet haben. Nachstehend sind alle Modulkategorien kurz charakterisiert:

* Kanalwahl zur Ein-/Ausgabe: Modul `Channel`
  Identifikation, Auswahl und Freigabe von Ein-/Ausgabekanälen

* Ermittlung der (implementationsabhängigen) Standardkanäle:
  Modul `StdIds`

* Verknüpfung von Kanälen und Ein-/Ausgabeeinrichtungen
  Kanäle zu Terminals: Modul `Term`
  Kanäle zu sequentiellen Dateien: Modul `SeqFile`
  Kanäle zu Dateien mit wahlfreiem Zugriff: Modul `RndFile`

- Behandlung von Fehlern bei Operationen mit Kanälen und Ein-/Ausgabeeinrichtungen
  Modul `IOErrors`

- Ein- und Ausgabe (Basisoperationen)
  Modul `IOLink`

- Ein- und Ausgabe (Standardoperationen)
  über selbstgewählte Kanäle: Modul `IO`
  über Standardkanäle: Modul `SIO`

- Klassifikation von Zeichen (Variablen vom Typ CHAR)
  Modul `CharInfo`

- Ein- und Ausgabe von numerischen Zeichenketten
  über selbstgewählte Kanäle oder
  Standardkanäle (erster Buchstabe des Modulnamens ist „S") für
  ganze Zahlen (INTEGER, CARDINAL):
  Module `WholeIO`, `SWholeIO`,
  reelle Zahlen (REAL):
  Module `RealIO`, `SRealIO`,
  „lange" reelle Zahlen (LONGREAL):
  Module `LongIO`, `SLongIO`,
  selbstdefinierbare Zahldarstellungen:
  Module `BaseIO`, `SBaseIO`

- Konversion von numerischen Standardtypen zu Zeichenketten und zurück
  allgemeine Typdefinition: Modul `ConvTypes`
  CARDINAL: Modul `CardStr`
  INTEGER: Modul `IntStr`
  REAL: Modul `RealStr`
  LONGREAL: Modul `LongStr`

Mit Hilfe der kommentierten Definitionsmodule werden im folgenden einige Prozeduren des Moduls mit Standardoperationen zur Ein- und Ausgabe von Text (`SIO`) und der Module mit Standardoperationen zur Ein- und Ausgabe von Zahlen (`SWholeIO`, `SRealIO`, `SLongIO`) über die (implementationsabhängigen) Standardkanäle sowie des Moduls zur Klassifikation von CHAR-Variablen (`CharInfo`) kurz beschrieben:

```
DEFINITION MODULE SIO;

(* Standardoperationen zur Ein- und Ausgabe
   von Text über die Standardein-/ausgabekanäle *)

FROM SYSTEM IMPORT LOC;
IMPORT ConvTypes;

PROCEDURE SeenEnd(): BOOLEAN;

(* prüft, ob der Standardeingabekanal leer ist *)

PROCEDURE AtEOT(): BOOLEAN;

(* prüft, ob im eingehenden Textdatenstrom
   noch ein weiteres Zeichen vorhanden ist *)

PROCEDURE Next(): CHAR;

(* liefert das nächste Zeichen des eingehenden
   Datenstroms oder "", falls AtEOT wahr ist *)

PROCEDURE Skip;

(* überspringt das folgende Zeichen
   des eingehenden Textdatenstroms *)

PROCEDURE AtEOL(): BOOLEAN;

(* prüft, ob ein nächstes Zeichen vorhanden ist,
   das das Zeilenende darstellt (s. u. EOL) *)

PROCEDURE SkipLn;

(* überspringt den eingehenden Text
   bis zum Anfang der nächsten Zeile *)

PROCEDURE WriteLn;

(* schreibt das Zeilenendezeichen; der folgende
   Text wird in eine neue Zeile geschrieben *)
```

```
TYPE ReadResults = ConvTypes.ConvResults;
(* = (allRight, outOfRange, wrongFormat,
      noData, noRoom)
   beschreibt "logisches" Ergebnis
   des letzten Lesebefehls *)

PROCEDURE Done(): BOOLEAN;

(* prüft, ob das logische Ergebnis des letzten
   Lesebefehls den Wert allRight besitzt *)

PROCEDURE LastResult(): ReadResults;

(* liefert das logische Ergebnis des letzten
   Lesebefehls *)

PROCEDURE Read(VAR ch: CHAR);

(* Falls noch ein weiteres Zeichen im eingehenden
   Textdatenstrom vorhanden ist, wird dieses der
   Variablen ch zugewiesen; das logische Ergebnis
   der Leseoperation erhält den Wert allRight,
   andernfalls wird ch der Wert "" zugewiesen, und
   das logische Ergebnis der Leseoperation ist noData. *)

PROCEDURE Write(ch: CHAR);

(* hängt den Inhalt der Variablen ch
   an den ausgehenden Textdatenstrom an *)

PROCEDURE ReadFromLine(VAR s: ARRAY OF CHAR);

(* liest eine Zeichenkette, die die Kapazität von s
   nicht überschreitet und weist diese s zu;
   das logische Ergebnis der Leseoperation ist
   allRight, falls die Zeichenkette nicht leer ist,
   noData, falls die Zeichenkette leer ist *)
```

```
PROCEDURE ReadLine(VAR s: ARRAY OF CHAR);

(* liest eine Zeichenkette, die aus den verblei-
   benden Zeichen der aktuellen Zeile gebildet wird
   und weist diese s zu;
   das logische Ergebnis der Leseoperation ist
   allRight, falls die gesamte Zeichenkette
   s zugewiesen werden kann,
   noRoom, falls nur ein Teil der Zeichenkette
   s zugewiesen werden kann,
   noData, falls die Zeichenkette leer ist *)

PROCEDURE ReadString(VAR s: ARRAY OF CHAR);

(* liest vom eingehenden Textdatenstrom eine
   Zeichenkette, die durch Leerzeichen begrenzt wird
   und keine Steuerzeichen enthält
   und weist diese s zu;
   das logische Ergebnis der Leseoperation ist
   allRight, falls die gesamte Zeichenkette
   s zugewiesen werden kann,
   noRoom, falls nur ein Teil der Zeichenkette
   s zugewiesen werden kann,
   noData, falls die Zeichenkette leer ist *)

PROCEDURE WriteString(s: ARRAY OF CHAR);

(* hängt die Zeichenkette s
   dem ausgehenden Textdatenstrom an *)

END SIO.


DEFINITION MODULE SWholeIO;

(* Zur Ein- und Ausgabe ganzer Zahlen in Textform
   über die Standardein-/ausgabekanäle *)

PROCEDURE ReadInt(VAR int: INTEGER);

(* liest eine Zeichenkette (wie bei SIO.ReadString
   beschrieben) ein und interpretiert diese als ganze Zahl
   (mit optionalem Vorzeichen); das Ergebnis wird int
   zugewiesen *)

PROCEDURE WriteInt(int: INTEGER; width: CARDINAL);

(* schreibt den Wert von int als Zeichenkette rechtsbündig
   in ein Feld mit mindestens width Stellen;
   das Vorzeichen erscheint nur bei negativen Zahlen *)
```

```
PROCEDURE ReadCard(VAR card: CARDINAL);
```

(* liest eine Zeichenkette (wie bei SIO.ReadString
   beschrieben) ein und interpretiert diese als vorzeichen
   freie ganze Zahl;das Ergebnis wird card zugewiesen *)

```
PROCEDURE WriteCard(card, width: CARDINAL);
```

(* schreibt den Wert von card als Zeichenkette rechts
   bündig in ein Feld mit mindestens width Stellen *)

```
END SWholeIO.
```


```
DEFINITION MODULE SRealIO;
```

(* Zur Ein- und Ausgabe von REAL-Zahlen in Textform
   über die Standardein-/ausgabekanäle *)

```
PROCEDURE ReadReal(VAR real: REAL);
```

(* liest eine Zeichenkette (wie bei SIO.ReadString
   beschrieben) ein und interpretiert diese als
   Konstante vom Typ REAL;
   das Ergebnis wird real zugewiesen *)

```
PROCEDURE WriteFloat(real: REAL;
                     sigFigs: CARDINAL;
                     width: CARDINAL);
```

(* schreibt den Wert von real in Fließpunktdarstellung,
   d.h. optionales Vorzeichen, Mantisse, Exponententeil,
   mit sigFigs signifikanten Ziffern als Zeichenkette
   rechtsbündig in ein Feld mit mindestens width Stellen *)

```
PROCEDURE WriteEng(real: REAL;
                   sigFigs: CARDINAL;
                   width: CARDINAL);
```

(* schreibt den Wert von real in technischer Fließpunktdarstellung, d.h. optionales Vorzeichen, Mantisse,
   optionaler Exponententeil, mit sigFigs signifikanten
   Ziffern als Zeichenkette rechtsbündig in ein Feld
   mit mindestens width Stellen *)

```
PROCEDURE WriteFixed(real: REAL;
                     place: INTEGER;
                     width: CARDINAL);
```

(* schreibt den gerundeten Wert von real in Fixpunktdar-
   stellung als Zeichenkette rechtsbündig in ein Feld mit
   mindestens width Stellen;
   gerundet wird bezogen auf die Dezimalstelle, die mit
   place relativ zum Dezimalpunkt beschrieben wird *)

```
PROCEDURE WriteReal(real: REAL; width: CARDINAL);
```

(* scheibt den Wert von real als Zeichenkette wie bei
   WriteFixed beschrieben, falls Vorzeichen und Mantisse in
   der durch width vorgegebenen Feldbreite dargestellt werden können, andernfalls wie bei WriteFloat beschrieben;
   die Anzahl signifikanter Stellen hängt von width ab*)

```
END SRealIO.
```

Syntax und Semantik von SLongIO **und** SRealIO **stimmen überein. Lediglich der Typ der REAL-Parameter muß durch LONGREAL ersetzt werden.**

```
DEFINITION MODULE CharInfo;
```

(* zur näheren Klassifikation von Zeichen (CHAR) *)

```
PROCEDURE IsEOL(ch: CHAR):BOOLEAN;
```

(* prüft, ob ch das Zeilenendezeichen ist *)

```
PROCEDURE IsDigit(ch: CHAR):BOOLEAN;
```

(* prüft, ob ch eine Dezimalziffer ist *)

```
PROCEDURE IsSpace(ch: CHAR):BOOLEAN;
```

(* prüft, ob ch ein Leerzeichen ist *)

```
PROCEDURE IsSign(ch: CHAR):BOOLEAN;
```

(* prüft, ob ch ein Vorzeichen (+ oder -) ist *)

```
PROCEDURE IsLetter(ch: CHAR):BOOLEAN;
```

(* prüft, ob ch ein Buchstabe ist *)

```
PROCEDURE IsUpper(ch: CHAR):BOOLEAN;
```

(* prüft, ob ch ein Großbuchstabe ist *)

```
PROCEDURE IsLower(ch: CHAR):BOOLEAN;
```

(* prüft, ob ch ein Kleinbuchstabe ist *)

```
PROCEDURE IsControl(ch: CHAR):BOOLEAN;
```

(* prüft, ob ch ein Steuerzeichen ist
   (einschließlich Zeilenendezeichen EOL) *)

```
PROCEDURE EOL(): CHAR;
```

(* liefert das implementationsabhängige Zeilenendezeichen EOL *)

```
END CharInfo.
```

7.4.3 Verarbeitung von Zeichenketten (Strings)

Das Modul `Strings` bietet neben der grundlegenden Definition von Typen und einer Konstante, die die Portabilität der Software verbessern sollen, zahlreiche Prozeduren zur Prüfung und Veränderung von Zeichenketten (Strings), die als `ARRAY OF CHAR` implementiert sind. Einige Prozeduren, die von der Programmierlogik aus betrachtet als Funktionsprozeduren hätten implementiert werden sollen, wurden als normale Prozeduren implementiert, da Funktionsprozeduren keine offenen Arrays zurückgeben können.

Einige andere Prozeduren (solche mit dem Namenszusatz `All`) dienen dazu, vor Ausführung einer anderen Prozedur – nämlich der ohne diesen Namenszusatz – prüfen zu können, ob diese ausführbar ist (z.B. ohne Bereichsüberschreitung), um die Verwendung der Module zur (nachträglichen) Ausnahmebehandlung (Exception) zu vermeiden.

Achtung: Bei den Prozeduren zur Manipulation von Strings wird vorausgesetzt, daß die aktuellen Parameter „wohlgeformt" sind, d.h. es findet keine Prüfung statt, ob die Operation vollständig ausgeführt werden konnte.

Die nähere Beschreibung der Konstanten, Typen und Prozeduren dieses Moduls wird im folgenden mit Hilfe des Definitionsmoduls vorgenommen.

Anmerkung: Unter der Länge eines Strings S (`Length(S)`) wird die tatsächliche Länge der gespeicherten Zeichenkette verstanden, während die Kapazität (`Capacity(S)`) die maximal mögliche Länge der Zeichenkette bezeichnet.

```
DEFINITION MODULE Strings;

TYPE String1 = ARRAY [0..0] OF CHAR;
(* Dieser Stringtyp soll zur Wahrung der Konsistenz bei
   Operationen verwendet werden, bei denen eineinzelner
   Buchstabe zugewiesen, eingefügt, angehängt oder gesucht
   werden soll. *)
```

```
CONST
  BigStringCapacity = 256;

TYPE
  BigString =
    ARRAY [0..BigStringCapacity-1] OF CHAR;
```

(* BigString ist ein vordefinierter Stringtyp, der eine im
   allgemeinen ausreichende Größebesitzt und ausschließlich
   dazu dient, die Portabilität von Programmen zu erhöhen.
   Er wird bei keiner der nachstehenden Prozeduren
   benötigt. *)

```
PROCEDURE CanAssignAll
  (SourceLength: CARDINAL;
   VAR Destination: ARRAY OF CHAR): BOOLEAN;
```

(* Falls Destination eine Zeichenkette der Länge
   SourceLength aufnehmen kann, ist das Ergebnis TRUE,
   andernfalls FALSE. *)

```
PROCEDURE Assign
  (Source: ARRAY OF CHAR;
   VAR Destination: ARRAY OF CHAR);
```

(* Die Zeichenkette Source wird nach Destination kopiert,
   beginnend am ersten Feld von Destination und endend,
   wenn Destination gefüllt ist oder wenn Source vollständig kopiert wurde. Falls Source kürzer ist als
   Destination, dann wird an das Ende der kopierten Zei-
   chen-kette das String-Ende-Zeichen (StringTerminator)
   angehängt. *)

```
PROCEDURE CanExtractAll
  (SourceLength: CARDINAL;
   StartIndex: CARDINAL;
   NumberToExtract: CARDINAL;
   VAR Destination: ARRAY OF CHAR): BOOLEAN;
```

(* liefert:
   (StartIndex + NumberToExtract <= SourceLength)
   AND (Capacity(Destination) >= NumberToExtract) *)

```
PROCEDURE Extract
  (Source: ARRAY OF CHAR;
   StartIndex: CARDINAL;
   NumberToExtract: CARDINAL;
   VAR Destination: ARRAY OF CHAR): BOOLEAN;
```

(* Beginnend am StartIndex wird der Ausschnitt der Länge
   NumberToExtract von Source nach Destination kopiert;
   falls weniger als NumberToExtract Felder bei Source
   verbleiben, werden alle verbleibenden Felder kopiert.
   In jedem Fall endet der Kopiervorgang, wenn Destination

voll ist. Falls Destination nicht vollständig gefüllt
wird, wird an das Ende der kopierten Zeichenkette das
String-Ende-Zeichen (StringTerminator) angehängt. *)

```
PROCEDURE CanDeleteAll
   (StringLength: CARDINAL;
    StartIndex: CARDINAL;
    NumberToDelete: CARDINAL): BOOLEAN;

(* liefert:
   (StartIndex < StringLength) AND
   (StartIndex + NumberToDelete <= StringLength) *)

PROCEDURE Delete
   (VAR StringValue: ARRAY OF CHAR;
    StartIndex: CARDINAL;
    NumberToDelete: CARDINAL);

(* löscht aus StringValue ab der Position StartIndex
   NumberToDelete Zeichen *)

PROCEDURE CanInsertAll
   (SourceLength: CARDINAL;
    StartIndex: CARDINAL;
    VAR Destination: ARRAY OF CHAR): BOOLEAN;

(* liefert
   (StartIndex < Length(Destination) AND (SourceLength +
   Length(Destination) <= Capacity(Destination)) *)

PROCEDURE Insert
   (Source: ARRAY OF CHAR;
    StartIndex: CARDINAL;
    VAR Destination: ARRAY OF CHAR);

(* Die Zeichen in Destination ab der Indexposition
   StartIndex (einschließlich) werden um Length(Source)
   nach hinten verschoben.Falls die Länge von Destination
   dafür nicht ausreicht, gehen die Zeichen, die hinter dem
   Ende von Destination gespeichert werden müßten, verlo-
   ren. In den durch die Verschiebung freigewordenen Platz
   werden, beginnend an der Stelle StartIndex, die Zeichen
   der Zeichenkette Source eingefügt. *)

PROCEDURE CanReplaceAll
   (SourceLength: CARDINAL;
    StartIndex: CARDINAL;
    VAR Destination: ARRAY OF CHAR): BOOLEAN;

(* liefert:
   (StartIndex + SourceLength <= Length(Destination)) *)

PROCEDURE Replace
   (Source: ARRAY OF CHAR;
```

```
   StartIndex: CARDINAL;
   VAR Destination: ARRAY OF CHAR);
```

(* Die Zeichenkette von Source wird zeichenweise, beginnend an der Stelle StartIndex, nach Destination kopiert.
   Der Kopiervorgang endet entweder sobald Source
   vollständig kopiert oder sobald das letzte Zeichen
   in Destination ersetzt wurde. *)

```
PROCEDURE CanAppendAll
   (SourceLength: CARDINAL;
   VAR Destination: ARRAY OF CHAR): BOOLEAN
```

(* liefert:
   (Length(Destination) + SourceLength <=
   Capacity(Destination)) *)

```
PROCEDURE Append
   (Source: ARRAY OF CHAR;
   VAR Destination: ARRAY OF CHAR);
```

(* fügt die Zeichenkette aus Source an die Zeichenkette in
   Destination an; überzählige Zeichen aus Source gehen
   verloren. *)

```
PROCEDURE Capitalize
   (VAR StringVar: ARRAY OF CHAR);
```

(* wendet die Standardfunktion CAP auf alle Elemente der
   Zeichenkette in StringVar an;

   sinnvoll beim Einsatz von Compare, FindNext, FindPrev,
   FindDiff, sofern die Unterscheidung von Groß- und Kleinschreibung unerwünscht ist; *)

```
TYPE CompareResult = (less, equal, greater);
```

```
PROCEDURE Compare
   (StringVal1: ARRAY OF CHAR;
   StringVal2: ARRAY OF CHAR): CompareResult;
```

(* vergleicht die Zeichenketten in StringVal1 mit der in
   StringVal2 gemäß der implementationsabhängigen
   Zeichenfolge und liefert ein Ergebnis vom Typ
   CompareResult nach folgender Maßgabe:

   less, wenn der Wert von StringVal1
       vor dem Wert von StringVal2 einzuordnen ist,
   equal, wenn der Wert von StringVal1
       gleich dem Wert von StringVal2 ist,
   greater, wenn der Wert von StringVal1
       nach dem Wert von StringVal2 einzuordnen ist *)

```
PROCEDURE FindNext
   (Pattern: ARRAY OF CHAR;
   StringValue: ARRAY OF CHAR;
   StartIndex: CARDINAL;
```

```
      VAR PatternFound: BOOLEAN;
      VAR PosOfPattern: CARDINAL);
```

(* Sucht in der Zeichenkette von StringValue beginnend an
   der Stelle StartIndex nach dem erstmaligen Auftreten der
   Zeichenfolge, die in Pattern abgelegt ist.

   Wenn die Zeichenfolge gefunden wurde,
   dann ist PatternFound TRUE
   sonst ist PatternFound FALSE.

   Wenn PatternFound TRUE ist, dann liefert PosOfPattern
   die Startposition der in StringValue gefundenen Zeichenfolge, andernfalls bleibt PosOfPattern unverändert. *)

```
PROCEDURE FindPrev
      (Pattern: ARRAY OF CHAR;
       StringValue: ARRAY OF CHAR;
       StartIndex: CARDINAL;
       VAR PatternFound: BOOLEAN;
       VAR PosOfPattern: CARDINAL);
```

(* Sucht in der Zeichenkette von StringValue beginnend an
   der Stelle StartIndex (rückwärts voranschreitend) nach
   dem letztmaligen Auftreten der Zeichenfolge, die in
   Pattern abgelegt ist.

   PatternFound ist TRUE, wenn die Zeichenfolge gefunden
   wurde, andernfalls ist PatternFound FALSE.

   Wenn PatternFound TRUE ist, dann liefert PosOfPattern
   die Startposition der in StringValue gefundenen Zeichenfolge; andernfalls bleibt PosOfPattern unverändert.

   StartIndex muß größer oder gleich der Position des letzten Zeichens von Pattern sein. Falls StartIndex größer
   oder gleich der Länge der Zeichenkette von StringValue
   ist, beginnt der Suchvorgang an der letzten Stelle der
   Zeichenkette. *)

```
PROCEDURE FindDiff
      (StringVal1: ARRAY OF CHAR;
       StringVal2: ARRAY OF CHAR;
       VAR DifferenceFound: BOOLEAN;
       VAR PosOfDifference: CARDINAL);
```

(* Prüft StringVal1 und StringVal2 auf Ungleichheit:
   falls sie ungleich sind, wird DifferenceFound TRUE,
   andernfalls FALSE;

   Wenn DifferenceFound TRUE ist, dann wird in
   PosOfDifference die Position des ersten Zeichens von
   StringVal1 gespeichert, das sich von dem entsprechenden
   in StringVal2 unterscheidet.

   Falls die beiden Zeichenketten übereinstimmen, bleibt
   PosOfDifference unverändert. *)

```
END Strings.
```

7.4.4   Weitere Module

Ein auch für die normale Anwendungsprogrammierung sinnvolles
Modul ist `SysClock`. Es dient dazu, mit Uhrzeit und Datum des
Systems zu arbeiten. Folgende Definitionen werden empfohlen:

```
DEFINITION MODULE SysClock;
TYPE
  ClockData =
    RECORD
      year       : [1990..2200];
      month      : [1..12];
      day        : [1..31];
      hour       : [0..23];
      minute,
      second     : [0..59];
      fractions: [0..99];
      (* Hundertstel einer Sekunde *)
      zone       : [-720..780];
      (* Minuten westlich von UTC *)
    END;

PROCEDURE CanGetClock(): BOOLEAN;
(* prüft, ob die Uhr gelesen werden kann *)

PROCEDURE CanSetClock(): BOOLEAN;
(* prüft, ob die Uhr gestellt werden kann *)

PROCEDURE IsValidClockData
  (clockData: ClockData): BOOLEAN;
(* prüft, ob der Wert von clockData gültig ist *)

PROCEDURE GetClock (VAR userData: ClockData);
(* weist userData Datum und Uhrzeit zu *)

PROCEDURE SetClock (userData: ClockData);
(* stellt die Systemuhr
   auf die in userData gegebenen Daten *)

END SysClock.
```

Über die bisher beschriebenen Bibliotheken hinaus wird ein Modul mit
Prozeduren vorgeschlagen, die dem Programmierer die Möglichkeit
geben, unmittelbar nach dem (beabsichtigten oder unbeabsichtigten)

Ende eines Programmes bestimmte Aktionen ausführen zu lassen oder
Daten vom endenden Programm an die aufrufende Umgebung zu
übergeben. Dieses Modul `Termination` wird im Rahmen dieses
Buchs nicht besprochen.

Zur Implementation paralleler Prozesse stehen zwei Bibliotheksmodule
zur Verfügung: das Modul `Processes`, das die grundlegenden Typen
und Prozeduren zur Beschreibung paralleler Prozesse exportiert, und
das Modul `Semaphores`, das Hilfsmittel zur Verfügung stellt, mit denen die Interaktion von Prozessen gesteuert werden kann. Diese Module sind völlig neu konzipiert und nicht an das Modul `Processes` von
Wirth angelehnt.

Die detaillierte Beschreibung dieser Module würde umfangreiche Er-
läuterungen zu Parallelität und der Implementation paralleler Prozesse
erfordern, die den Rahmen eines in die Programmiersprache Modula-2
einführenden Werks sprengten.

7.5   Anwendung: Permanente Datenspeicherung in Dateien

7.5.1   Problemstellung

Betrachten wir zum Abschluß noch einmal unser Programmbeispiel
Telefonverzeichnis. Wir können mit diesem Programm Telefonlisten
erstellen, ändern, anzeigen lassen und einzelne Nummern suchen. Sobald wir jedoch das Programm verlassen, sind alle Daten verloren. In
Abschnitt 7.4.2 haben wir Module kennengelernt, die von Modula-2
aus den Zugriff auf permanente Dateien des Rechners ermöglichen.
Diese Eigenschaften sind bewußt nicht im Sprachkern enthalten, da die
Dateiverwaltung von Rechner zu Rechner unterschiedlich ist. Den Um-
gang mit Dateien wollen wir jetzt an unserem Telefonbuchbeispiel erläutern. Wir stellen dazu nur die Prozeduren und Typen bereit, die wir
verwenden. Außerdem benutzen wir noch einige weiterführende Kon-

zepte aus Modula-2, wie die *explizite Typkonversion* und den *Adreß-zugriff* (siehe 7.5.3). Für unser Programm verwenden wir die „alten" Module `FileSystem` und `SYSTEM`.

Beispiel 1-4 j: Telefonbuchbeispiel mit Verwendung von externen Dateien

Die Aufgabenstellung wird nun noch folgendermaßen ergänzt: Erweitere das Telefonlistenprogramm um die Möglichkeit, das Telefonbuch anfangs aus einer externen Datei zu lesen und nach Verlassen des Programms wieder auf eine externe Datei zu schreiben.

Das Hauptprogramm hat dann also folgende Gestalt:

- (1) Initialisierung
- (2) Lesen von externer Datei
- (3) Bearbeiten des Telefonbuchs
- (4) Speichern auf externe Datei

Schritt (1) und (3) bilden das alte, unveränderte Hauptprogramm.
Schritt (2) und (4) bestehen aus jeweils zwei Teilschritten:

- (2a) Prüfe, ob externe Datei mit angegebenem Namen existiert.
   Falls nicht, eröffne solche Datei.
   Binde diese Datei an das Programm.
- (2b) Lies Telefonbuch von dieser Datei.
- (4a) Schreibe Telefonbuch auf Datei.
- (4b) Löse Bindung der Datei zum Programm auf. ♦

7.5.2   Filetyp und Dateiverwaltung

Die Anbindung von externen Dateien an ein Modula-2-Programm, die im neuen Standard mit den Modulen `Channel` und `SeqFile` vorgenommen werden muß, wurde in der alten Version von Modula-2 mit Hilfe des Moduls `FileSystem` hergestellt. Eine sequentielle Datei (File) ist dabei eine beliebig lange Folge von Zeichen. Eine Datei kann verschiedene Zustände annehmen. Sie kann z.B. für das Lesen von

Daten eröffnet sein und die Position des Lesekopfs ist das erste Zeichen
der Datei. Die verschiedenen Zustandsattribute sind in einem Dateibeschreibungsblock zusammengefaßt, für den im Modul FileSystem ein
Recordtyp mit dem Namen `File` vereinbart ist. Die einzelnen Komponenten beschreiben Zustandsattribute einer externen Datei. Für unsere
Zwecke besonders interessant ist die boolesche Komponente `eof` (end-
of-file), die angibt, ob das Ende der Datei erreicht ist.

Variablen vom Typ `File` können nach Import des Typs aus dem Modul `FileSystem` vereinbart werden. Der Zweck solcher Variablen ist,
die Verbindung zu einer externen Datei herzustellen.

Durch den Aufruf der Prozedur `Lookup`, deren Kopf im Modul
`FileSystem` wie folgt vereinbart ist, wird die externe Datei
`filename` an die Variable `f` gebunden.

```
PROCEDURE Lookup
   (VAR f: File; filename: ARRAY OF CHAR;
    new: BOOLEAN);
```

Falls für `new` der Wert `TRUE` übergeben wird und eine Datei solchen
Namens nicht existiert, wird eine neue Datei angelegt. Wir können nun
die Datei, deren externer Name `filename` ist, mittels der Variablen `f`
im Modula-2-Programm ansprechen und auch verändern. Die Filevariable `f` bezeichnet den Dateibeschreibungsblock.

Zum Manipulieren des Dateizustands stehen u.a. die Prozeduren
`Reset`, `SetRead` und `SetWrite` und `Close` jeweils mit der Filevariablen als einzigem Parameter zur Verfügung. `Reset` setzt dabei
die Datei auf den Anfangszustand, d.h. ein interner Positionsanzeiger
verweist auf das erste Element. `SetRead` bzw. `SetWrite` eröffnen
die Datei für nachfolgende Lese- bzw. Schreiboperationen. Eine Datei
kann zu jedem Zeitpunkt nur für eine dieser Operationen eröffnet sein.
Die Bindung der Datei an die Filevariable wird durch den Aufruf der
Prozedur `Close` aufgelöst. Eine Angabe des externen Namens er-
übrigt sich hier, da ja nur eine Datei mit der Filevariablen verbunden
sein kann.

7.5.3 Elementare Ein- und Ausgabe und explizite Typkonversion

Eine Datei ist eine beliebig lange Folge von Zeichen. Das heißt aber nicht, daß alle Zeichen druckbar sein müssen und daß die Informationen auf einer Datei in für Menschen gewohnter, lesbarer Form vorliegen. Vielmehr wird üblicherweise ein Datum (oder Wert) in interner Form, also so, wie es (er) im Speicher steht, abgespeichert werden. Da Speicher eigentlich immer byte-orientiert sind, können wir eine Datei auch als eine Folge von Bytes auffassen. Da der Informationsgehalt eines Bytes gerade einem Zeichen, d.h. einem Wert des Typs CHAR entspricht, sprechen wir weiterhin von Zeichen. Schreibt man also z.B. mehrere Records auf eine Datei, so wird für jeden eine Folge von Zeichen ausgegeben. Die Zusatzinformation, wie die Folgen wieder zu gruppieren sind und welche Zeichen welche Komponenten beschreiben, geht verloren. Der Programmierer muß seine Leseoperation so einrichten, daß wieder mit den bekannten Verbunden gearbeitet werden kann (Beispiele hierfür finden wir im Telefonverzeichnisprogramm Beispiel 1-4 k).

Für das Lesen und Schreiben auf Dateien stehen die Prozeduren ReadChar und WriteChar zur Verfügung, die jeweils ein Zeichen von File lesen bzw. schreiben.

```
PROCEDURE ReadChar (VAR f: File; VAR ch: CHAR);

PROCEDURE WriteChar (VAR f: File; ch: CHAR);
```

Um Ein- und Ausgabe in dieser Form durchführen zu können, muß allerdings eine Konversion eines beliebigen Typs in ein Feld von Zeichen möglich sein. Dies ist in Modula-2 in der Tat vorgesehen. Typen, deren Speicherbedarf gleich ist, können gegenseitig ineinander übergeführt werden. Dieser Ausweg aus dem strengen Typkonzept erleichtert das systemnahe Programmieren. Er sollte jedoch nur an solchen Stellen benutzt werden, wo es unumgänglich ist. Denn da der Speicherplatzbedarf auf verschiedenen Rechnern durchaus unterschiedlich sein kann - man denke etwa an 2-Byte und 4-Byte-INTEGER - sind solche Programme nicht mehr portabel.

Der Aufruf der Typkonversion geschieht durch Voranstellen des Zieltypnamens vor einen geklammerten Ausdruck des Quelltyps, gleicht also einem Funktionsaufruf. Ziel- und Quelltyp müssen die gleiche Anzahl von Speichereinheiten belegen. Es wird keine Aktion ausgeführt, lediglich das Bitmuster des Quelltypausdrucks wird so interpretiert, als ob es ein Wert des Zieltyps wäre. Die Anzahl der Bytes, die ein Wert belegt, liefert ja bekanntlich die Funktion `SIZE`. Eine Version dieser Funktion, die einen Typnamen als Argument verlangt, ist im Modul `SYSTEM` unter dem Namen `TSIZE` vereinbart.

Beispiel 7-1:   explizite Typkonversion

Wir konvertieren eine Zahl vom Typ CARDINAL in ein Zeichenfeld. Dabei nehmen wir an, daß ein CARDINAL-Wert zwei Byte belegt

```
(* TSIZE(CARDINAL) = 2 *).

MODULE Konversion;

TYPE KONVERTER = ARRAY [0..1] OF CHAR;

VAR x: CARDINAL;
    a: KONVERTER;

BEGIN
  x:= 20085;
  a:= KONVERTER(x); (* Bitmuster von x wird
                        kopiert *)
  WriteString(a)
END Konversion.
```

Gedruckt wird „Nu".   ◆

7.5.4   Telefonverzeichnis mit Dateien

Beispiel 1-4 k: Gesamtbeispiel Telefonverzeichnis

Nach den gerade eingeführten Konstrukten und Prozeduren ist klar, daß im Algorithmus von Beispiel 1-4 k sowohl (2a) als auch (4b) durch einen einzigen Prozeduraufruf erledigt werden können.

(2a):   `Lookup(TBuchFile, "telverz.cod", TRUE);`

Wir nehmen an, das Telefonbuch stehe in der Datei `telverz.cod`.

(4b):   `Close(TBuchFile);`

Für das Lesen und Schreiben einer Telefonverzeichnis-Datei formulieren wir folgende Algorithmen:

`LiesTelFile`

     Ein: Datei `TBuchFile`

     Aus: Telefonbuch `TBuch`

(1) Initialisiere `TBuchFile` für lesenden Zugriff.
(2) Lies erstes Zeichen.
(3) Solange Datei nicht leer, wiederhole:
    (a) Interpretiere Zeichen als Stadt.
    (b) Lies Name des Teilnehmers zeichenweise.
    (c) Lies Telefonnummer zeichenweise und
         interpretiere die Zeichenkette als ganze Zahl.
    (d) Trage das eingelesene Element
         in die entsprechende Liste ein.
    (e) Lies nächstes Zeichen.

`SchreibTelFile`

     Ein: Telefonbuch `TBuch`

     Aus: Datei `TBuchFile`

(1) Initialisiere `TBuchFile` für Schreiben.
(2) Durchlaufe die Liste jeder Stadt und
     gib pro eingetragenem Teilnehmer aus:
     −   die Interpretation der Stadt als Zeichen
     −   den Namen (zeichenweise)
     −   die Telefonnummer (als Zeichenkette).

Es folgt das komplette Hauptprogramm mit diesen Änderungen:

```modula2
MODULE Telefonlisten;

FROM Listen IMPORT
   Textfeld, Elementtyp, Liste,
   leer, InitialisiereVerzeichnis, ZeigeElemente,
   FindeNummer, FuegeElementEin, FirstElement,
   NextElement;

FROM InOut IMPORT
   WriteLn, ReadString, WriteString, Read, Write,
   ReadCard, WriteCard;

FROM FileSystem IMPORT
   File, Lookup, Close, Reset, SetRead, SetWrite,
   ReadChar, WriteChar;

FROM SYSTEM IMPORT ADR, TSIZE, BYTE;

(* Prozeduren für Bildschirmsteuerung *)
(* Implementierungsabhängig,
   hier Logitech-Modula für MS-DOS *)

PROCEDURE ClearScreen;
(* löscht den Bildschirm *)

BEGIN
  Write(14C)
END ClearScreen;

PROCEDURE HoldScreen;
(* wartet auf beliebige Eingabe *)

VAR c: CHAR;

BEGIN
  WriteString(" Beliebige Taste drücken ");
  WriteLn;
  Read(c);
END HoldScreen;

TYPE
   Staedte  = (Karlsruhe, Worms, Wuerzburg);
   TBuchTyp = ARRAY Staedte OF Liste;
   CHARSET = SET OF CHAR;

VAR
  c: CHAR;
  ok: BOOLEAN;
  Stadt: Staedte;
  TBuch: TBuchTyp;
```

```
(* Prozeduren für interaktives Programm *)

PROCEDURE StadtEingabe (VAR s: Staedte);

(* Liest Buchstaben K, k (KA); W, w (WO); G, g (WÜ)
zur Auswahl einer Stadt ein *)

VAR
  c: CHAR;
  ok: BOOLEAN;

BEGIN
  WriteString ("K(arlsruhe, W(orms, Würzbur(G ");
  WriteLn;
  REPEAT
    Read (c);
  UNTIL c IN CHARSET{"K","k","W","w","G","g"};
  WriteLn;
  CASE c OF
    "K","k" : s := Karlsruhe;
  | "W","w" : s := Worms;
  | "G","g" : s := Wuerzburg
  END (* CASE *)
END StadtEingabe;

PROCEDURE LiesText (VAR Text: Textfeld);

(* Liest ein Textfeld ein, bis Benutzer mit der
Eingabe zufrieden ist *)

VAR
  c: CHAR;
  ok: BOOLEAN;

BEGIN
  REPEAT
    WriteString ("Eingabe (nur die ersten zwanzig
                  Buchstaben werden akzeptiert): ");
    WriteLn;
    ReadString (Text); WriteLn;
    WriteString ("Die Eingabe lautet: ");
    WriteString (Text);
    WriteLn;
    WriteString ("Ist die Eingabe ok? (J/N) ");
    WriteLn;
    REPEAT
      Read (c);
      ok := (c = "j") OR (c = "J")
    UNTIL ok OR (c = "n") OR (c = "N")
  UNTIL ok;
END LiesText;
```

```
PROCEDURE LiesNummer (VAR Nummer: CARDINAL);

(* Liest eine CARDINAL-Zahl ein, bis Benutzer mit
der Eingabe zufrieden ist *)

VAR
  c: CHAR;
  ok: BOOLEAN;

BEGIN
  REPEAT
    WriteString ("Eingabe (maximal ");
    WriteCard (MAX(CARDINAL), 14);
    WriteString ("): ");
    WriteLn;
    ReadCard (Nummer);   WriteLn;
    WriteString ("Die Eingabe lautet: ");
    WriteCard (Nummer, 14);
    WriteLn;
    WriteString ("Ist die Eingabe ok? (J/N) ");
    WriteLn;
    REPEAT
      Read (c);
      ok := (c = "j") OR (c = "J");
    UNTIL ok OR (c = "n") OR (c = "N")
  UNTIL ok;
END LiesNummer;


PROCEDURE EintragHinzu (VAR TBuch: TBuchTyp);

(* EintragHinzu erfragt zunächst den Ort, dann den
neuen Datensatz und läßt ihn dann in die richtige
Liste einfügen. *)

VAR
  Stadt: Staedte;
  NeuesElement: Elementtyp;

BEGIN
  WriteString (" welche Stadt? ");
  StadtEingabe (Stadt);

  WriteString ("Bitte geben Sie den Namen
  des Teilnehmers ein!"); WriteLn;
  LiesText (NeuesElement.Name);

  WriteString ("Bitte geben Sie die Telefonnummer
  des Teilnehmers ein!"); WriteLn;
  LiesNummer (NeuesElement.Nummer);

  FuegeElementEin (TBuch[Stadt],NeuesElement);
END EintragHinzu;
```

```
PROCEDURE ListeHer (TBuch: TBuchTyp);

VAR
  Stadt: Staedte;

BEGIN
  WriteString ("Welche Liste möchten Sie anzeigen
  lassen? ");
  StadtEingabe (Stadt);
  ZeigeElemente (TBuch[Stadt]);
  HoldScreen;
END ListeHer;


PROCEDURE NummerHer (TBuch: TBuchTyp);

(* Gibt nach Eingabe von Wohnort und Name eines
Teilnehmers dessen Telefonnummer aus *)

VAR
  gesName: Textfeld;
  Stadt: Staedte;
  TelNummer: CARDINAL;
BEGIN
  WriteString ("Bitte geben Sie den Wohnort des
  gesuchten Teilnehmers ein! ");
  StadtEingabe (Stadt);

  WriteString ("Bitte geben Sie den Namen des
  gesuchten Teilnehmers ein!"); WriteLn;
  LiesText (gesName);

  TelNummer := FindeNummer (TBuch[Stadt],gesName);
  IF TelNummer = 0
  THEN
    WriteString ("Kein Eintrag gefunden!")
  ELSE
    WriteString ("Die Telefonnummer lautet: ");
    WriteCard (TelNummer, 14);
  END; (* IF *)
  WriteLn;
  HoldScreen;
END NummerHer;

(* Prozeduren für Fileein/ausgabe *)

VAR  TBuchFile : File;
```

```
PROCEDURE LiesTelFile
   (VAR TBuchFile : File; VAR TBuch: TBuchTyp );
(* liest gesamtes File und baut TBuch auf *)

VAR
  Stadt : Staedte;
  Element : Elementtyp;
  b : CHAR;
  a : ARRAY [1..2] OF CHAR;   (* Konverter für
                                   CARDINAL *)
  i : CARDINAL;

BEGIN
  SetRead(TBuchFile);
  ReadChar(TBuchFile,b);
  WHILE NOT TBuchFile.eof DO
    Stadt := Staedte(b);      (* Typkonversion *)
    FOR i := 0 TO TSIZE(Textfeld)-1 DO
      ReadChar(TBuchFile, Element.Name[i]);
    END (* FOR *);
    FOR i := 1 TO TSIZE(CARDINAL) DO
      ReadChar(TBuchFile, a[i]);
    END (* FOR *);
    Element.Nummer := CARDINAL(a);
    FuegeElementEin (TBuch[Stadt],Element);
    ReadChar(TBuchFile,b);
   END (* WHILE *)
END LiesTelFile;


PROCEDURE SchreibeTelFile
   ( VAR TBuchFile : File; TBuch: TBuchTyp );
(* schreibt TBuch auf File *)

TYPE KONVERTER =ARRAY [1..2] OF CHAR;

VAR
  Stadt : Staedte;
  l : Liste;
  el : Elementtyp;
  a: KONVERTER;
  i: CARDINAL;

BEGIN
  Reset(TBuchFile);
  SetWrite(TBuchFile);

  FOR Stadt := Karlsruhe TO Wuerzburg DO
    l := TBuch[Stadt];
```

```
      WHILE NOT leer(l) DO
        WriteChar(TBuchFile,CHAR(Stadt));
        FirstElement(l,el);
        FOR i := 0 TO TSIZE(Textfeld)-1 DO
          WriteChar(TBuchFile, el.Name[i]);
        END;
        a := KONVERTER (el.Nummer);
        FOR i := 1 TO TSIZE(CARDINAL) DO
          WriteChar(TBuchFile, a[i]);
        END;
        NextElement(l) ;
      END (* WHILE *)
    END (* FOR *) ;
END SchreibeTelFile;


BEGIN (* Hauptprogramm *)
  FOR Stadt := Karlsruhe TO Wuerzburg DO
    InitialisiereVerzeichnis(TBuch[Stadt])
  END (* FOR *);

  Lookup(TBuchFile,"telverz.cod",TRUE);
  LiesTelFile(TBuchFile,TBuch);

  REPEAT
    ClearScreen;
    WriteString ("Was wollen Sie tun?"); WriteLn;
    WriteString ("   Z(eigen eines
      Stadtverzeichnisses)"); WriteLn;
    WriteString
       ("   H(inzufügen eines Eintrages) ");
    WriteLn;
    WriteString ("   F(inden einer
      Telefonnummer)");
    WriteLn;
    WriteString ("   B(eenden des Programms");
    WriteLn; WriteLn;

    REPEAT
      ok := TRUE;
      Read (c);
      WriteLn;
      IF NOT (c IN
        CHARSET{"Z","z","H","h","F","f","B","b"})
      THEN
        ok := FALSE;
        WriteString ("Unzulässige Auswahl");
        WriteLn;
      END; (* IF *)
    UNTIL ok;
```

```
    CASE c OF
      "Z", "z": ListeHer (TBuch);
    | "H", "h": EintragHinzu (TBuch);
    | "F", "f": NummerHer (TBuch);
    | "B", "b": SchreibeTelFile(TBuchFile,TBuch);
                Close(TBuchFile)
    ELSE
    END (* CASE *)

  UNTIL (c = "B") OR (c = "b")

END Telefonlisten.
```

7.6   Alte „Standardmodule" im neuen Standard

Normale Ein- und Ausgabe

Die Bibliotheken `InOut` und `RealInOut` werden ersetzt durch `IO`, `SIO`, `WholeIO`, `SWholeIO`, `RealIO`, `SRealIO`, `LongIO`, `SLongIO`, `BaseIO`, `SBaseIO`.

Mathematische Bibliotheken

Die alte Standardbibliothek `MathLib` wird ersetzt durch die Bibliothek `RealMath` bzw. `LongMath`.

Ein- und Ausgabe mit Dateien

Der Typ `File` wird ersetzt durch den Typ `OpenIds` im Modul `Channel`, der als abstrakter Typ keinen Zugriff auf Komponenten erlaubt. Die Abfrage `eof`(end-of-file) wird daher durch den Prozeduraufruf `AtEOF` aus dem Modul `IO` ersetzt.

Die weiteren Verwaltungsprozeduren, wie `Lookup`, `Reset`, `SetRead` oder `Close` werden durch Prozeduren aus dem Modul `SeqFile` ersetzt.

`ReadChar` und `WriteChar` entsprechen `Read` und `Write` aus `IO`.

8 Anhang

A Schlüsselwörter

AND	FOR	PROCEDURE
ARRAY	FORWARD +	QUALIFIED
BEGIN	FROM	RECORD
BY	IF	REM +
CASE	IMPLEMENTATION	REPEAT
CONST	IMPORT	RETURN
DEFINITION	IN	SET
DIV	LOOP	THEN
DO	MOD	TO
ELSE	MODULE	TYPE
ELSIF	NOT	UNTIL
END	OF	VAR
EXIT	OR	WHILE
EXPORT	POINTER	WITH

B Standardnamen

ABS	EXCL	LENGTH +	ODD
BITSET °	FALSE	LFLOAT +	ORD
BOOLEAN	FLOAT	LONGCARD °	PROC
CAP	HALT °	LONGINT °	PROT +
CARDINAL	HIGH	LONGREAL	REAL
CHAR	INC	MAX	SIZE
CHR	INCL	MIN	TRUE
DEC	INT +	NEW +	TRUNC
DISPOSE +	INTEGER	NIL	VAL

Im neuen Standard sind einige wenige weitere Namen vorgesehen, die aber in diesem Buch nicht behandelt werden.

+   nur im neuen Standard   °   nur im alten Standard

C   ASCII-Tabelle

In dieser Tabelle werden die ASCII-Zeichen und ihre zugehörigen Ordnungszahlen im Dezimalsystem gegenübergestellt. Die Zeichen mit den dezimalen) Ordungszahlen zwischen 0 und 31 bzw. mit der Ordnungszahl 127 dienen der Steuerung von angeschlossenen Geräten (sog. Steuerzeichen). Druckbare Zeichen stehen in der Tabelle in Anführungszeichen. Das Zeichen mit Ordnungszahl 10 beispielsweise wird auf einem Drucker für gewöhnlich nicht ausgedruckt, sondern verursacht einen Zeilenvorschub (LF = Line Feed = Zeilenvorschub).

0	NUL	26	SUB	52	"4"	78	"N"	104	"h"
1	SOH	27	ESC	53	"5"	79	"O"	105	"i"
2	STX	28	FS	54	"6"	80	"P"	106	"j"
3	ETX	29	GS	55	"7"	81	"Q"	107	"k"
4	EOT	30	RS	56	"8"	82	"R"	108	"l"
5	ENQ	31	US	57	"9"	83	"S"	109	"m"
6	ACK	32	" "	58	":"	84	"T"	110	"n"
7	BEL	33	"!"	59	";"	85	"U"	111	"o"
8	BS	34	' " '	60	"<"	86	"V"	112	"p"
9	HT	35	"#"	61	"="	87	"W"	113	"q"
10	LF	36	"$"	62	">"	88	"X"	114	"r"
11	VT	37	"%"	63	"?"	89	"Y"	115	"s"
12	FF	38	"&"	64	"@"	90	"Z"	116	"t"
13	CR	39	"'"	65	"A"	91	"["	117	"u"
14	SO	40	"("	66	"B"	92	"\"	118	"v"
15	SI	41	")"	67	"C"	93	"]"	119	"w"
16	DLE	42	"*"	68	"D"	94	"^"	120	"x"
17	DC1	43	"+"	69	"E"	95	"_"	121	"y"
18	DC2	44	","	70	"F"	96	"`"	122	"z"
19	DC3	45	"-"	71	"G"	97	"a"	123	"{"
20	DC4	46	"."	72	"H"	98	"b"	124	"|"
21	NAK	47	"/"	73	"I"	99	"c"	125	"}"
22	SYN	48	"0"	74	"J"	100	"d"	126	"~"
23	ETB	49	"1"	75	"K"	101	"e"	127	DEL
24	CAN	50	"2"	76	"L"	102	"f"		
25	EM	51	"3"	77	"M"	103	"g"		

D   Syntaxdiagramme

1 Übersetzungseinheit

2 Programmodul

3 Definitionsmodul

4 Block

5 Modulvereinbarung

6 Import

7 Export

8 Objektliste

9 Konstantendefinition

10 Typdefinition

11 Variablenvereinbarung

12 Prozedurvereinbarung

13 Prozedurkopf

14 Formale Parameterliste

15 Typ

16 Index Typ

17 Komponente

18 Auswahl

19 Prozedur Typ

20 Formale Typliste

21 Standardfunktionsaufruf

22 [Konst] Ausdruck

23 [Konst] G Ausdruck

24 [Konst] R Ausdruck

25 [Konst] B Ausdruck

26 [Konst] Einfacher B Ausdruck

27 [Konst] Vergleich

28 [Konst] CH Ausdruck

29 [Konst] AZ Ausdruck

30 [Konst] A Ausdruck

31 [Konst] ST Ausdruck

32 [Konst] REC Ausdruck

33 [Konst] SET Ausdruck

34 [Konst] SET Konstruktor

35 [Konst] P Ausdruck

36 [Konst] PROZ Ausdruck

37 Aktuelle Parameterliste

38 Anweisung

38-1 Wertzuweisung

38-2 IF-Anweisung

38-3 CASE-Anweisung

38-4 WHILE-Anweisung

38-5 REPEAT-Anweisung

38-6 LOOP-Anweisung

38-7 FOR-Anweisung

38-8 WITH-Anweisung

38-9 EXIT-Anweisung

38-10 Prozeduraufruf

38-11a RETURN-Anweisung (für Proz.)

38-11b RETURN-Anweisung (für Funktionsproz.)

39 Variable

40 G Konstante

41 R Konstante

42 B Konstante

43 CH Konstante

44 String

45 Name

45a Vollständiger Name

46 Zeichen

47 Buchstabe

48 Hexadezimalziffer

49 Ziffer

50 Oktalziffer

1 Übersetzungseinheit

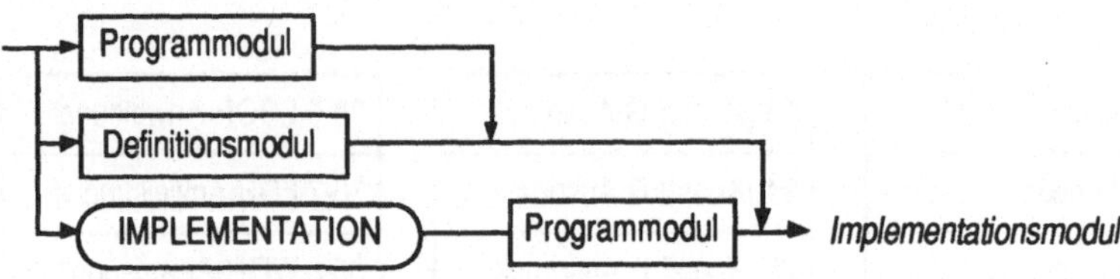

2 Programmodul

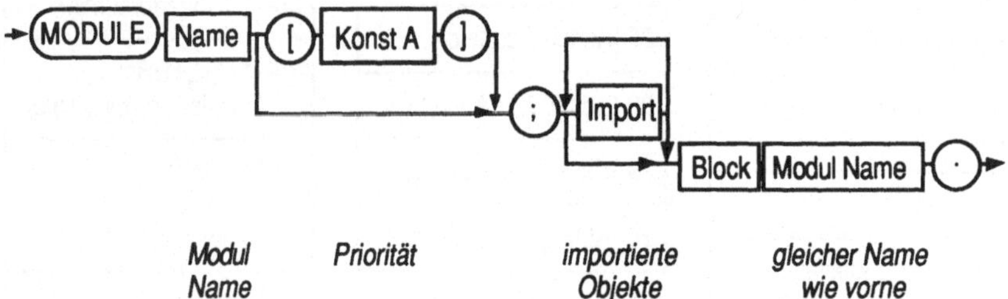

3 Definitionsmodul

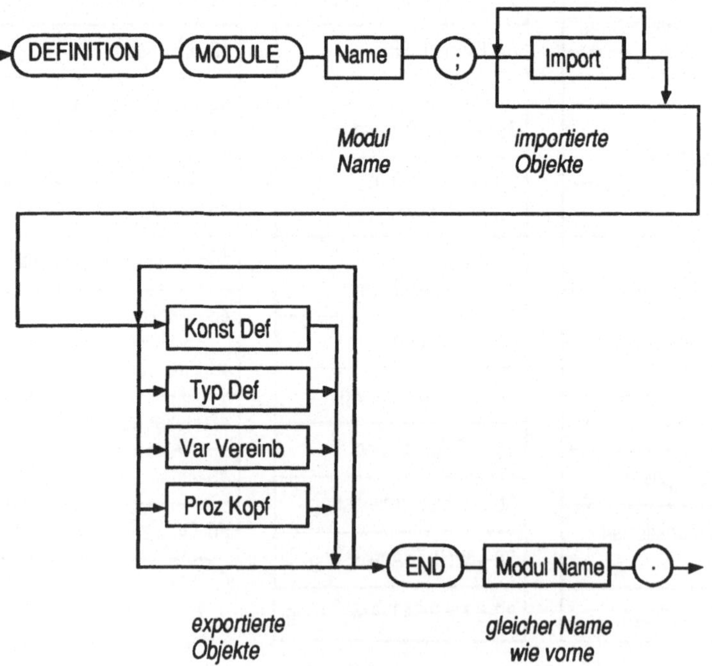

4 Block

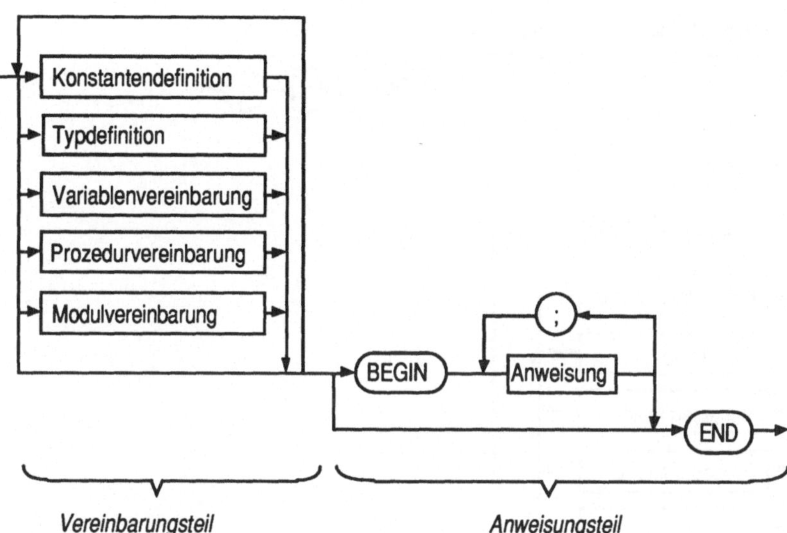

5 Modulvereinbarung

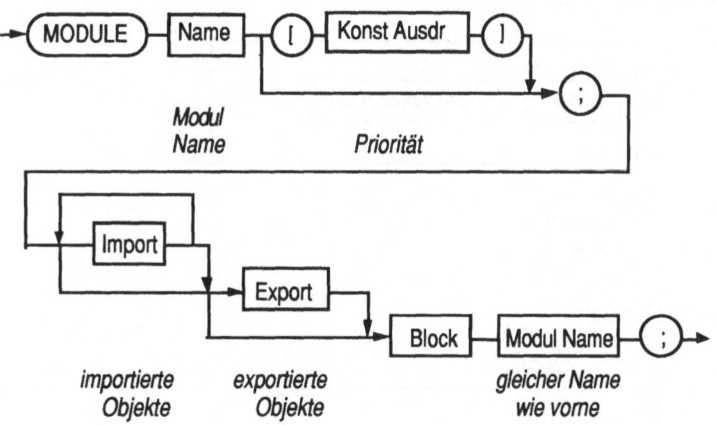

6 Import

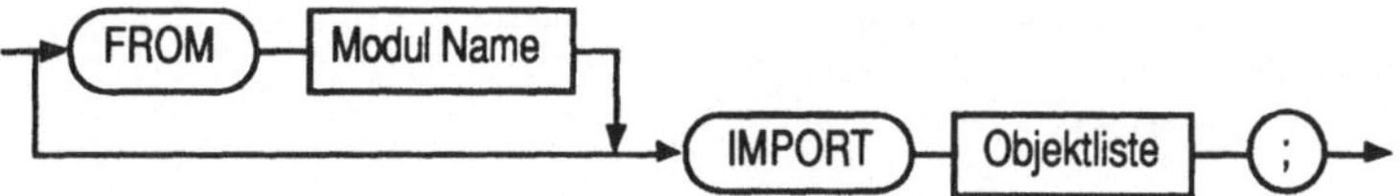

7 Export

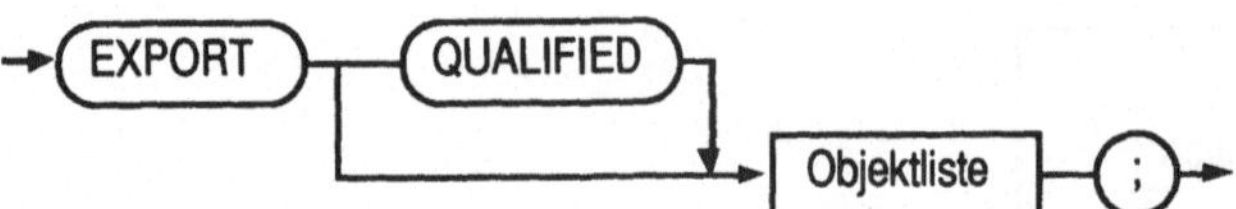

8 Objektliste

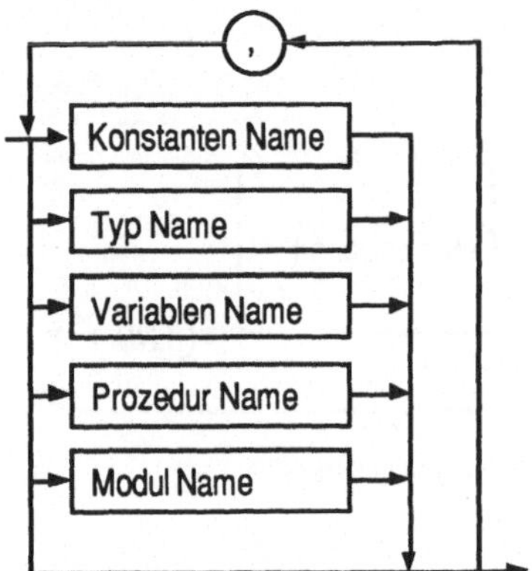

9 Konstantendefinition (Konst Def)

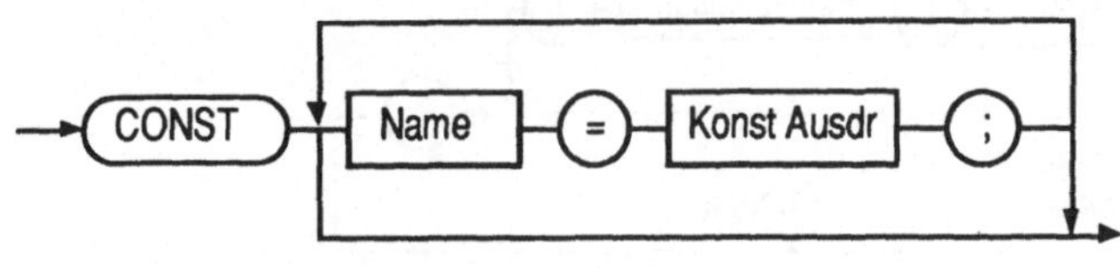

*Konst(anten)
Name*

10 Typdefinition (Typ Def)

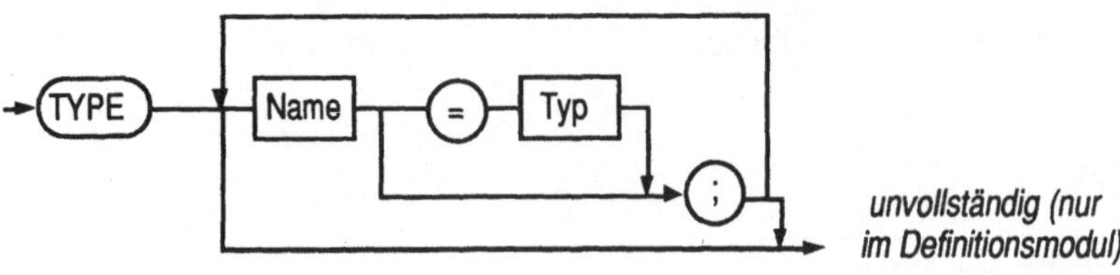

*unvollständig (nur
im Definitionsmodul)*

Typ Name

11 Variablenvereinbarung (Var Vereinb)

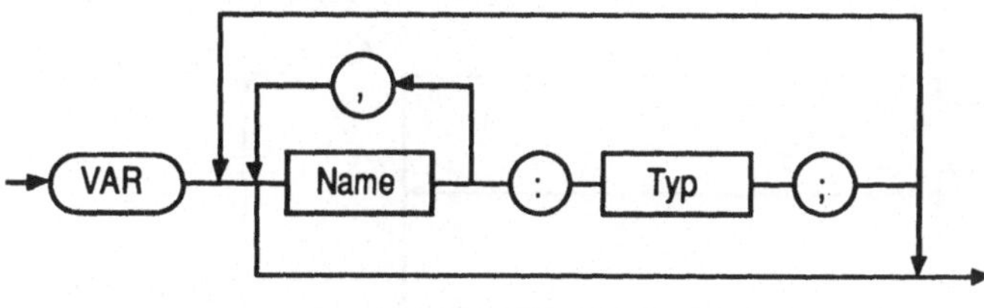

Var(iablen) Name

12 Prozedurvereinbarung

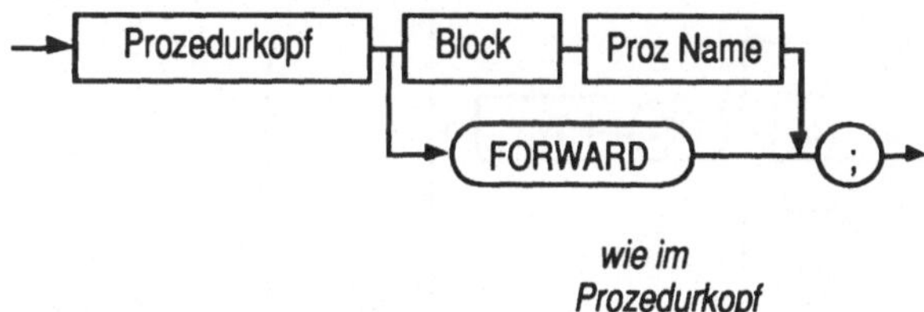

*wie im
Prozedurkopf*

13 Prozedurkopf (Proz Kopf)

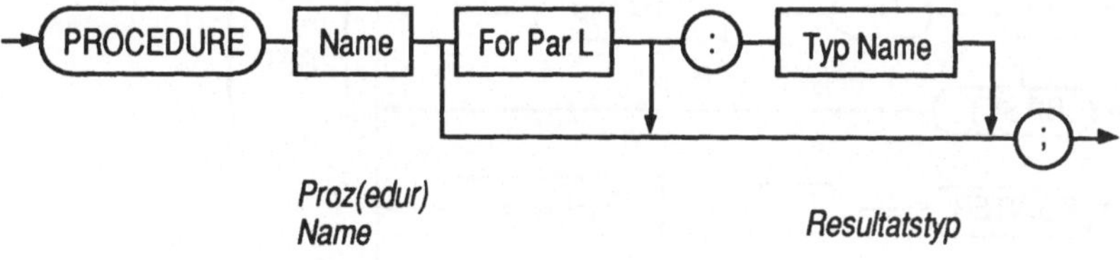

*Proz(edur)
Name*

Resultatstyp

14 Formale Parameterliste (For Par L)

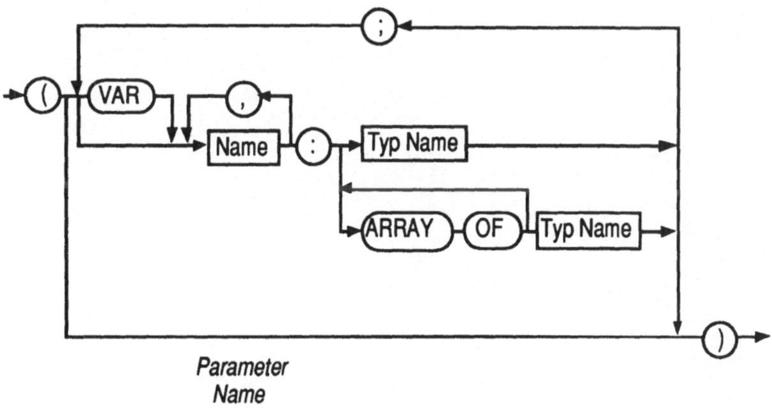

*Parameter
Name*

15 Typ

Typ Name
Index Typ
REAL
LONGREAL
R
Einfache
Datentypen
ARRAY
;
Index Typ
OF
Typ
A
RECORD
;
Komponente
END
REC
SET
OF
Index Typ
SET
BITSET
POINTER
TO
Typ Name
P
Prozedur Typ
PROZ
Abk.
Strukturierte
Datentypen

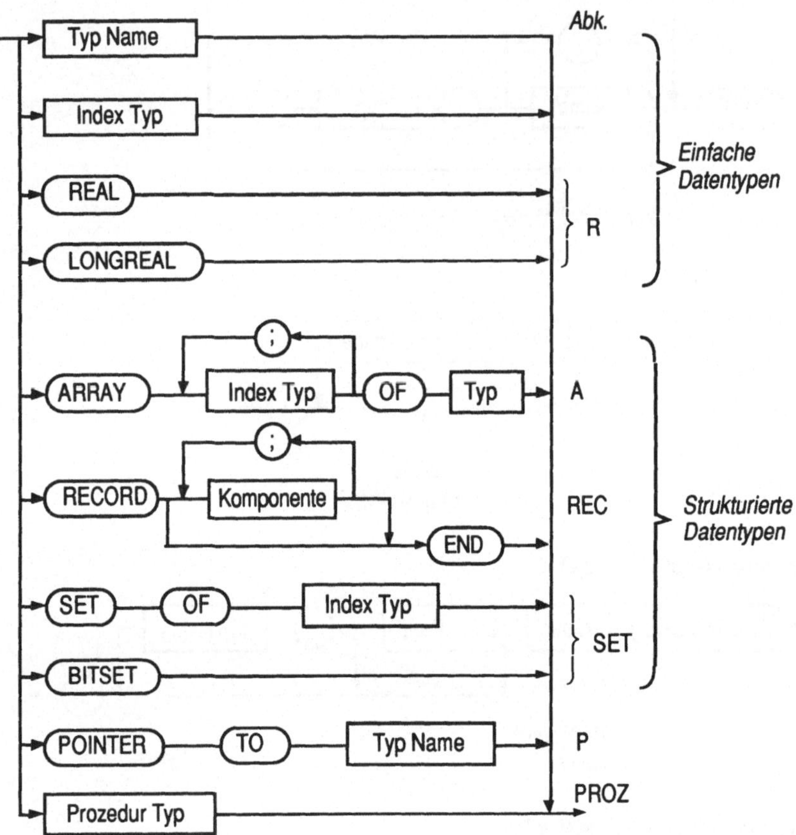

16 Index Typ

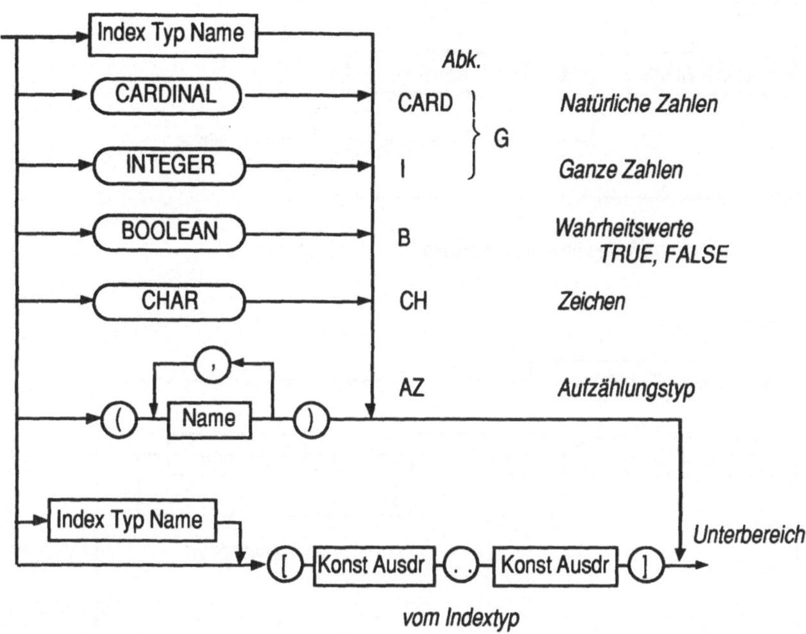

17 Komponente (KP)

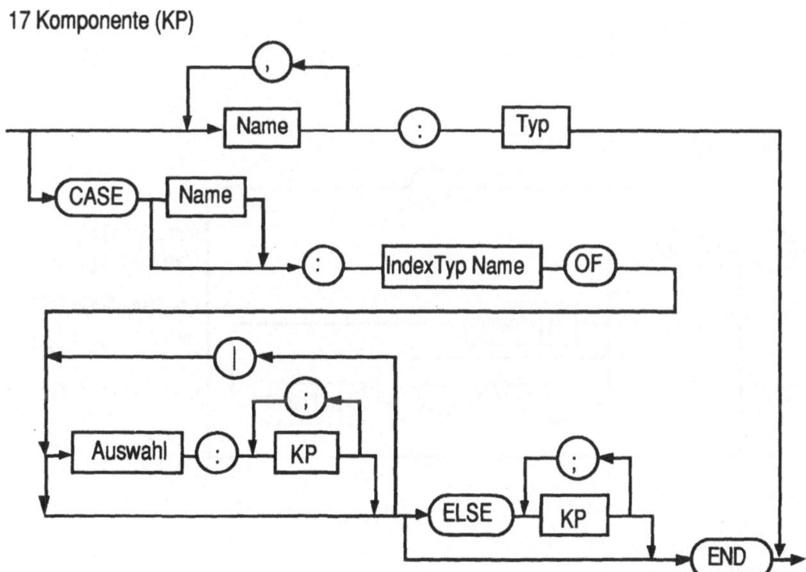

18 Auswahl

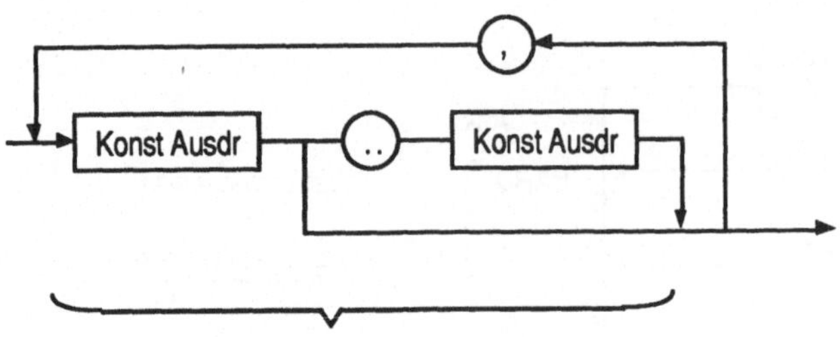

Auswahlmarken von einem Indextyp

19 Prozedur Typ

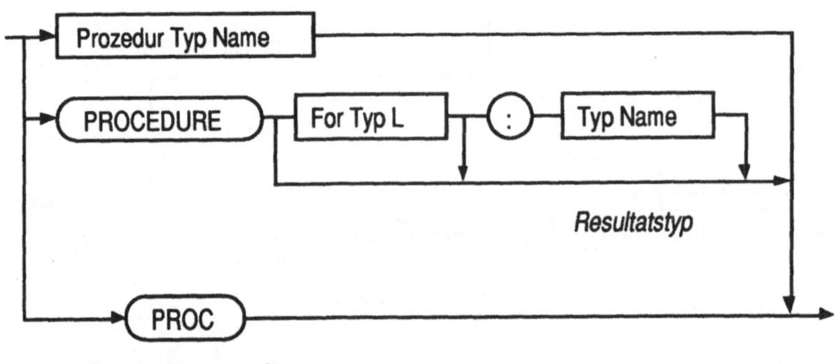

Resultatstyp

*Standardtypname für
parameterlose eigent-
liche Prozedur*

20 Formale Typliste (For Typ L)

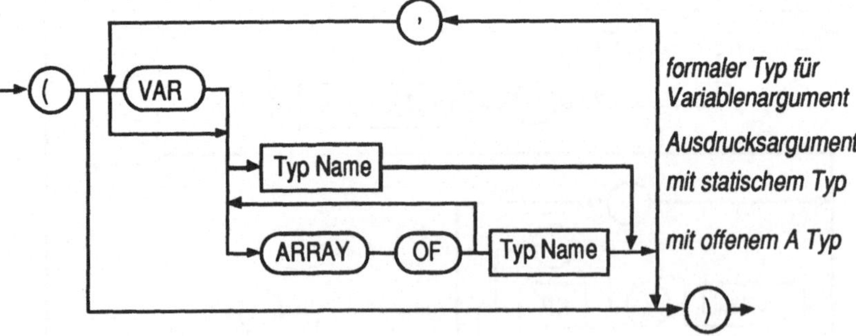

21 Standardfunktionsaufrufe

siehe Tabelle 2-1

22 [Konst] Ausdruck (Ausdr, A)

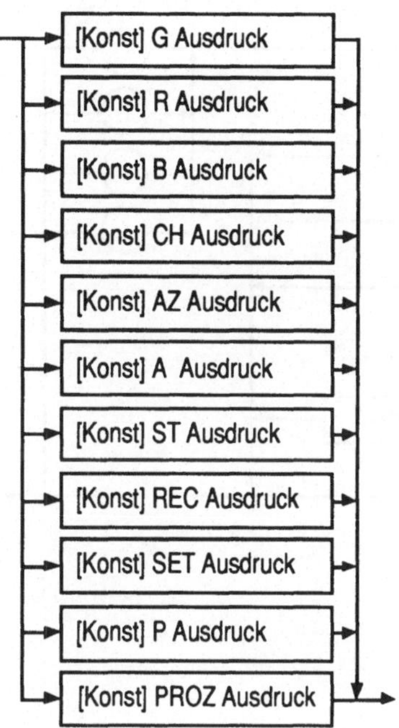

23 [Konst] Ganzzahliger Ausdruck (G Ausdr)

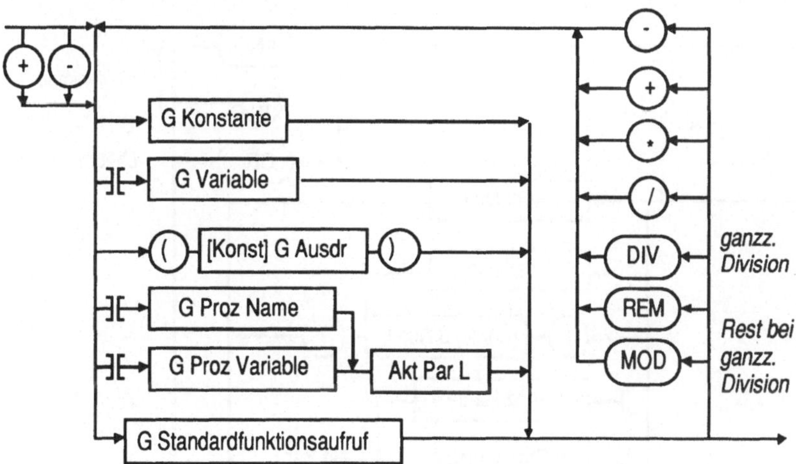

24 [Konst] R Ausdruck (R Ausdr)

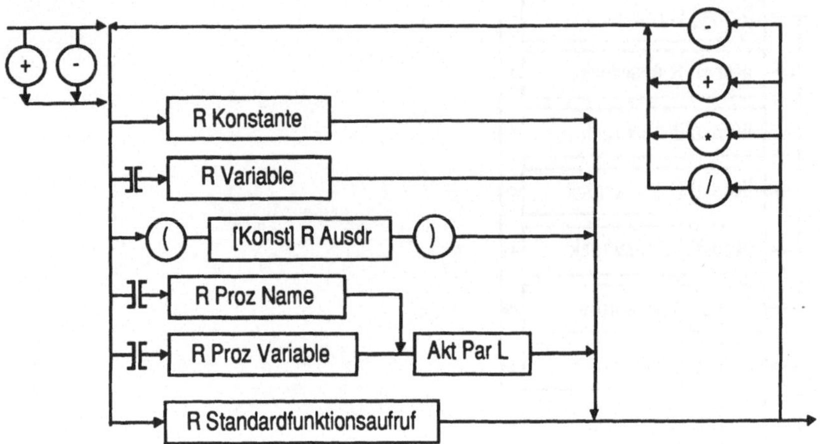

25 [Konst] B Ausdruck (B Ausdr)

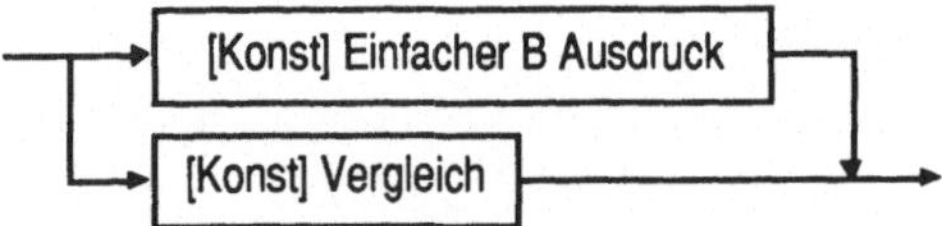

26 [Konst] Einfacher B Ausdruck

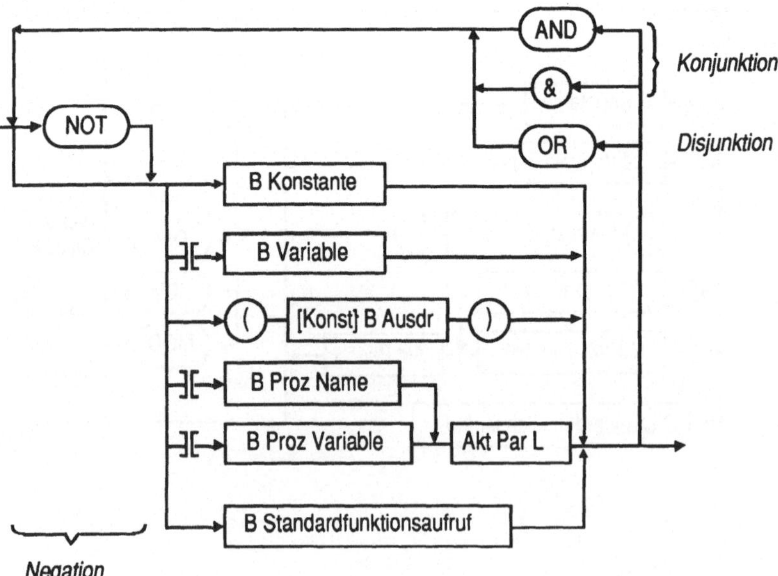

27 [Konst] Vergleich

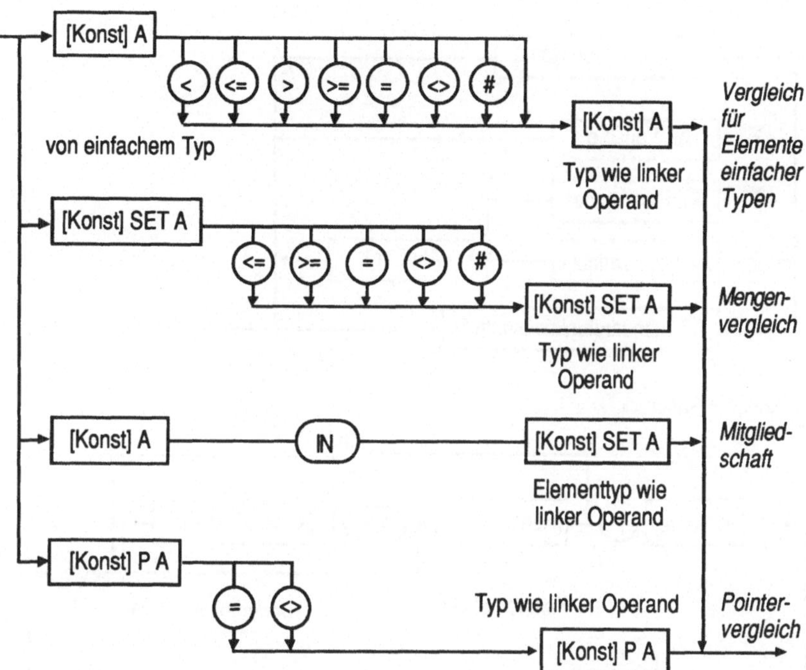

28 [Konst] CH Ausdruck (CH Ausdr)

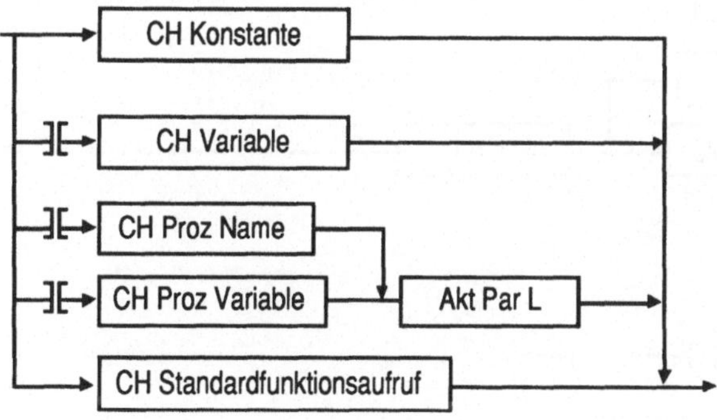

29 [Konst] AZ Ausdruck

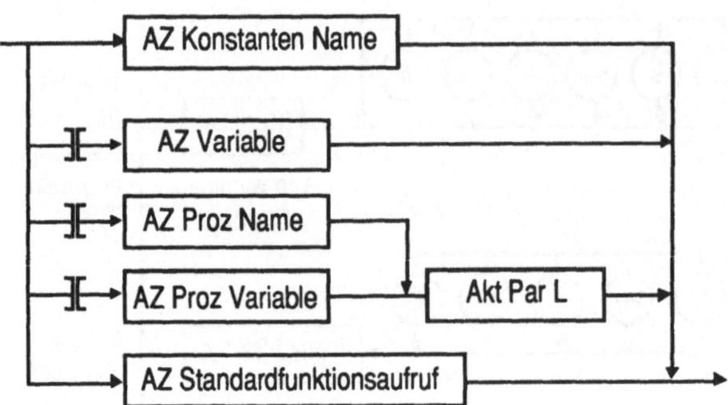

30 [Konst] A Ausdruck

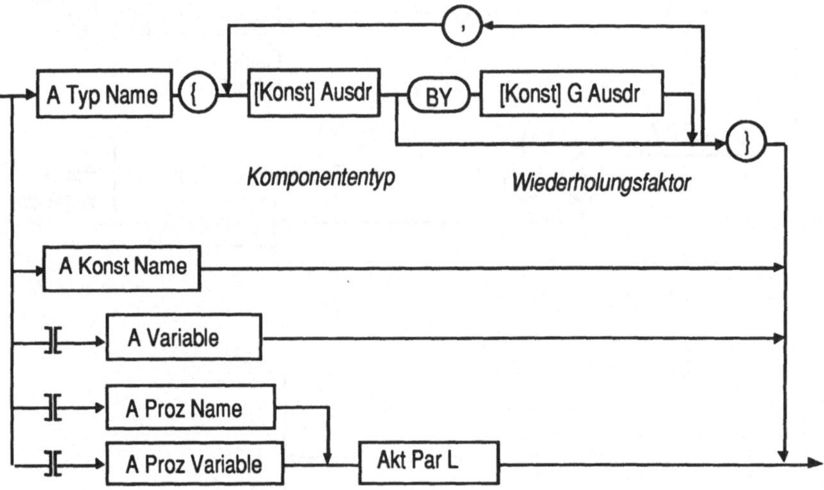

31 [Konst] ST Ausdruck

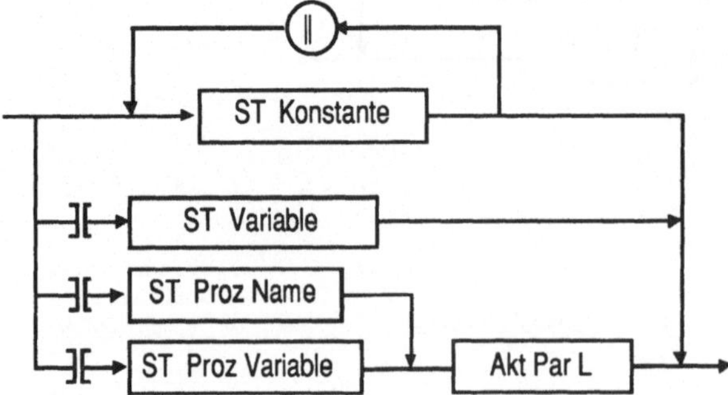

32 [Konst] REC Ausdruck

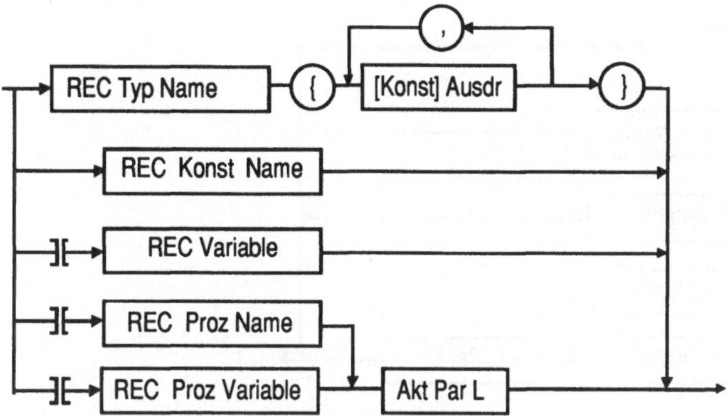

33 [Konst] SET Ausdruck (SET Ausdr, SET A)

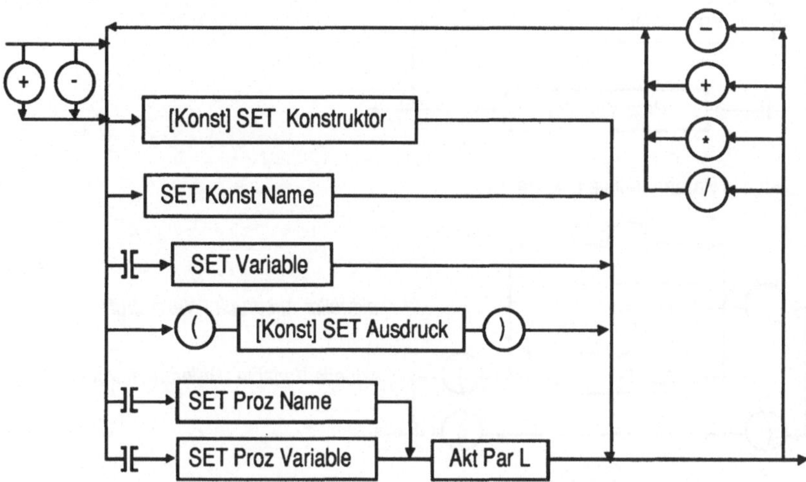

34 [Konst] SET Konstruktor

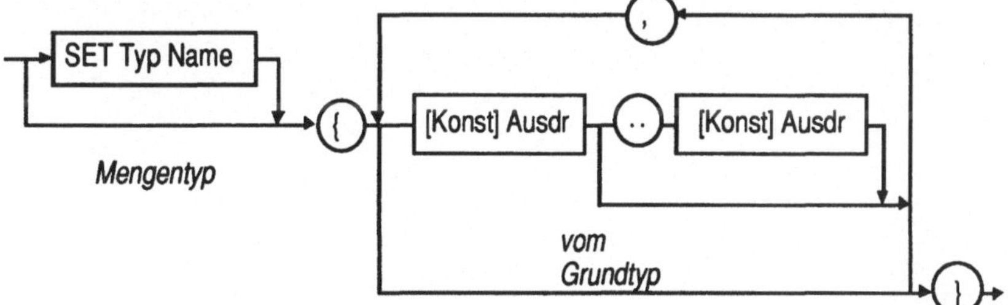

35 [Konst] P Ausdruck (P Ausdruck, PA)

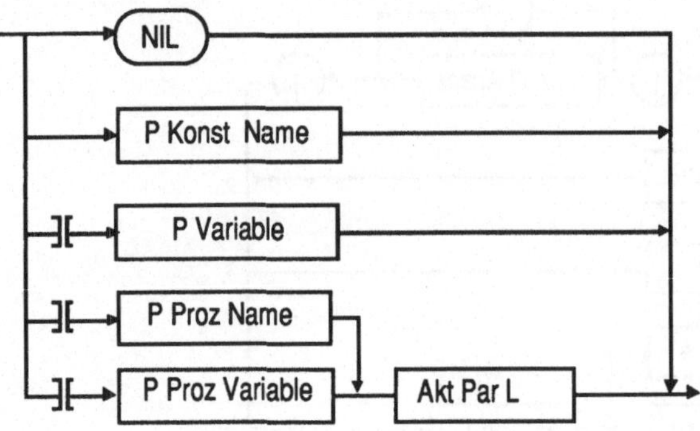

36 [Konst] PROZ Ausdruck

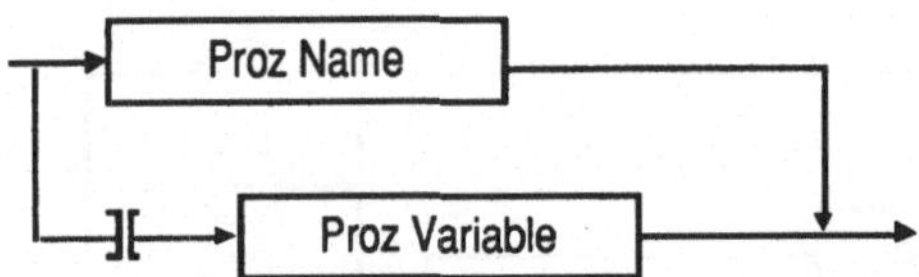

37 Aktuelle Parameterliste (Akt Par L)

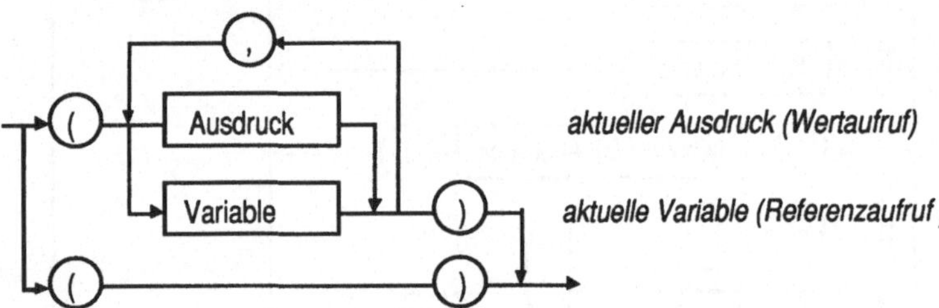

aktueller Ausdruck (Wertaufruf)

aktuelle Variable (Referenzaufruf)

38 Anweisung

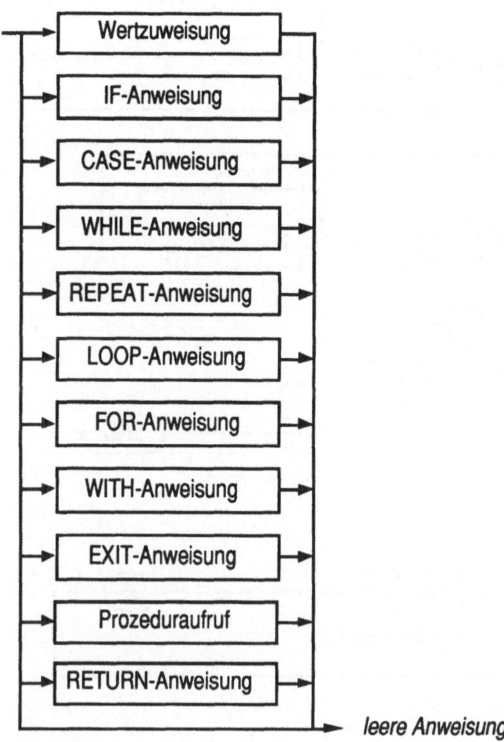

38-1 Wertzuweisung

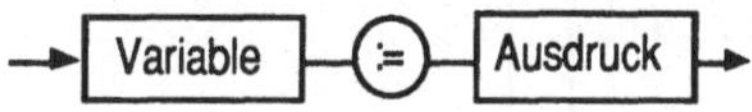

38-2 IF-Anweisung

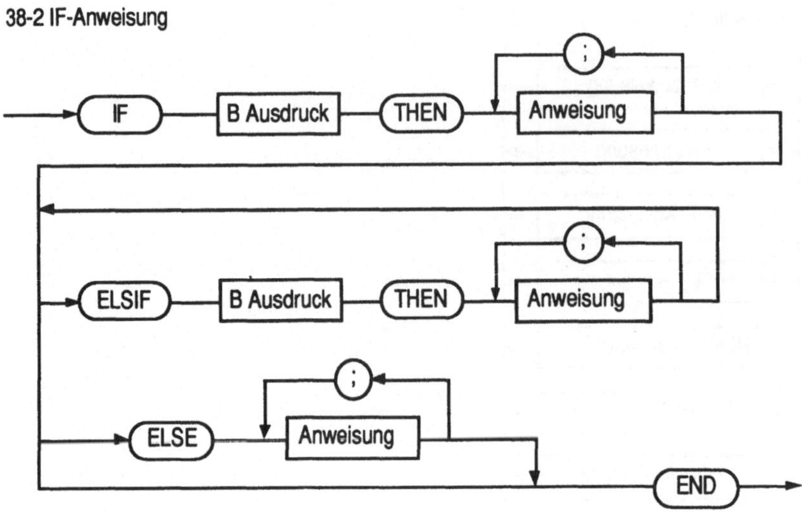

38-3 CASE-Anweisung

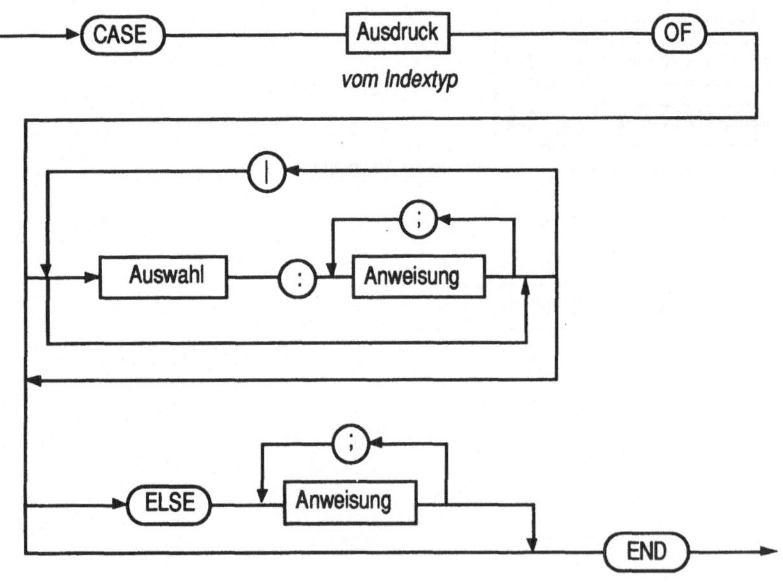

38-4 WHILE-Anweisung

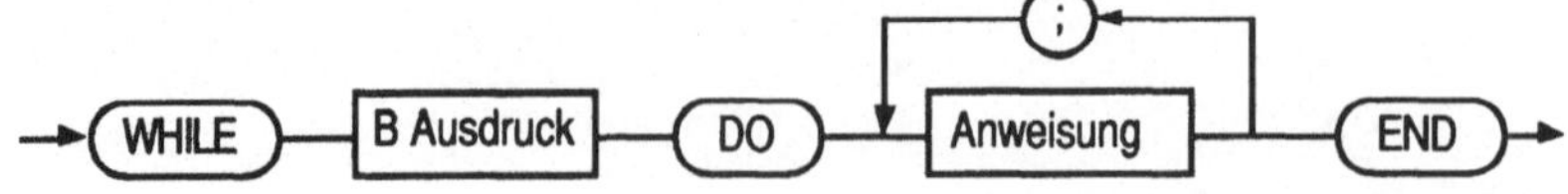

38-5 REPEAT-Anweisung

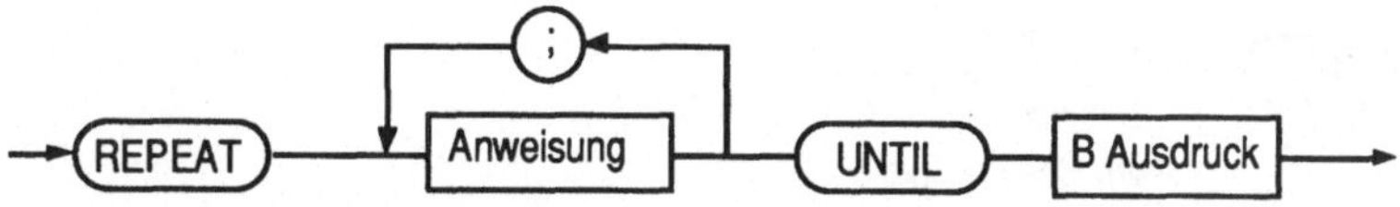

38-6 LOOP-Anweisung

38-7 FOR-Anweisung

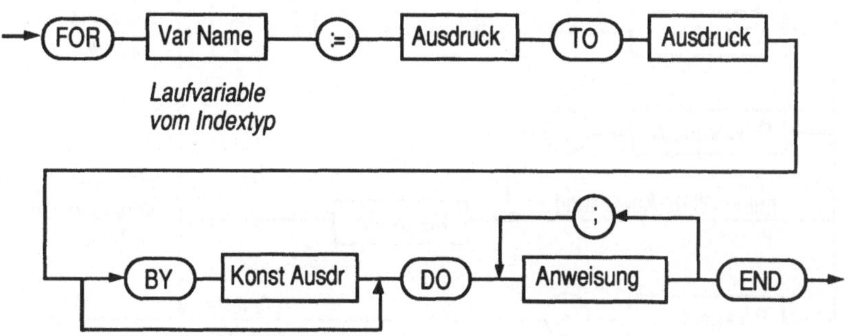

38-8 WITH-Anweisung

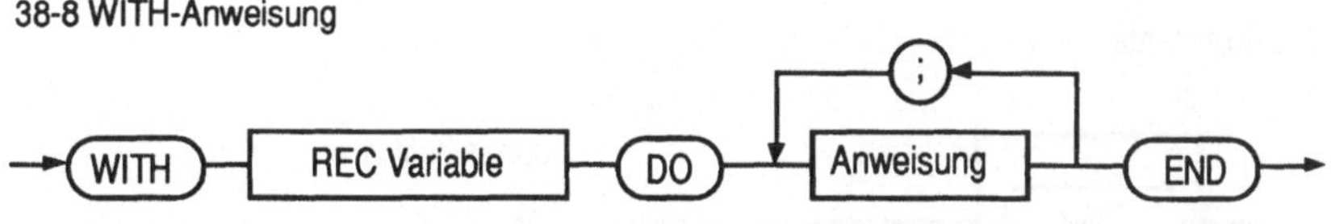

38-9 EXIT-Anweisung

38-10 Prozeduraufruf

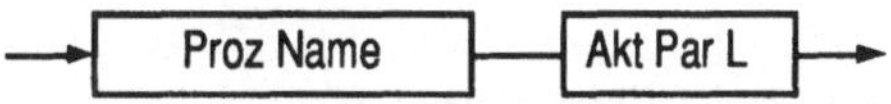

38-11a RETURN-Anweisung (für Prozeduren)

38-11b RETURN-Anweisung (für Funktionsprozeduren)

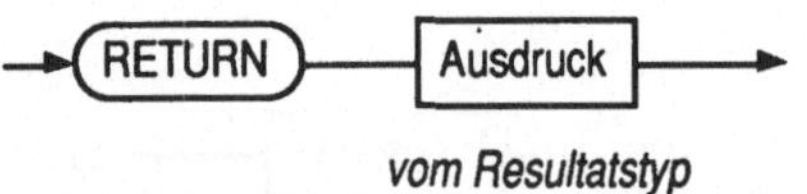

39 Variable (Var)
Komponenten Variable (Komp Var)
(A Var, AZ Var, B Var, CH Var, G Var, P Var, PROZ Var, R Var,
REC Var, SET Var, ST Var)

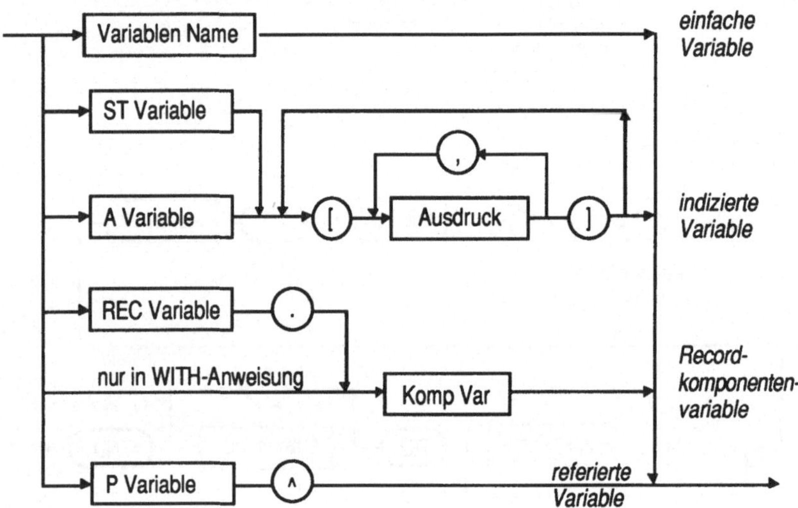

40 G Konstante

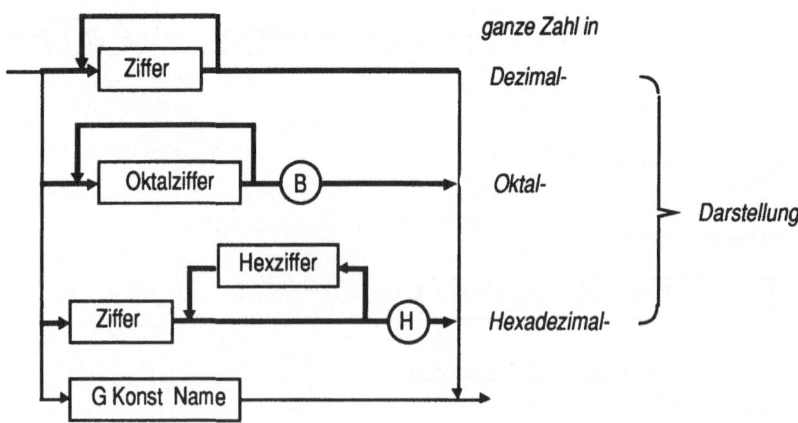

41 R Konstante

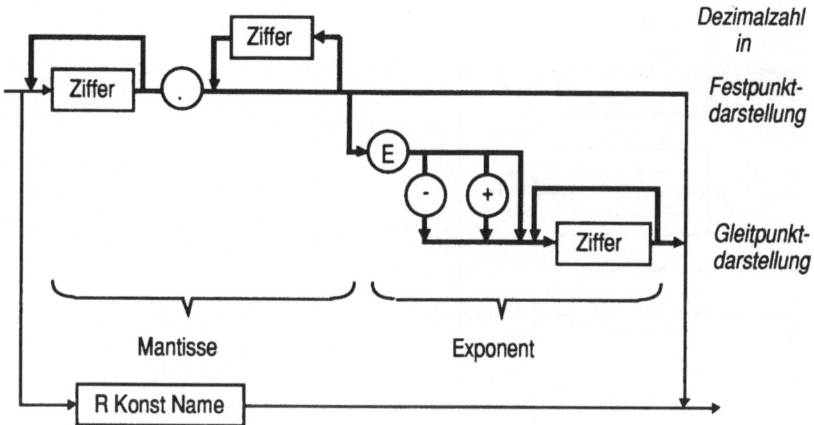

42 B Konstante

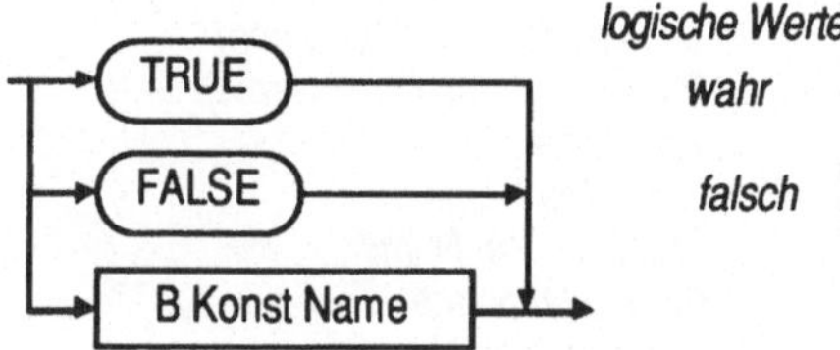

logische Werte

wahr

falsch

43 CH Konstante

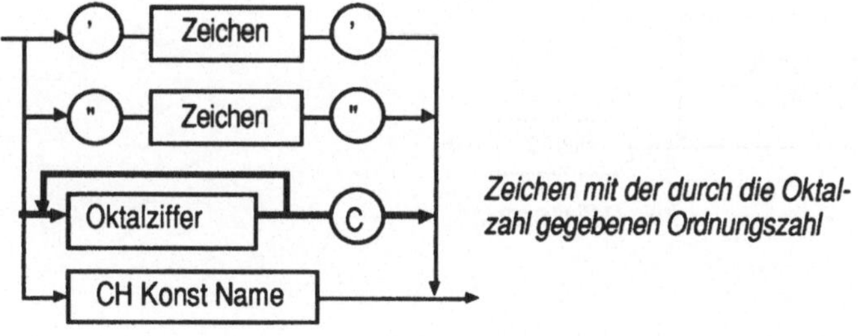

Zeichen mit der durch die Oktal-
zahl gegebenen Ordnungszahl

44 String (ST Konstante)

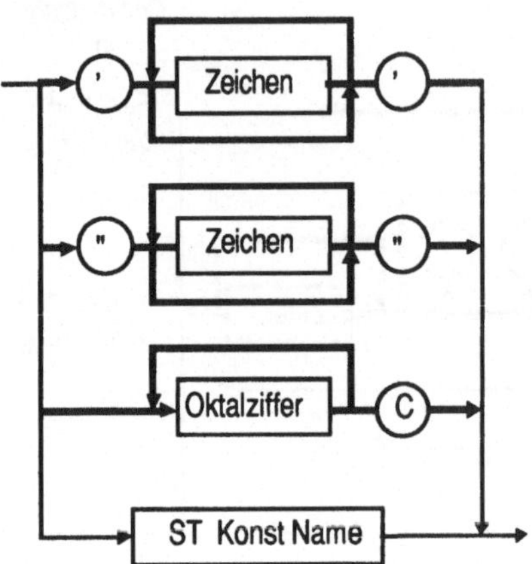

45 Name

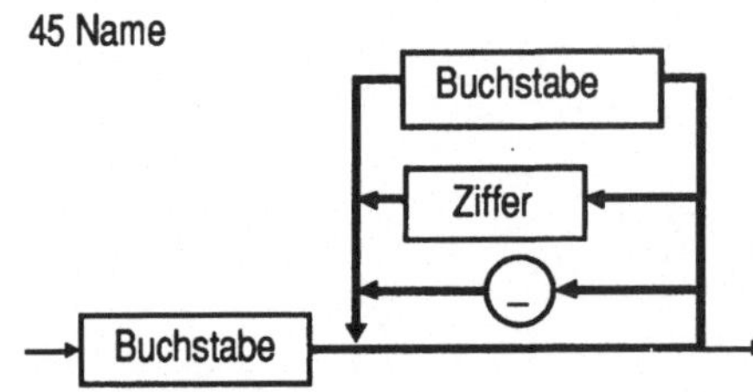

*Modul Name
Konstanten Name (Konst Name)
Variablen Name (Var Name)
Prozedur Name (Proz Name)
Typ Name
Index Typ Name
Prozedur Typ Name
Parameter Name
Komponenten Name*

45a Vollständiger Name

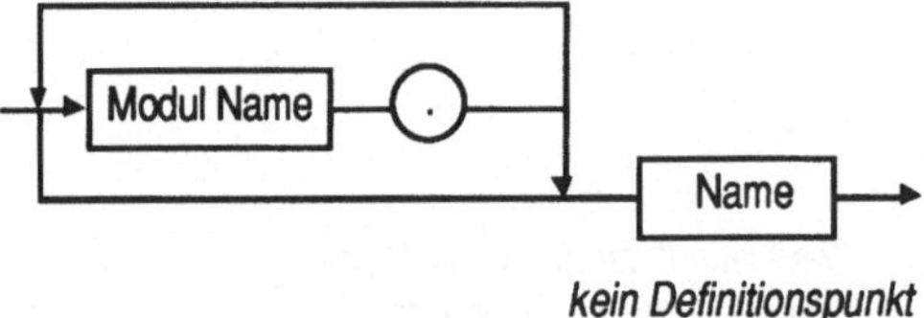

kein Definitionspunkt

46 Zeichen

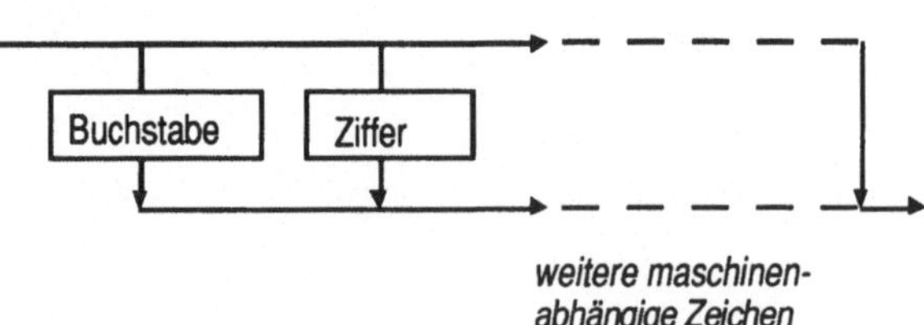

*weitere maschinen-
abhängige Zeichen*

47 Buchstabe

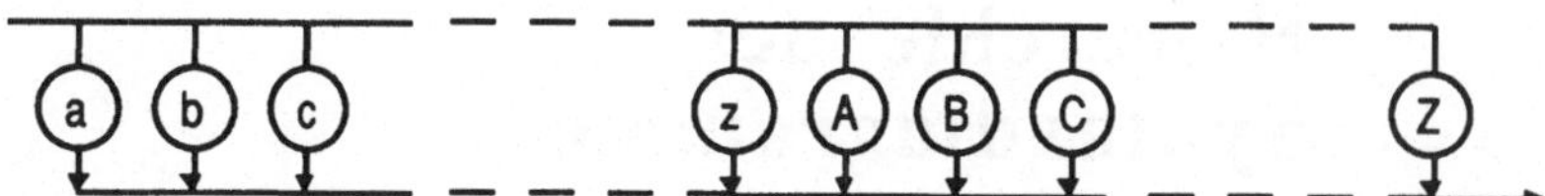

48 Hexadezimalziffer (Hexziffer)

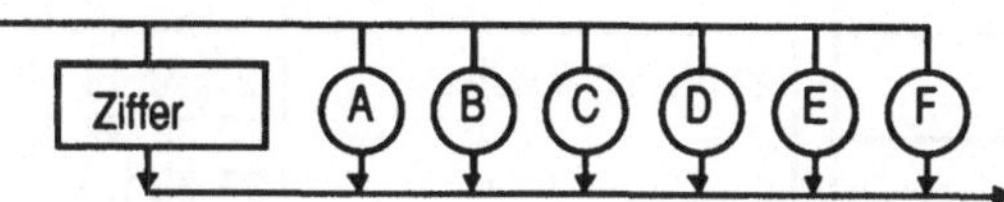

49 Ziffer

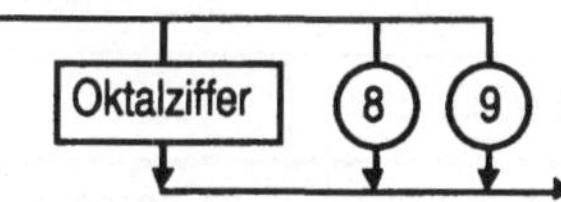

50 Oktalziffer

E   Hierarchie der Syntaxdiagramme

Syntaxdiagramm	verwendet in
1 Übersetzungseinheit	-
2 Programmodul	1
3 Definitionsmodul	1
4 Block	2, 5, 12
5 Modulvereinbarung	4
6 Import	2, 3, 5
7 Export	5
8 Objektliste	6, 7
9 Konstantendefinition	3, 4
10 Typdefinition	3, 4
11 Variablenvereinbarung	3, 4
12 Prozedurvereinbarung	4
13 Prozedurkopf	3, 12
14 Formale Parameterliste	13
15 Typ	10, 11, 15
16 Index Typ	15
17 Komponente	15, 17
18 Auswahl	17, 38-3
19 Prozedur Typ	15
20 Formale Typliste	19

Syntaxdiagramm	verwendet in
21 Standardfunktionsaufruf	23, 24, 26, 28, 29
22 [Konst] Ausdruck	2, 5, 9, 16, 18, 27, 30, 32, 34, 37, 38-1, 38-3, 38-7, 38-11b, 39
23 [Konst] G Ausdruck	22, 23, 30
24 [Konst] R Ausdruck	22, 24
25 [Konst] B Ausdruck	22, 26, 38-2, 38-4, 38-5
26 [Konst] Einfacher B Ausdruck	25
27 [Konst] Vergleich	25
28 [Konst] CH Ausdruck	22
29 [Konst] AZ Ausdruck	22
30 [Konst] A Ausdruck	22
31 [Konst] ST Ausdruck	22
32 [Konst] REC Ausdruck	22
33 [Konst] SET Ausdruck	22, 27, 33
34 [Konst] SET Konstruktor	33
35 [Konst] P Ausdruck	22, 27
36 [Konst] PROZ Ausdruck	22
37 Aktuelle Parameterliste	23, 24, 26, 28, 29, 30, 31, 32, 33, 35, 38-10

38 Anweisung	4, 38-2, 38-3, 38-4, 38-5, 38-6, 38-7, 38-8	40 G Konstante	23
38-1 Wertzuweisung	38	41 R Konstante	24
38-2 IF-Anweisung	38	42 B Konstante	26
38-3 CASE-Anweisung	38	43 CH Konstante	28
38-4 WHILE-Anweisung	38	44 String	31
38-5 REPEAT-Anweisung	38	45 Name	2, 3, 5, 6, 8, 9, 10, 11, 12, 13, 14, 15, 16, 17, 19, 20, 23, 24, 26, 28, 29, 30, 31, 32, 33, 34, 35, 36, 38-7, 38-10, 39, 40, 41, 42, 43, 44, 45a
38-6 LOOP-Anweisung	38		
38-7 FOR-Anweisung	38		
38-8 WITH-Anweisung	38		
38-9 EXIT-Anweisung	38		
38-10 Prozeduraufruf	38		
38-11a RETURN-Anweisung (für Proz.)	38	45a Vollständiger Name	
38-11b RETURN-Anweisung (für Funktionsproz.)	38	46 Zeichen	43, 44
		47 Buchstabe	45, 46
39 Variable	23, 24, 26, 28, 29, 30, 31, 32, 33, 35, 36, 37, 38-1, 38-8, 39	48 Hexadezimalziffer	40
		49 Ziffer	40, 41, 45, 46, 48
		50 Oktalziffer	40, 43, 44, 49

F   Abbildungsverzeichnis

G   Tabellenverzeichnis

H   Beispielverzeichnis

I   Index

J   Literaturverzeichnis

[BPR86]   Blaschek, G.; Pomberger, G.; Ritzinger, F.: *Einführung in die Programmierung mit Modula-2*, Springer, Berlin Heidelberg, 1986.

[FoW86]   Ford, G.; Wiener, R.: *Modula–2, A Software Development Approach*, J. Wiley, New York, 1985.

[ISO90]   ISO/JTC/SC22/WG13 Working Draft 3 of DP 10514-P1151 Modula-2, 1990.

[KlU88]   Klatte, R.; Ulrich, C.: *Modula-2, Programmiersprachen im Griff, Band 9*, BI, Mannheim Wien Zürich, 1988.

[OtW86]   Ottmann, T.; Widmayer, P.: *Programmierung mit Pascal*, Teubner, Stuttgart, 1986.

[RSS92a]   Richter, R.; Sander, P.; Stucky, W.: *Problem–Algorithmus–Programm, Grundkurs Angewandte Informatik Band II*, Teubner, Stuttgart, 1992 (in Vorbereitung).

[RSS92b]   Richter, R.; Sander, P.; Stucky, W.: *Der Rechner als System – Organisation, Daten, Programme, Grundkurs Angewandte Informatik Band III*, Teubner, Stuttgart, 1992 (in Vorbereitung).

[Sch87]   Schildt, H.: *Modula-2 Einführungskurs*, McGraw Hill, New York, 1987.

[SSH92c]   Sander, P.; Stucky, W.; Herschel, R.: *Automaten, Sprachen, Berechenbarkeit, Grundkurs Angewandte Informatik Band IV*, Teubner, Stuttgart, 1992 (in Vorbereitung).

[Wir85]   Wirth, N.: *Programming in Modula-2, 3. Auflage*, Springer, Berlin Heidelberg, 1985.

[Wir86]   Wirth, N.: *Algorithmen und Datenstrukturen mit Modula-2*, Teubner, Stuttgart, 1986.